# Spring核心技术和案例实战

郑天民 ◎著

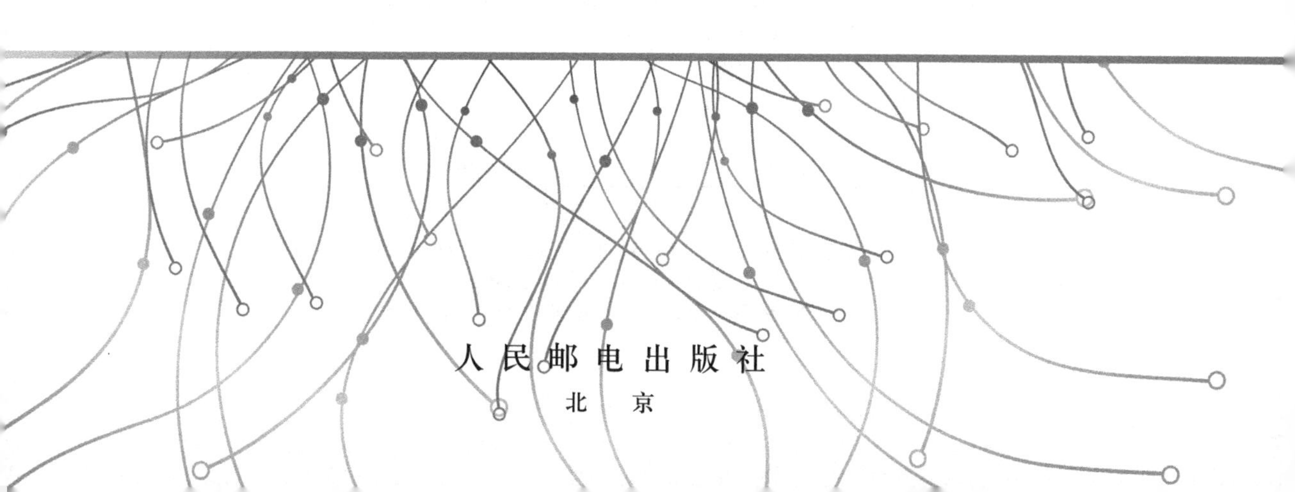

人民邮电出版社
北京

图书在版编目（CIP）数据

Spring核心技术和案例实战 / 郑天民著. -- 北京 :
人民邮电出版社, 2023.4
ISBN 978-7-115-59411-2

Ⅰ. ①S… Ⅱ. ①郑… Ⅲ. ①JAVA语言－程序设计
Ⅳ. ①TP312.8

中国版本图书馆CIP数据核字(2022)第099684号

## 内 容 提 要

本书主要介绍基于 Spring 框架构架企业级应用程序的技术体系和工程实践。全书从 Spring 概述、Spring Boot、Spring Cloud 和响应式 Spring 等 4 个方面由浅入深地介绍了 Spring。本书首先介绍了 Spring 框架的基础概念，然后介绍了 Spring Boot 的核心功能特性，接着介绍了用于构建主流微服务架构的 Spring Cloud，最后讲解了响应式编程技术。本书通过 3 个完整的案例来系统展示具体的实现过程。

本书面向广大服务端开发人员，读者不需要有很高的技术水平，也不限于特定的开发语言，但熟悉 Java EE 常用技术并掌握一定的系统设计基本概念有助于更好地理解书中的内容。同时，本书也适合对 Spring 框架有兴趣的开发人员阅读，希望本书能为读者的日常学习和开发工作带来启发与帮助。

◆ 著　　　　郑天民
　责任编辑　武晓燕
　责任印制　王　郁　焦志炜

◆ 人民邮电出版社出版发行　　北京市丰台区成寿寺路 11 号
　邮编　100164　　电子邮件　315@ptpress.com.cn
　网址　https://www.ptpress.com.cn
　北京天宇星印刷厂印刷

◆ 开本：800×1000　1/16
　印张：15.5　　　　　　　　2023 年 4 月第 1 版
　字数：377 千字　　　　　　2024 年 9 月北京第 4 次印刷

定价：79.80 元

读者服务热线：(010)81055410　印装质量热线：(010)81055316
反盗版热线：(010)81055315
广告经营许可证：京东市监广登字 20170147 号

# 作者介绍

郑天民，日本足利工业大学信息工程学硕士。拥有10余年软件行业从业经验，目前在一家大健康领域的创新型科技公司担任CTO，负责产品研发与技术团队管理工作。开发过10余个面向研发人员的技术和管理类培训课程项目，在架构设计和技术管理方面具有丰富的经验和深入的理解。他还是阿里云MVP、腾讯云TVP、TGO鲲鹏会会员。著有《Apache ShardingSphere实战》《Spring响应式微服务：Spring Boot 2 + Spring 5 + Spring Cloud实战》《系统架构设计》《向技术管理者转型》《微服务设计原理与架构》《微服务架构实战》等图书。

# 前　言

在当下的互联网应用中，业务体系日益复杂，同时业务功能的发展往往还伴随着不断的变化。以典型的电商类应用为例，其承载的业务功能复杂度以及快速迭代的开发要求，对比 5 年前的同类业务系统，面临着诸多新的挑战。这些挑战中的核心点就是“要快”。如何快速、高效地实现系统功能，又要保证代码持续可维护，成为一个非常现实且亟待解决的问题。

面对这样的挑战，需要强调一点，就是保持开发过程的简单性，而这种简单性很大程度上取决于开发框架。对于 Java EE 领域而言，Spring 无疑是主流的开发框架。Spring 是一个集成的开源框架，内部整合了很多第三方组件和框架。事实上，Spring 自身的功能特性同样非常丰富，而且在使用上也存在一些最佳实践。

本书主要介绍基于 Spring 框架构建企业级应用程序的技术体系和工程实践。本书围绕日常开发过程中所涉及的各种开发需求，讨论了 Spring 框架所提供的各项解决方案，包括使用 Spring Boot 开发 Web 应用程序、使用 Spring Cloud 开发微服务系统，以及使用 Spring 5 和响应式编程技术开发响应式系统。同时，本书将基于这些技术体系构建 3 个完整的案例系统并给出具体的实现过程和示例代码。本书共有 19 章内容。

第 1 章，直面 Spring。本章作为开篇总领全书，从 Spring 框架的基本概念出发，引出 Spring 家族生态和技术体系，以及框架所提供的整体定位和解决方案。本章围绕 Spring 所具备的各项功能，从 Spring Boot 与 Web 应用程序、Spring Cloud 与微服务架构、Spring 5 与响应式编程等维度切入，分别讨论针对不同应用场景的技术体系。

第 2 章，Spring Boot 配置体系。本章将介绍 Spring Boot 中的自动配置解决方案，以及如何使用该配置体系来实现复杂的多维配置以及定制化配置。

第 3 章，Spring Boot 数据访问。本章将介绍 Spring Boot 提供的针对关系数据库的一系列数据访问组件。同时，也将提供对 Spring Data 这个统一的数据访问抽象框架的全面介绍。

第 4 章，Spring Boot Web 服务。本章将介绍基于 Spring Boot 构建一个 Web 服务的系统方法，以及如何实现多个 Web 服务之间的交互和集成。

第 5 章，Spring Boot 消息通信。本章将介绍消息通信的基本概念，以及如何基于 Spring Boot 所提供的模板工具类完成与 Kafka、ActiveMQ、RabbitMQ 等多款主流消息中间件的集成。

第 6 章，Spring Boot 系统监控。本章将介绍 Spring Boot 中即插即用的服务监控技术组件。Spring Boot 内置的各种度量指标、监控端点和可视化管理功能是该框架的亮点。

第 7 章，SpringCSS：Spring Boot 案例实战。本章将基于完整的案例给出 Spring Boot 各个技术组件的具体应用方式和过程，其中既涉及单个服务的构建方式，也涉及多个服务之间的交互和集成。本章将针对技术组件给出详细的示例代码，并提供能够直接应用于日常开发的实战技巧。

第 8 章，Spring Cloud 注册中心。本章将介绍服务治理的解决方案，以及使用 Eureka 来构建注册中心服务器/客户端组件的方法和实现原理。同时，也将结合注册中心介绍使用 Ribbon 实现客户端负载均衡的方法。

第 9 章，Spring Cloud 服务网关。本章将介绍服务网关的构建方式，并给出 Spring Cloud Gateway 这款典型的服务网关的使用方法和工作机制。

第 10 章，Spring Cloud 服务容错。本章将介绍服务容错思想和模式，并介绍 Spring Cloud Circuit Breaker 与 Hystrix、Resilience4J 等熔断器的集成。

第 11 章，Spring Cloud 配置中心。本章将介绍分布式环境下的配置中心解决方案，并介绍如何基于 Spring Cloud Config 实现配置中心服务器的构建，以及客户端组件的集成。

第 12 章，Spring Cloud 消息通信。本章将介绍基于 Spring Cloud Stream 实现消息发布者和消费者的开发方法，并基于 Spring Cloud Stream 基本架构剖析其集成 Rabbit、Kafka 等主流消息中间件的实现过程。

第 13 章，Spring Cloud 服务监控。本章将介绍 Spring Cloud Sleuth 的基本原理，以及基于 Spring Cloud Sleuth 与 Zipkin 实现可视化监控的整合过程，同时给出基于 Tracer 在访问链路中创建自定义跟踪信息的实现方法。

第 14 章，SpringHealth：Spring Cloud 案例实战。本章将基于案例帮助读者全面梳理基于 Spring Cloud 的微服务系统开发技术组件。通过完整的案例系统，给出各个组件的具体应用方式和过程，并提供能够直接应用于日常开发的实战技巧。

第 15 章，响应式编程基础。本章将介绍响应式系统和响应式编程的基本概念以及应用场景，并分析响应式编程模型所包含的响应式流和背压机制，这是实现系统弹性的关键。

第 16 章，Project Reactor。本章将介绍目前业界领先的响应式编程框架 Project Reactor，它有多种组合方式和完善的异常处理机制，以及面对背压时的处理机制、重试机制。

第 17 章，WebFlux 和 RSocket。本章将介绍如何使用 Spring 中全新的 Web 开发框架 WebFlux 来构建响应式 RESTful 服务，如何使用 WebClient 工具类来调用响应式服务以及如何使用全新的 RSocket 协议来实现网络通信中的响应式数据传输。

第 18 章，响应式 Spring Data。本章将讨论如何构建响应式数据访问层，介绍如何使用 Spring Data Reactive 组件来实现这一目标。MongoDB 和 Redis 都内置了支持响应式数据访问的驱动程序。另外，传统的 JDBC 并不支持响应式编程模式，但 Spring 家族也专门提供了 Spring Data R2DBC 框架来解决这一问题。

第 19 章，ReactiveSpringCSS：响应式 Spring 案例实战。本章将提供一个 ReactiveSpringCSS 案例来贯穿整个学习过程，内容涉及响应式 Web、响应式数据访问、响应式消息通信等主题。在介绍每个主题时，本章会为案例系统添加相应的功能特性。通过完整的案例系统，本章会给出各个组件的具体应用方式和过程，并提供能够直接应用于日常开发的实战技巧。

以上 19 章内容可以分成 4 篇，其中第 1 章作为独立的开篇，对 Spring 框架进行了概述；第 2～7 章是 Spring Boot 篇，第 8～14 章是 Spring Cloud 篇，而第 15～19 章则是响应式编程篇。基于这 4 篇内容，本书对 Spring 的技术体系和核心组件进行了全面且系统的阐述，本书主要面向广大服务端开发人员以及对 Spring 框架有兴趣的开发人员。

感谢我的家人，特别是我的妻子章兰婷女士，对我因撰写本书而大量占用晚上和周末时间的情况，能够给予极大的支持和理解。感谢前公司以及现公司的同事，身处业界领先的公司和团队，我得到很多学习和成长的机会。没有大家平时的帮助，就不可能有这本书的诞生。感谢拉勾教育，感谢人民邮电出版社的武晓燕编辑，这本书能够顺利出版，离不开大家的帮助。

由于作者水平和经验有限，书中难免有欠妥和错误之处，恳请读者批评指正。

郑天民

# 服务与支持

本书由异步社区出品，社区（https://www.epubit.com/）为您提供后续服务。

## 配套资源

本书提供如下资源：

- 本书源代码。

要获得以上配套资源，请在异步社区本书页面中点击配套资源，跳转到下载界面，按提示进行操作即可。注意：为保证购书读者的权益，该操作会给出相关提示，要求输入提取码进行验证。

## 提交勘误

作者、译者和编辑尽最大努力来确保书中内容的准确性，但难免会存在疏漏。欢迎您将发现的问题反馈给我们，帮助我们提升图书的质量。

当您发现错误时，请登录异步社区，按书名搜索，进入本书页面，单击“发表勘误”，输入错误信息，单击“提交勘误”按钮即可，如下图所示。本书的作者和编辑会对您提交的错误信息进行审核，确认并接受后，您将获赠异步社区的100积分。积分可用于在异步社区兑换优惠券、样书或奖品。

图书勘误　发表勘误

页码：1　页内位置（行数）：1　勘误印次：1

图书类型：纸书　电子书

添加勘误图片（最多可上传4张图片）

提交勘误

## 与我们联系

我们的联系邮箱是 contact@epubit.com.cn。

如果您对本书有任何疑问或建议，请您发邮件给我们，并请在邮件标题中注明本书书名，以便我们更高效地做出反馈。

如果您有兴趣出版图书、录制教学视频，或者参与图书翻译、技术审校等工作，可以发邮件给我们；有意出版图书的作者也可以到异步社区投稿（直接访问 www.epubit.com/contribute 即可）。

如果您所在的学校、培训机构或企业想批量购买本书或异步社区出版的其他图书，也可以发邮件给我们。

如果您在网上发现有针对异步社区出品图书的各种形式的盗版行为，包括对图书全部或部分内容的非授权传播，请您将怀疑有侵权行为的链接通过邮件发送给我们。您的这一举动是对作者权益的保护，也是我们持续为您提供有价值的内容的动力之源。

## 关于异步社区和异步图书

“异步社区”是人民邮电出版社旗下 IT 专业图书社区，致力于出版精品 IT 图书和相关学习产品，为作译者提供优质出版服务。异步社区创办于 2015 年 8 月，提供大量精品 IT 图书和电子书，以及高品质技术文章和视频课程。更多详情请访问异步社区官网 https://www.epubit.com。

“异步图书”是由异步社区编辑团队策划出版的精品 IT 专业图书的品牌，依托于人民邮电出版社的计算机图书出版积累和专业编辑团队，相关图书在封面上印有异步图书的 LOGO。异步图书的出版领域包括软件开发、大数据、人工智能、测试、前端、网络技术等。

异步社区

微信服务号

# 目录

## 第一篇　Spring 概述篇



## 第二篇　Spring Boot 篇

## 第三篇 Spring Cloud 篇

# 第一篇

# Spring 概述篇

本篇仅一章，作为开篇总领全书。

本篇从 Spring 框架的基本概念出发，引出 Spring 家族生态和技术体系，以及框架所提供的整体定位和解决方案。围绕 Spring 所具备的各项功能，本篇从 Spring Boot 与 Web 应用程序、Spring Cloud 与微服务架构、Spring 5 与响应式编程等维度进行切入，分别讨论针对不同应用场景的技术体系。这些技术体系也构成了本书其他三篇内容的主体。

# 第 1 章

# 直面 Spring

在 Java EE 领域中，Spring 无疑是非常主流的开发框架。Spring 是一款集成的开源框架，它整合了很多第三方组件和框架。这些组件和框架应用如此之广泛，以致于大家往往对如何更好地使用 Spring 自身的功能特性并不是很重视。事实上，Spring 自身的功能特性同样非常丰富，而且在使用上也存在一些最佳实践。

本章作为全书的开篇，将对 Spring 中的基本概念和技术体系做简要介绍，并引出开发人员在使用该框架时所涉及的核心技术组件。本章的最后也会给出全书的组织架构。

## 1.1 Spring 容器

本节讨论 Spring 容器，并给出容器所具备的非常重要的两个功能特性，即依赖注入和面向切面编程。

### 1.1.1 IoC

在介绍 Spring 容器之前，我们先来介绍一个概念，即控制反转（Inversion of Control，IoC）。试想，如果想有效管理一个对象，就需要知道创建、使用以及销毁这个对象的方法。这个过程显然是繁杂而重复的。而通过控制反转，就可以把这部分工作交给一个容器，由容器负责控制对象的生命周期和对象之间的关联关系。这样，与一个对象控制其他对象的处理方式相比，现在所有对象都被容器控制，控制的方向做了一次反转，这就是“控制反转”这一名称的由来。而 Spring 扮演的角色就是这里的容器。

可以看到控制反转的重点是在系统运行中，按照某个对象的需要，动态提供它所依赖的其他对象，而这一点可以通过依赖注入（Dependency Injection，DI）实现。Spring 会在适当的时候创建一个 Bean，然后像使用注射器一样把它注入目标对象中，这样就完成了对各个对象之间关系的控制。

可以说，依赖注入是开发人员使用 Spring 框架的基本手段，我们可以通过依赖注入获取所需的各种 Bean。Spring 为开发人员提供了 3 种不同的依赖注入方式，分别是字段注入、构造器注入和 Setter 方法注入。

现在，假设我们有如下所示的 HealthRecordService 接口以及它的实现类：

```
public interface HealthRecordService {

    public void recordUserHealthData();
}

public class HealthRecordServiceImpl implements HealthRecordService {

    @Override
    public void recordUserHealthData () {
        System.out.println("HealthRecordService has been called.");
    }
}
```

下面我们来讨论具体如何在 Spring 中完成对 HealthRecordServiceImpl 实现类的注入，并分析各种注入类型的优缺点。

1. 依赖注入的 3 种方式

首先，我们来看看字段注入，即在一个类中通过字段的方式注入某个对象，如下所示：

```
public class ClientService {

    @Autowired
    private HealthRecordService healthRecordService;

    public void recordUserHealthData() {
        healthRecordService.recordUserHealthData();
    }
}
```

可以看到，通过@Autowired 注解，字段注入的实现方式非常简单而直接，代码的可读性也很高。事实上，字段注入是 3 种依赖注入方式中最常用、最容易使用的一种。但是，它也是 3 种注入方式中最应该避免使用的一种。如果使用过 IDEA，你可能遇到过这个提示——Field injection is not recommended，告诉你不建议使用字段注入。字段注入的最大问题是对象在外部是不可见的。正如在上面的 ClientService 类中，我们定义了一个私有变量 HealthRecordService 来注入该接口的实例。显然，这个实例只能在 ClientService 类中被访问，脱离了容器环境就无法访问这个实例。

基于以上分析，Spring 官方推荐的注入方式实际上是构造器注入。这种注入方式也很简单，就是通过类的构造函数来完成对象的注入，如下所示：

```
public class ClientService {

    private HealthRecordService healthRecordService;

    @Autowired
    public ClientService(HealthRecordService healthRecordService) {
        this.healthRecordService = healthRecordService;
    }

    public void recordUserHealthData() {
        healthRecordService.recordUserHealthData();
    }
}
```

可以看到构造器注入能解决对象外部可见性的问题，因为 HealthRecordService 是通过 ClientService 构造函数进行注入的，所以势必可以脱离 ClientService 而独立存在。构造器注入的显著问题就是当构造函数中存在较多依赖对象时，大量的构造器参数会让代码显得比较冗长。这时就可以使用 Setter 方法注入。我们同样先来看一下 Setter 方法注入的实现代码，如下所示：

```
public class ClientService {

    private HealthRecordService healthRecordService;

    @Autowired
    public void setHealthRecordService(HealthRecordService healthRecordService) {
        this.healthRecordService = healthRecordService;
    }

    public void recordUserHealthData() {
        healthRecordService.recordUserHealthData();
    }
}
```

Setter 方法注入和构造器注入看上去有些类似，但 Setter 方法比构造函数更具可读性，因为我们可以把多个依赖对象分别通过 Setter 方法逐一进行注入。而且，Setter 方法注入对于非强制依赖注入很有用，我们可以有选择地注入一部分想要注入的依赖对象。换句话说，可以实现按需注入，帮助开发人员只在需要时注入依赖关系。

作为总结，我们用一句话来概括 Spring 中所提供的 3 种依赖注入方式：构造器注入适用于强制对象注入；Setter 方法注入适用于可选对象注入；而字段注入是应该避免的，因为对象无法脱离容器而独立运行。

2. Bean 的作用域

所谓 Bean 的作用域，描述了 Bean 在 Spring 容器上下文中的生命周期和可见性。在这里，我们将讨论 Spring 框架中不同类型的 Bean 的作用域以及使用上的指导规则。

如果想要通过注解来设置 Bean 的作用域，可以使用如下所示的代码：

```
@Configuration
public class AppConfig {

    @Bean
    @Scope("singleton")
    public HealthRecordService createHealthRecordService() {
        return new HealthRecordServiceImpl();
    }
}
```

可以看到这里使用了一个@Scope 注解来指定 Bean 的作用域为单例的“singleton”。在 Spring 中，除了单例作用域之外，还有一个“prototype”，即原型作用域，也可以称为多例作用域来与单例作用域进行区别。在使用方式上，我们同样可以使用如下所示的枚举值来对它们进行设置：

```
@Scope(value = ConfigurableBeanFactory.SCOPE_SINGLETON)
@Scope(value = ConfigurableBeanFactory.SCOPE_PROTOTYPE)
```

在 Spring IoC 容器中，Bean 的默认作用域是单例作用域，也就是说不管对 Bean 的引用有多少个，容器只会创建一个实例。而原型作用域则不同，每次请求 Bean 时，Spring IoC 容器都会创建一个新的对象实例。

从两种作用域的效果而言，我们总结一条开发上的结论，即对于无状态的 Bean，我们应该使用单例作用域，反之则应该使用原型作用域。

那么，什么样的 Bean 属于有状态的呢？结合 Web 应用程序，我们可以明确，对每次 HTTP 请求而言，都应该创建一个 Bean 来代表这一次的请求对象。同样，对会话而言，我们也需要针对每个会话创建一个会话状态对象。这些都是常见的有状态的 Bean。为了更好地管理这些 Bean 的生命周期，Spring 还专门针对 Web 开发场景提供了对应的“request”和“session”作用域。

### 1.1.2 AOP

在本小节中，我们将讨论 Spring 容器的另一项核心功能，即面向切面编程（Aspect Oriented Programming，AOP）。我们将介绍 AOP 的概念以及实现这些概念的方法。

所谓切面，本质上解决的是关注点分离的问题。在面向对象编程的世界中，我们把一个应用程序按照职责和定位拆分成多个对象，这些对象构成了不同的层次。而 AOP 可以说是面向对象编程的一种补充，目标是将一个应用程序抽象成各个切面。

举个例子，假设一个 Web 应用中存在 ServiceA、ServiceB 和 ServiceC 这 3 个服务，而每个服务都需要考虑安全校验、日志记录、事务处理等非功能性需求。这时，就可以引入 AOP 的思想把这些非功能性需求从业务需求中拆分出来，构成独立的关注点，如图 1-1 所示。

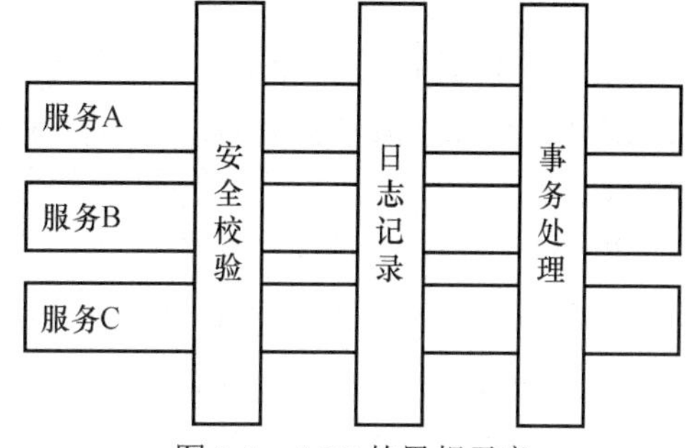

图 1-1　AOP 的思想示意

从图 1-1 可以很形象地看出，所谓切面相当于应用对象间的横切面，我们可以将其抽象为单独的模块进行开发和维护。

为了理解 AOP 的具体实现过程，我们需要引入一组特定的术语，具体如下。

- 连接点（Join Point）：连接点表示应用执行过程中能够插入切面的一个点。这种连接点可以是方法调用、异常处理、类初始化或对象实例化。在 Spring 框架中，连接点只支持方法的调用。
- 通知（Advice）：通知描述了切面何时执行以及如何执行对应的业务逻辑。通知有很多种类型，在 Spring 中提供了一组注解用来表示通知，包括@Before、@After、@Around、@AfterThrowing 和@AfterReturning 等。我们会在后续代码示例中看到这些注解的使用方法。
- 切点（Point Cut）：切点是连接点的集合，用于定义必须执行的通知。通知不一定应用于所有连接点，因此切点提供了在应用程序中的组件上执行通知的细粒度控制。在 Spring 中，可以通过表达式来定义切点。
- 切面（Aspect）：切面是通知和切点的组合，用于定义应用程序中的业务逻辑及其应执行的位置。Spring 提供了@Aspect 注解来定义切面。

现在，假设有这样一个代表转账操作的 TransferService 接口：

```
public interface TransferService {
```

```
    boolean transfer(Account source, Account dest, int amount) throws MinimumAmountException;
}
```

然后我们提供它的实现类：

```
package com.demo;

public class TransferServiceImpl implements TransferService {

    private static final Logger LOGGER = Logger.getLogger(TransferServiceImpl.class);

    @Override
    public boolean transfer(Account source, Account dest, int amount) throws Minimum
AmountException {
        LOGGER.info("Tranfering " + amount + " from " + source.getAccountName() +
" to " + dest.getAccountName());

        if (amount < 10) {
            throw new MinimumAmountException("转账金额必须大于 10");
        }
        return true;
    }
}
```

针对转账操作，我们希望在该操作之前、之后以及执行过程进行切入，并添加对应的日志记录，那么可以实现如下所示的 TransferServiceAspect 类：

```
@Aspect
public class TransferServiceAspect {

    private static final Logger LOGGER = Logger.getLogger(TransferServiceAspect.class);

    @Pointcut("execution(* com.demo.TransferService.transfer(..))")
    public void transfer() {}

    @Before("transfer()")
    public void beforeTransfer(JoinPoint joinPoint) {
        LOGGER.info("在转账之前执行");
    }

    @After("transfer()")
    public void afterTransfer(JoinPoint joinPoint) {
        LOGGER.info("在转账之后执行");
    }

    @AfterReturning(pointcut = "transfer() and args(source, dest, amount)", returning =
"isTransferSucessful")
    public void afterTransferReturns(JoinPoint joinPoint, Account source, Account dest,
Double amount, boolean isTransferSucessful) {
        if (isTransferSucessful) {
            LOGGER.info("转账成功了");
        }
    }

    @AfterThrowing(pointcut = "transfer()", throwing = "minimumAmountException")
```

```
        public void exceptionFromTransfer(JoinPoint joinPoint, MinimumAmountException
minimumAmountException) {
                LOGGER.info("转账失败了：" + minimumAmountException.getMessage());
        }

        @Around("transfer()")
        public boolean aroundTransfer(ProceedingJoinPoint proceedingJoinPoint){
                LOGGER.info("方法执行之前调用");
                boolean isTransferSuccessful = false;
                try {
                        isTransferSuccessful = (Boolean)proceedingJoinPoint.proceed();
                } catch (Throwable e) {
                        LOGGER.error(e.getMessage(), e);
                }
                LOGGER.info("方法执行之后调用");
                return isTransferSuccessful;
        }
    }
```

上述代码代表了 Spring AOP 机制的典型使用方法。使用@Pointcut 注解定义了一个切入点，并通过“execution”指示器限定该切入点匹配的包结构为“com.demo”，匹配的方法是 TransferService 类的 transfer()方法。

请注意，在 TransferServiceAspect 中综合使用了@Before、@After、@Around、@AfterThrowing 和@AfterReturning 注解用来设置 5 种不同类型的通知。其中@Around 注解会将目标方法封装起来，并执行动态添加返回值、异常信息等操作。这样@AfterThrowing 和@AfterReturning 注解就能获取这些返回值或异常信息并做出响应，而@Before 和@After 注解可以在方法调用的前后分别添加自定义的处理逻辑。

## 1.2 Spring 家族生态

Spring 框架自 2003 年由 Rod Johnson 设计并实现以来，经历了多个重大版本的发展和演进，已经形成了一个庞大的“家族式技术生态圈”。目前，Spring 已经是 Java EE 领域非常流行的开发框架，在全球各大企业中都得到了广泛应用。本节将梳理整个 Spring 家族中的技术体系，以及各种功能齐全的开发框架。

让我们通过 Spring 的官方网站来看一下 Spring 家族技术生态的全景图，如图 1-2 所示。

可以看到，这里罗列了 Spring 框架的七大核心技术体系，分别是微服务架构、响应式编程、云原生、Web 应用、Serverless 架构、事件驱动以及批处理。

一方面，这些技术体系各自独立但也有一定交集，例如微服务架构往往会与基于 Spring Cloud 的云原生技术结合在一起使用，而微服务架构的构建过程也需要依赖于能够提供 RESTful 风格的 Web 应用程序等。

另一方面，除了具备特定的技术特点，这些技术体系也各有其应用场景。例如，如果我们想要实现日常报表等轻量级的批处理任务，而又不想引入 Hadoop 这套庞大的离线处理平台，那么使用基于 Spring Batch 的批处理框架是一个不错的选择。再比方说，如果想要实现与 Kafka、RabbitMQ 等各种主流消息中间件的集成，但又希望开发人员不需要了解这些中间件在使用上的差别，那么使用基于 Spring Cloud Stream 的事件驱动架构是首选，因为这个框架对外提供了统一的 API，从而屏蔽了内部各个中间件在实现上的差异性。

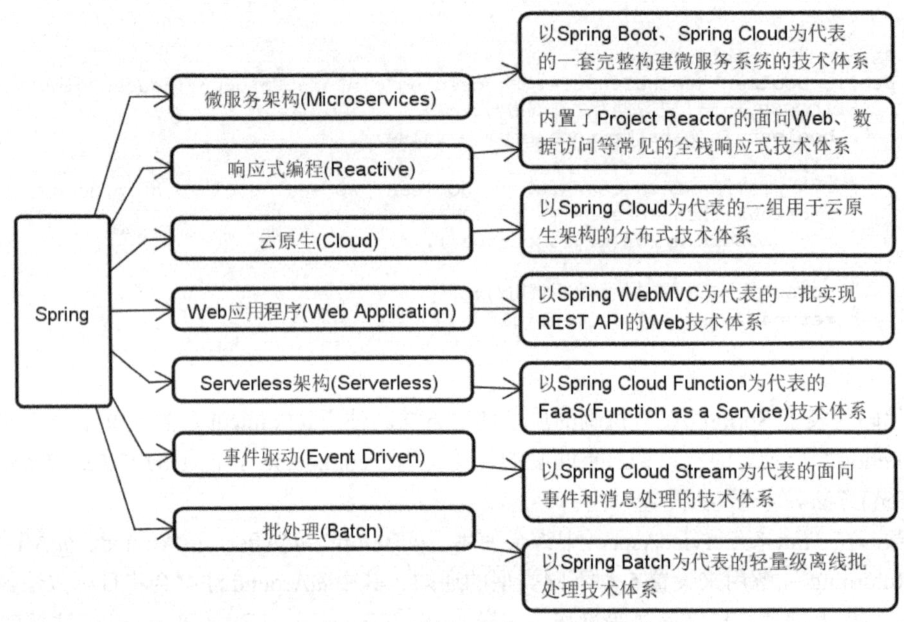


图 1-2 Spring 家族技术体系（来自 Spring 官网）

当然，所有我们现在能看到的 Spring 家族技术体系都是在 Spring Framework 的基础上逐步演进而来的。在介绍上述技术体系之前，我们先简单对其进行回顾。Spring Framework 的整体架构如图 1-3 所示。

Spring 从诞生之初就被认为是一种容器，图 1-3 中的核心容器部分就包含一个容器所应该具备的核心功能，涉及 1.1 节中介绍的基于依赖注入机制的 Bean、AOP、Context，以及 Spring 自身所提供的表达式工具 Instrument 等一些辅助功能。

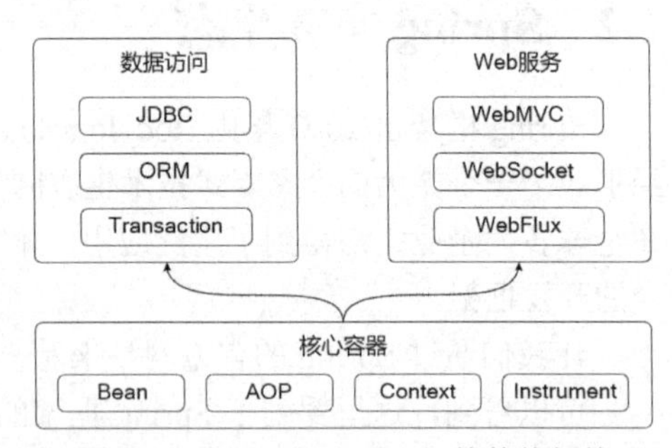


图 1-3 Spring Framework 的整体架构

图 1-3 最上面的就是构建应用程序所需要的两大核心功能组件，也是我们日常开发中最常用的组件，即数据访问和 Web 服务。这两大功能组件中包含的内容非常多，而且充分体现了 Spring Framework 的集成性。也就是说，框架内部整合了业界主流的数据库驱动、消息中间件、ORM 框架等各种工具，开发人员可以根据需要灵活地替换和调整自己想要使用的工具。

从开发语言上讲，虽然 Spring 最广泛的一个应用场景是在 Java EE 领域，但在最新的版本中也支持 Kotlin、Groovy 以及各种动态开发语言。

本书无意对 Spring 中的所有七大技术体系做全面的展开。在日常开发过程中，如果要构建单块 Web 服务，可以采用 Spring Boot。如果想要开发微服务架构，那么需要使用基于 Spring Boot 的 Spring Cloud，而 Spring Cloud 同样内置了基于 Spring Cloud Stream 的事件驱动架构。同时，在这里应特别强调的是响应式编程技术。响应式编程是 Spring 5 引入的最大创新，代表了一种系统架构设计和实现的技术方向。因此，本书也将从 Spring Boot、Spring Cloud 以及 Spring 响应式编程这三大技术体系进行切入，看看 Spring 具体能够为我们解决开发过程中的哪些问题。

## 1.3 Spring Boot 与 Web 应用程序

前面提到 Spring 家族具备多款开源框架，开发人员可以基于这些开发框架实现各种 Spring 应用程序。在本节中，我们关注的是基于 Spring Boot 开发面向 Web 场景的服务，这也是互联网应用程序最常见的表现形式之一。

### 1.3.1 剖析一个 Spring Web 应用程序

在介绍基于 Spring Boot 的开发模式之前，让我们先将它与传统的 Spring MVC 进行对比。

1. Spring MVC vs Spring Boot

在典型的 Web 应用程序中，前后端通常基于 HTTP 完成请求和响应，开发过程中需要完成 HTTP 请求的构建、URL 地址的映射、对象的序列化和反序列化以及实现各个服务自身内部的业务逻辑，如图 1-4 所示。

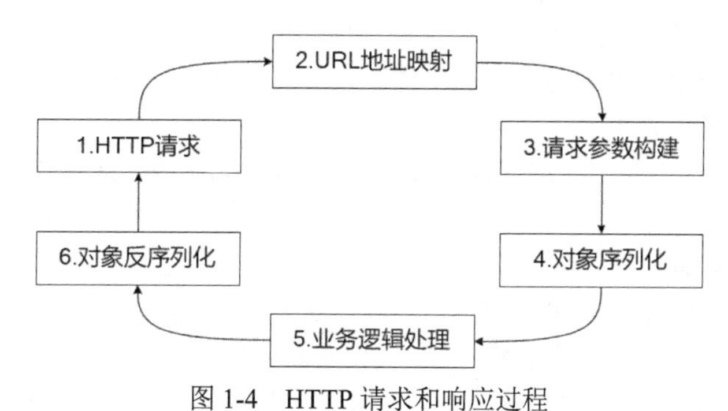


图 1-4 HTTP 请求和响应过程

我们先来看基于 Spring MVC 的 Web 应用程序开发流程，如图 1-5 所示。

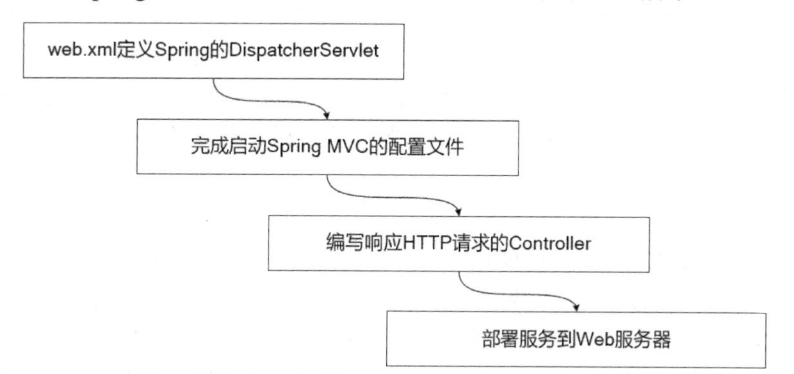


图 1-5 基于 Spring MVC 的 Web 应用程序开发流程

图 1-5 包括使用 web.xml 定义 Spring 的 DispatcherServlet、完成启动 Spring MVC 的配置文件、编写响应 HTTP 请求的控制器（Controller），以及部署服务到 Web 服务器等流程。事实上，基于传

统的 Spring MVC 框架开发 Web 应用程序逐渐暴露出一些问题，比较典型的就是配置工作过于复杂和繁重，以及缺少必要的应用程序管理和监控机制。

如果想要优化这一套开发流程，有几个点值得我们去挖掘，比方说减少不必要的配置工作、启动依赖项的自动管理、简化部署并提供应用监控等。这些优化点推动了以 Spring Boot 为代表的新一代开发框架的诞生。基于 Spring Boot 的 Web 应用程序开发流程如图 1-6 所示。

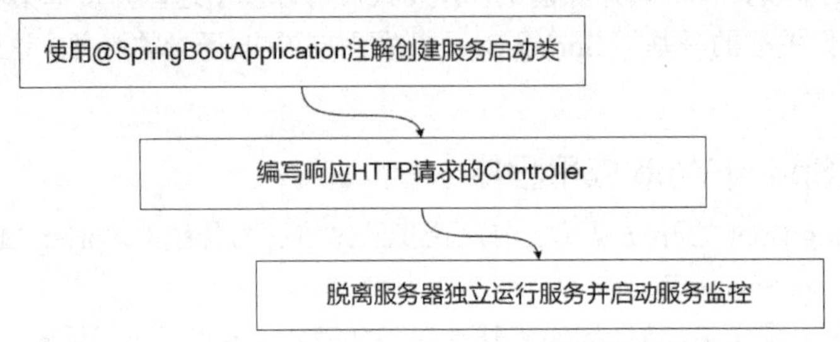


图 1-6　基于 Spring Boot 的 Web 应用程序开发流程

从图 1-6 可以看到，它与基于 Spring MVC 的 Web 应用程序开发流程在配置信息的管理、服务部署和监控等方面有明显不同。作为 Spring 家族新的一员，Spring Boot 提供了令人兴奋的特性，这些特性的核心价值就是确保了开发过程的简单性，具体体现在编码、配置、部署、监控等多个方面。

- Spring Boot 使编码更简单。

我们只需要在 Maven 中添加一项依赖并实现一个 Controller，就可以提供微服务架构中所推崇的 RESTful 风格接口。

- Spring Boot 使配置更简单。

它把 Spring 中基于 XML 的功能配置方式转换为 Java Config，同时提供了.yml 文件来优化原有的基于.properties 和.xml 文件的配置方案。.yml 文件对配置信息的组织更为直观、方便，语义也更为强大。同时，基于自动配置特性，Spring Boot 对常见的各种工具和框架均提供了默认的 starter 组件来简化配置。

- Spring Boot 使部署更简单。

在部署方案上，Spring Boot 也创造了一键启动的新模式。相较于传统模式下的 war 包，Spring Boot 部署包既包含业务代码和各种第三方类库，同时也内嵌 HTTP 容器。这种包结构支持 java –jar 命令方式的一键启动，它不需要部署独立的应用服务器，通过默认的内嵌 Tomcat 就可以运行整个应用程序。

- Spring Boot 使监控更简单。

相较于传统的 Spring 框架，Spring Boot 的一大亮点是引入了内置的监控机制，这是通过 Actuator 组件来实现的。基于 Actuator 组件，我们可以查看包含自动配置在内的应用程序的详细信息。另一方面，也可以实时监控应用程序的运行时健康状态。这部分信息中常见的包括内存信息、JVM 信息、垃圾回收信息等。例如，可以通过“/env/{name}”端点获取系统环境变量、通过“/mapping”端点获取所有 RESTful 服务、通过“/dump”端点获取线程工作状态，以及通过“/metrics/{name}”端点获取 JVM 性能指标等。

### 2. 基于 Spring Boot 的 Web 应用程序开发

针对一个基于 Spring Boot 开发的 Web 应用程序，其代码组织方式需要遵循一定的项目结构。在本书中，如果不做特殊说明，我们都将使用 Maven 来管理项目中的结构和包依赖。一个典型的 Web 应用程序的项目结构包括包依赖、启动类、Controller 类以及配置文件等 4 个组成部分。

- 包依赖。

Spring Boot 提供了一系列 starter 组件来简化各种组件之间的依赖关系。以开发 Web 应用程序为例，我们需要引入 spring-boot-starter-web 这个组件，而这个组件中并没有具体的代码，而只包含一些依赖，如下所示：

```
org.springframework.boot:spring-boot-starter
org.springframework.boot:spring-boot-starter-tomcat
org.springframework.boot:spring-boot-starter-validation
com.fasterxml.jackson.core:jackson-databind
org.springframework:spring-web
org.springframework:spring-webmvc
```

可以看到，这里包括传统 Spring MVC 应用程序中会使用到的 spring-web 和 spring-webmvc 组件，因此 Spring Boot 在底层实现上还是基于这两个组件完成对 Web 请求响应流程的构建的。

在应用程序中引入 spring-boot-starter-web 组件就像引入一个普通的 Maven 依赖，如下所示：

```
<dependency>
     <groupId>org.springframework.boot</groupId>
     <artifactId>spring-boot-starter-web</artifactId>
</dependency>
```

一旦 spring-boot-starter-web 组件引入完毕，我们就可以充分利用 Spring Boot 提供的自动配置机制开发 Web 应用程序。

- 启动类。

使用 Spring Boot 的非常重要的一个步骤是创建一个 Bootstrap 启动类。Bootstrap 类结构简单且比较固化，如下所示：

```
import org.springframework.boot.SpringApplication;
import org.springframework.boot.autoconfigure.SpringBootApplication;

@SpringBootApplication
public class HelloApplication {

    public static void main(String[] args) {
        SpringApplication.run(HelloApplication.class, args);
    }
}
```

可以看到，这里引入了一个全新的注解@SpringBootApplication。在 Spring Boot 中，添加了该注解的类就是整个应用程序的入口，一方面会启动 Spring 容器，另一方面也会自动扫描代码包结构下的@Component、@Service、@Repository、@Controller 等注解，并把这些注解对应的类转化为 Bean 对象，从而全部加载到 Spring 容器中。

- Controller 类。

Bootstrap 类为我们提供了 Spring Boot 应用程序的入口，相当于应用程序已经具备最基本的骨架。接下来我们就可以添加 HTTP 请求的访问入口，表现在 Spring Boot 中就是一系列的 Controller 类。这里的 Controller 与 Spring MVC 中的 Controller 在概念上是一致的。一个典型的 Controller 类如下所示：

```
@RestController
@RequestMapping(value = "accounts")
public class AccountController {

    @Autowired
    private AccountService accountService;

    @GetMapping(value = "/{accountId}")
    public Account getAccountById(@PathVariable("accountId") Long accountId) {
        Account account = accountService.getAccountById(accountId);
        return account;
    }
}
```

请注意，以上代码中包含@RestController、@RequestMapping 和@GetMapping 这 3 个注解。其中，@RequestMapping 用于指定请求地址的映射关系，@GetMapping 的作用等同于指定了 GET 请求方法的@RequestMapping 注解。而@RestController 注解是传统 Spring MVC 中所提供的@Controller 注解的升级版，相当于@Controller 和@ResponseEntity 这两个注解的结合体，会自动使用 JSON 实现序列化/反序列化操作。

- 配置文件。

注意到在 src/main/resources 目录下存在一个 application.yml 文件，这就是 Spring Boot 中的默认配置文件。例如，我们可以将如下所示的端口、服务名称以及数据库访问等配置信息添加到这个配置文件中：

```
server:
  port: 8081

spring:
  application:
    name: orderservice
  datasource:
    driver-class-name: com.mysql.cj.jdbc.Driver
    url: jdbc:mysql://127.0.0.1:3306/appointment
    username: root
password: root
```

事实上，Spring Boot 提供了强大的自动配置机制，如果没有特殊的配置需求，开发人员完全可以基于 Spring Boot 内置的配置体系完成诸如数据库访问相关配置信息的自动集成。

### 1.3.2 Spring Boot 中的技术组件

Spring Boot 构建在 Spring Framework 的基础之上，是新一代的 Web 应用程序开发框架。我们可以通过图 1-7 来了解 Spring Boot 的全貌。

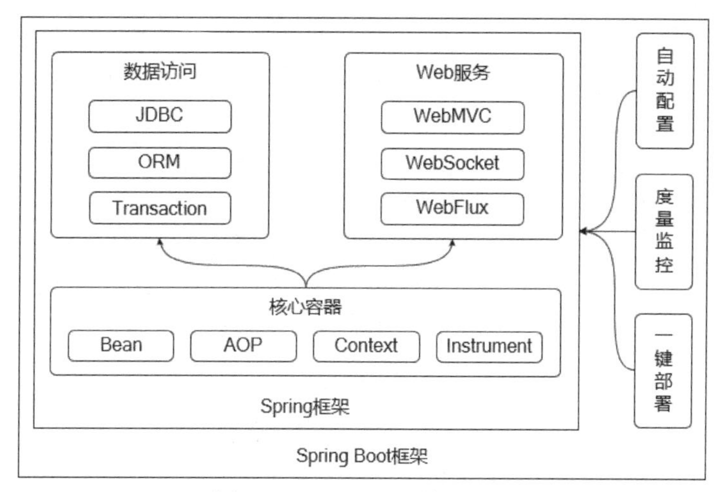


图 1-7 Spring Boot 整体架构

通过浏览 Spring 的官方网站，我们可以看到 Spring Boot 已经成为 Spring 中最顶级的子项目之一。自 2014 年 4 月发布 1.0.0 版本以来，Spring Boot 俨然已经发展为 Java EE 领域开发 Web 应用程序的首选框架。

通过前面的描述，可以看到 Spring Boot 中一个传统 Spring 框架所不具备的功能特性，就是支持运行时内嵌容器，包含 Tomcat、Jetty 等支持 Servlet 规范的多款传统 Web 容器可供开发人员选择。而在最新的 Spring Boot 2.x 中，还提供了对 Netty 以及集成 Servlet 3.1+的非阻塞式容器的支持。基于运行时内嵌容器机制，开发人员只需要使用一行 java–jar 命令就可以启动 Web 服务了。

另一个通过前面的示例可以看到的功能特性就是自动配置。前面的示例并没有像以前使用 Spring MVC 一样指定一大堆关于 HTTP 请求和响应的 XML 配置。事实上，Spring Boot 的运行过程同样还是依赖于 Spring MVC，但是它把原本需要开发人员指定的各种配置项设置了默认值并内置在运行时环境中，例如默认的服务器端口就是 8080。如果我们对这些配置项没有定制化需求，就可以不做任何的处理，采用既定的开发约定即可。这就是 Spring Boot 所倡导的约定优于配置（Convention over Configuration）的设计理念。

## 1.4 Spring Cloud 与微服务架构

在本节中，我们关注的是基于 Spring Cloud 开发面向微服务的系统，这也是当下非常主流的一种构建分布式系统的技术体系。

### 1.4.1 从 Spring Boot 到 Spring Cloud

Spring Cloud 具备一个天生的优势，那就是它是 Spring 家庭的一员，而 Spring 在 Java EE 开发领域的强大地位给 Spring Cloud 起到了很好的推动作用。同时，Spring Cloud 基于 Spring Boot，而 Spring Boot 已经成为 Java EE 领域中最流行的开发框架之一，Spring Cloud 被用来简化 Spring 应用程序的框架搭建和开发过程。Spring Cloud 与微服务架构如图 1-8 所示。

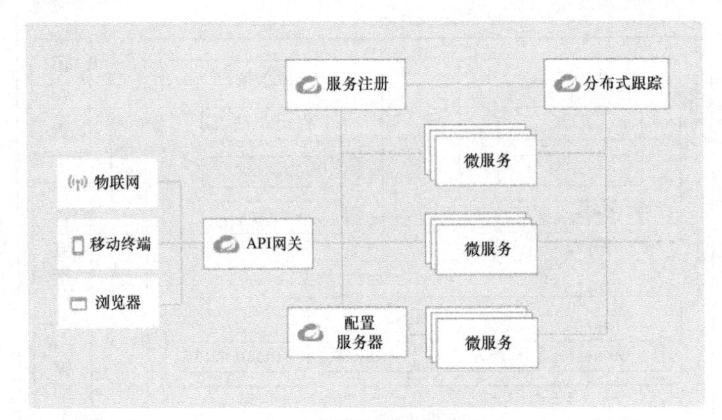


图 1-8 Spring Cloud 与微服务架构（来自 Spring 官网）

在微服务架构中，我们将使用 Spring Boot 来开发单个微服务。同样作为 Spring 家族新的一员，Spring Boot 提供了令人兴奋的特性。正如我们在 1.3 节中所讨论的，这些特性主要体现在开发过程的简单化，包括支持快速构建项目、不依赖外部容器独立运行、开发部署效率高以及与云平台天然集成等。而在微服务架构中，Spring Cloud 构建在 Spring Boot 之上，继承了 Spring Boot 配置简单、开发快速、部署轻松的特点，让原本复杂的架构工作变得相对容易上手。

### 1.4.2 Spring Cloud 中的技术组件

技术组件的完备性是我们选择 Spring Cloud 的主要原因。Spring Cloud 是一系列框架的有序集合。它利用 Spring Boot 的开发便利性巧妙地简化了微服务系统基础设施的开发过程，如服务发现注册、API 网关、配置中心、消息总线、负载均衡、熔断器、数据监控等都可以基于 Spring Boot 的开发风格做到一键启动和部署。

在对微服务的各项技术组件进行设计和实现的过程中，Spring Cloud 也有自己的一些特色。一方面，它对微服务架构开发所需的技术组件进行了抽象，提供了符合开发需求的独立组件，包括用于配置中心的 Spring Cloud Config、用于 API 网关的 Spring Cloud Gateway 等。另一方面，Spring Cloud 也没有“重复造轮子”，它将目前各家公司现有的比较成熟、经得起实践考验的服务框架组合起来，通过 Spring Boot 开发风格进行了再次封装。这部分主要指的是 Spring Cloud Netflix 组件，其中集成了 Netflix OSS 的 Eureka 注册中心、Hystrix 熔断器、Zuul 网关等工具，如图 1-9 所示。

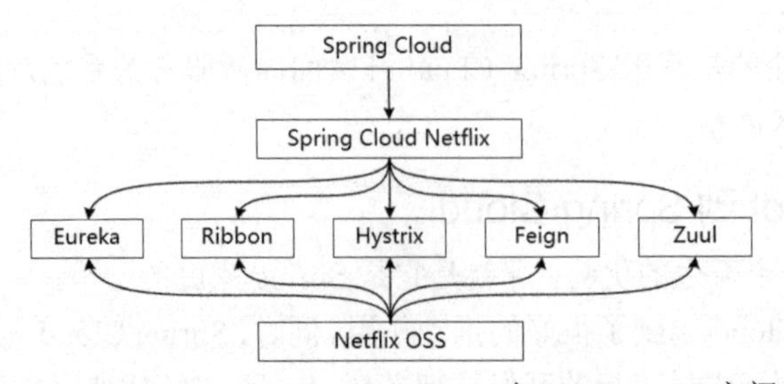


图 1-9 Spring Cloud、Spring Cloud Netflix 与 Netflix OSS 之间的关系

Spring Cloud 屏蔽了微服务架构开发所需的复杂配置和实现过程，最终给开发者提供了一套易理

解、易部署和易维护的开发工具包。Spring Cloud 中的组件非常多，本书无意对所有组件都进行详细展开，而是梳理了开发一个微服务系统所必需的八大核心组件，如图 1-10 所示。

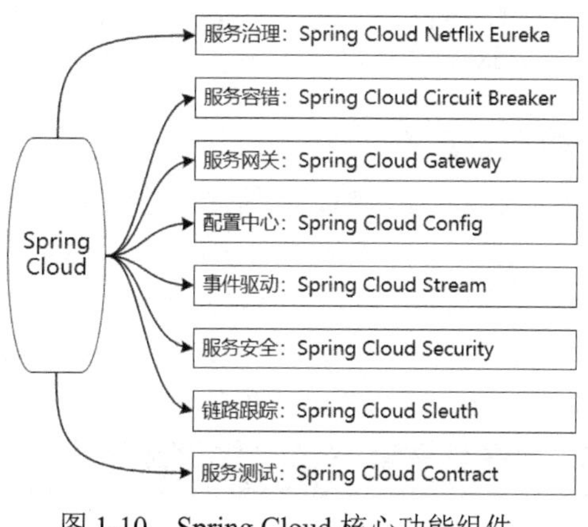


图 1-10　Spring Cloud 核心功能组件

可以看到，基于 Spring Boot 的开发便利性，Spring Cloud 巧妙地简化了微服务系统基础设施的开发过程。

## 1.5　Spring 5 与响应式编程

无论是电商类系统，还是互联网场景下的智能终端平台，都面临着大流量、高并发的访问请求。在各种请求压力下，系统就可能出现一系列可用性问题，作为系统的设计者，需要保证系统拥有即时的响应性。如何时刻确保系统具有应对请求压力的弹性，成为一个非常现实且棘手的问题。响应式编程技术针对这类问题提供了一种新的解决方案。

### 1.5.1　响应式编程技术

经典的服务隔离、限流、降级以及熔断等机制能够在一定程度上实现系统的弹性。通过对比更多可选的技术体系之后，可发现构建系统弹性的一种崭新的解决方案，这就是响应式编程。响应式编程打破了传统的同步阻塞式编程模型，基于响应式数据流和背压机制实现了异步非阻塞式的网络通信、数据访问和事件驱动架构，能够缓解服务器资源的竞争，从而提高服务的响应能力。

比方说，当系统中的服务 A 需要访问服务 B 时，在服务 A 发出请求之后，执行线程会等待服务 B 的返回，这段时间该线程就是阻塞的，因此整个过程的 CPU 利用效率低下，很多时间线程被浪费在了 I/O 阻塞上。更进一步，当执行数据访问时，数据库的执行操作也面临着同样的阻塞式问题。这样，整个请求链路的各个环节都会导致资源的浪费，从而降低系统的弹性。而通过引入响应式编程技术，就可以很好地解决这种类型的问题。

事实上，很多开发框架中已经应用了响应式编程技术。在 1.4 节中提到的 Spring Cloud 中存在的 Netflix Hystrix 组件，就是专门用来实现服务限流的熔断器组件。在这个组件中，实现了一个 HealthCountsStream 类来提供滑动窗口机制，从而完成对运行时请求数据的动态收集和处理。Hystrix 在实现这一机制时大量采用了数据流处理方面的技术以及 RxJava 响应式编程框架。

再比方说，针对 Spring Cloud，Spring 家族还专门开发了一个网关工具 Spring Cloud Gateway。相比 Netflix 中提供的基于同步阻塞式模型的 Zuul 网关，Spring Cloud Gateway 的性能得到了显著的提升，因为它采用了异步非阻塞式的实现机制，而这一机制正是借助于响应式编程框架 Project Reactor 以及 Spring 5 中所内嵌的相关开发技术实现的。

## 1.5.2　响应式 Spring 中的技术组件

你可能会问，如何应用响应式编程技术呢？它的开发过程是不是很有难度呢？这点不用担心，因为随着 Spring 5 的正式发布，我们迎来了响应式编程的全新发展时期。Spring 5 中内嵌了与数据管理相关的响应式数据访问、与系统集成相关的响应式消息通信以及与 Web 服务相关的响应式 Web 框架等多种响应式组件，从而极大简化了响应式应用程序的开发过程和降低了相应的开发难度。图 1-11 展示了响应式编程技术栈与传统的 Servlet 技术栈之间的对比。

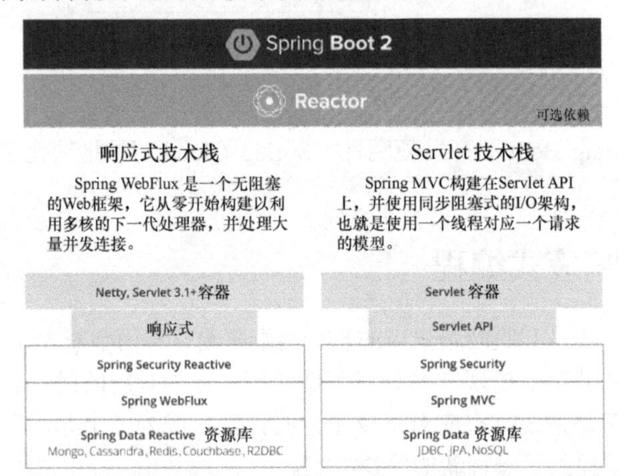


图 1-11　响应式编程技术栈与传统的 Servlet 技术栈之间的对比（来自 Spring 官网）

可以看到，图 1-11 左侧为基于 Spring WebFlux 的技术栈，右侧为基于 Spring MVC 的技术栈。我们知道传统的 Spring MVC 构建在 Java EE 的 Servlet 标准之上，该标准本身就是阻塞式和同步的。而 Spring WebFlux 基于响应式流，因此可以用来构建异步非阻塞的服务。

在 Spring 5 中，选取了 Project Reactor 作为响应式流的实现库。由于响应式编程的特性，Spring WebFlux 和 Reactor 的运行需要依赖于诸如 Netty 和 Undertow 等支持异步机制的容器。也可以选择使用较新版本的 Tomcat 和 Jetty 作为运行环境，因为它们支持异步 I/O 的 Servlet 3.1。图 1-12 更加明显地展示了 Spring MVC 和 Spring WebFlux 的区别和联系。

在基于 Spring Boot 以及 Spring Cloud 的应用程序中，Spring WebFlux 和 Spring MVC 可以混合进行使用。

另一方面，针对数据访问，从 Spring Boot 2 开始，对于那些支持响应式访问的数据库，Spring Data 也提供了响应式版本的 Repository 支持。我们可以使用 MongoDB 和 Redis 等 NoSQL 数据库来实现响应式数据访问。

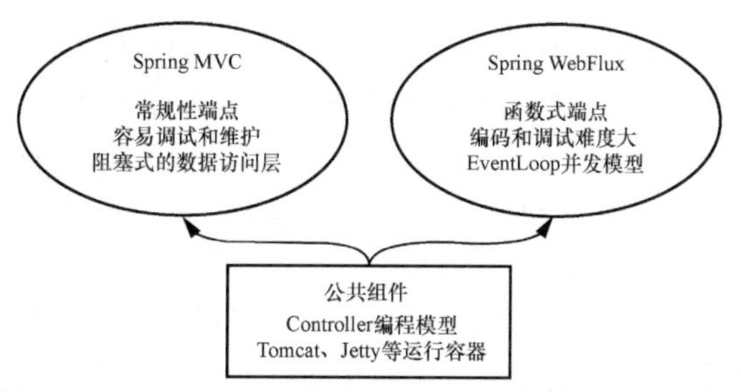


图 1-12 Spring MVC 和 Spring WebFlux 的区别和联系

## 1.6 全书架构

图 1-13 归纳了本书内容的组织架构。本章作为全书的第 1 章，引入了 Spring 这款主流的开源开发框架，而剩下的章节在组织上按照 Spring Boot 篇→Spring Cloud 篇→响应式 Spring 篇来展开。

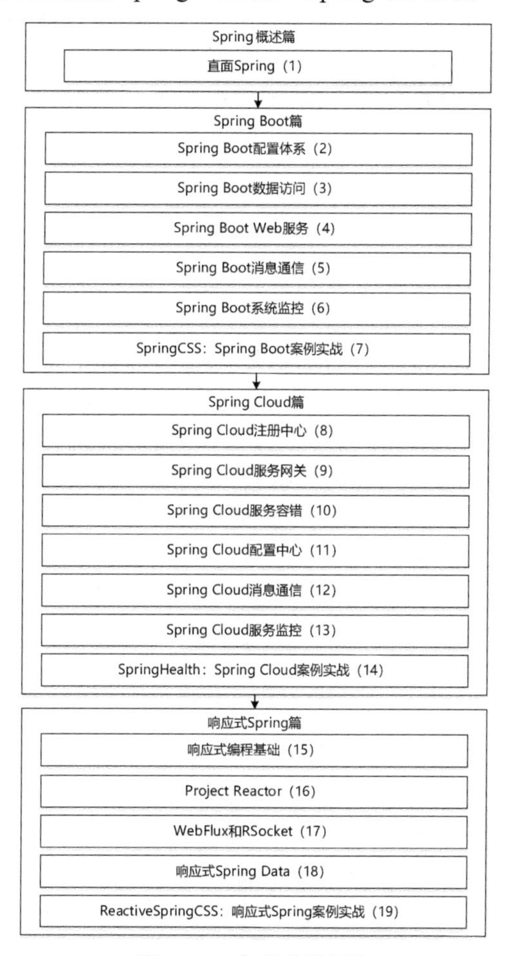


图 1-13 全书组织架构

首先，“Spring Boot 篇”介绍 Spring Boot 所具备的核心功能特性，包括配置体系、数据访问、Web 服务、消息通信和系统监控。这些功能是使用 Spring 框架的基本入口，可以说开发一个典型的 Web 应用程序离不开这些功能，后续介绍 Spring Cloud 和响应式 Spring 时，也需要依赖于这部分功能特性。在本篇的最后，我们从零开始构建一个 SpringCSS 案例系统，并将这些功能特性应用到具体的开发过程中。

“Spring Cloud 篇”中的功能用于构建当下主流的微服务架构。本篇讨论了 Spring 家族中的 Spring Cloud 框架在面向分布式环境下的应用场景，详细介绍用于构建一个微服务系统的注册中心、服务网关、服务容错、配置中心、消息通信、服务监控等核心组件。这些组件都是开发一个微服务系统所必备的功能组件。在本篇的最后，我们同样从零开始构建一个 SpringHealth 案例系统，并将这些功能特性应用到具体的开发过程中。

最后，“响应式 Spring 篇”的内容关注 Spring 5 中新引入的响应式编程技术。响应式编程代表一种技术趋势，可以用来构建异步非阻塞的系统架构。这一篇对响应式编程的基础概念、响应式编程框架 Project Reactor、响应式 WebFlux 和 RSocket、响应式 Spring Data 等技术体系全面展开，理论联系实际，阐述 Spring 框架中针对响应式编程所提供的解决方案。同样，在本篇的最后，我们对 SpringCSS 案例系统做重构和升级并实现了 ReactiveSpringCSS 案例系统，用来展示响应式编程技术的具体落地方案和实现技巧。

## 1.7　本章小结

本章作为全书的第 1 章，全面介绍了 Spring 框架的各个方面以及本书对 Spring 框架所采用的讲解思路，并对 Spring Boot 的开发模式和所提供的各项技术组件做了介绍。相较于传统的 Spring 框架，Spring Boot 在编码、配置、部署、监控等方面都做了优化。同时，本章正式引入了 Spring 家族中的微服务开发框架 Spring Cloud，明确了 Spring Cloud 是构建在 Spring Boot 之上，且提供了一系列的核心组件用来满足微服务系统的开发需求。最后，本章介绍了 Spring 5 所提供的响应式编程技术，同样也分析了 Spring 为开发人员准备的各项技术体系。

# 第二篇

# Spring Boot 篇

本篇共有 6 章，全面介绍 Spring Boot 框架所具备的功能特性，并基于这些功能特性构建一个简单而完整的案例系统。在 Java EE 领域中，Spring Boot 作为 Spring 家族中的一员，在传统 Spring 框架的基础上做了创新和优化，将开发人员从以往烦琐的配置工作中解放出来，并提供了大量的即插即用的集成化组件，从而解决开发过程中各种组件之间复杂的整合问题，提高了开发效率，降低了维护成本。本篇包括第 2～7 章。

# 第 2 章

# Spring Boot 配置体系

配置体系是基于 Spring Boot 框架开发应用程序的基础，而自动配置也是该框架的核心功能之一。在 Spring Boot 中，对配置信息的管理采用约定优于配置的设计理念。在这一理念下，意味着开发人员所需要设置的配置信息数量比使用传统 Spring 框架时将大大减少。

针对 Spring Boot 配置体系，本章将系统梳理配置文件的组织结构以及如何通过代码实现动态的配置信息加载过程。同时，也将给出一组与配置体系相关的高级用法，以及如何创建和管理各种自定义的配置信息。

## 2.1 Spring Boot 中的配置体系

想要正确使用 Spring Boot 中的配置体系，需要理解并使用 Spring Boot 中的配置信息组织方式，这里就需要引出一个核心的概念，即 Profile。

### 2.1.1 配置文件与 Profile

Profile 本质上代表一种用于组织配置信息的维度，在不同场景下可以代表不同的含义。例如，如果 Profile 代表的是一种状态，可以使用 open、halfopen、close 等值来分别代表全开、半开和关闭等。再如，系统需要设置一系列的模板，每个模板中保存着一系列配置项，那么也可以针对这些模板分别创建 Profile。这里的状态或模版的定义完全由开发人员自主设计，我们可以根据需要自定义各种 Profile。这是 Profile 的基本含义。

另一方面，为了达到集中化管理的目的，Spring Boot 对配置文件的命名也做了一定的约定，分别使用“label”和“profile”概念来指定配置信息的版本以及运行环境。在 Spring Boot 中，配置文件同时支持.properties 和.yml 这两种文件格式，结合“label”和“profile”概念，如下所示的配置文件命名都是常见和合法的：

```
/{application}.yml
/{application}-{profile}.yml
/{label}/{application}-{profile}.yml
```

```
/{application}-{profile}.properties
/{label}/{application}-{profile}.properties
```

.yml 文件的语法和其他高级语言类似，并且可以非常直观地表达各种列表、清单、标量等数据形态，特别适合用来表达或编辑数据结构和各种配置文件，示例代码如下：

```
spring:
  datasource:
    driver-class-name: com.mysql.cj.jdbc.Driver
    url: jdbc:mysql://127.0.0.1:3306/account
    username: root
password: root
```

如果采用.properties 配置文件，那么上述配置信息将表示为如下的形式：

```
spring.datasource.driverClassName=com.mysql.cj.jdbc.Driver
spring.datasource.url=jdbc:mysql://127.0.0.1:3306/account
spring.datasource.username=root
spring.datasource.password=root
```

显然，类似的数据源信息通常会根据环境的不同而存在很多套配置。假设我们存在如下所示的配置文件集合：

```
application-prod.properties
application-test.properties
application-uat.properties
application.properties
```

注意这里有一个全局的 application.properties 配置文件以及多个局部的 Profile 配置文件。那么，如何指定当前使用哪一套配置信息呢？在 Spring Boot 中，可以在 application.properties 中使用如下的配置方式来激活当前使用的 Profile：

```
spring.profiles.active = test
```

上述配置项意味着系统会读取 application-test.properties 配置文件中的配置内容。同样，如果使用.yml 文件，则可以使用如下所示的配置方法：

```
spring:
  profiles:
    active: test
```

事实上，也可以同时激活几个 Profile，这完全取决于你对系统配置的需求和维度：

```
spring.profiles.active: prod, myprofile1, myprofile2
```

当然，如果想把所有的 Profile 配置信息只保存在一个文件中而不是分散在多个配置文件中，Spring Boot 也是支持的，需要做的事情只是对这些信息按 Profile 分段进行组织，如下所示：

```
spring:
profiles: test
//test 环境相关配置信息

spring:
profiles: prod
//prod 环境相关配置信息
```

尽管上述方法是有效的，但在本书中，还是推荐按多个配置文件的组织方法管理各个 Profile 配置信息，这样不容易混淆和出错。

最后，如果我们不希望在全局配置文件中指定所需要激活的 Profile，而是想把这个过程延迟到运行这个服务时，那么可以直接在启动 Spring Boot 应用程序的 java–jar 命令中添加--spring.profiles.active 参数，如下所示：

```
java -jar XXX.jar --spring.profiles.active=prod
```

这种实现方案在通过脚本进行自动化打包和部署的场景下非常有用。

## 2.1.2　代码控制与 Profile

在 Spring Boot 中，Profile 这一概念的应用场景还包括动态控制代码执行流程。为此，可以使用@Profile 注解，先来看一个简单的示例。

```
@Configuration
public class DataSourceConfig {

    @Bean
    @Profile("dev")
    public DataSource devDataSource() {
        //创建 dev 环境下的 DataSource
    }

    @Bean()
    @Profile("prod")
    public DataSource prodDataSource(){
        //创建 prod 环境下的 DataSource
    }
}
```

可以看到，此处构建了一个 DataSourceConfig 配置类来专门管理各个环境所需的 DataSource。这里使用@Profile 注解来指定具体环境所需要执行的 DataSource 创建代码。通过这种方式，可以达到与使用配置文件相同的效果。

更进一步，通过代码控制 JavaBean 的创建过程为根据各种条件执行动态流程提供了更大的可能性。例如，在日常开发过程中，通常需要根据不同的运行环境初始化数据，常见的做法是独立执行一段代码或脚本。基于@Profile 注解，我们就可以将这一过程包含在代码中并做到自动化，如下所示：

```
@Profile("dev")
@Configuration
public class DevDataInitConfig {

@Bean
  public CommandLineRunner dataInit() {
    return new CommandLineRunner() {
      @Override
      public void run(String... args) throws Exception {
        // 执行 Dev 环境的数据初始化
      };
    }
```

```
    }
}
```

这里用到了Spring Boot所提供的CommandLineRunner接口，实现了该接口的代码会在Spring Boot应用程序启动时自动执行，我们可以在该接口的run()方法中提供数据初始化相关的处理代码。

@Profile注解的应用范围很广，我们可以将它添加到包含@Configuration和@Component注解的类和方法，也就是说可以延伸到继承了@Component注解的@Service、@Controller、@Repository等各种注解中。

# 2.2 自定义配置信息

在现实的开发过程中，面对纷繁复杂的应用场景，Spring Boot所提供的内置配置信息并不一定能够完全满足开发的需求，这就需要开发人员创建并管理各种自定义的配置信息。

## 2.2.1 创建和使用自定义配置信息

举个例子来介绍如何创建和使用自定义配置信息。对于一个电商类应用场景，为了鼓励用户完成下单操作，我们希望每完成一个订单给就给用户一定数量的积分。从系统扩展性上讲，这个积分应该是可以调整的，所以我们创建了一个自定义的配置项，如下所示：

```
spring.order.point = 10
```

这里我们设置了每个订单对应的积分为10。那么，应用程序如何获取这个配置项的内容呢？通常有两种方法。

1. 使用@Value注解

使用@Value注解来注入配置项内容是一种传统的实现方法。针对前面给出的自定义配置项，我们可以构建一个SpringConfig类，如下所示：

```
@Component
public class SpringConfig {

    @Value("${spring.order.point}")
    private int point;

}
```

在SpringConfig类中，我们要做的就是在字段上添加@Value注解，并指向配置项的名称即可。

2. 使用@ConfigurationProperties注解

相较@Value注解，更为“现代”的一种做法是使用@ConfigurationProperties注解。在使用该注解时，我们通常会设置一个“prefix”属性用来指定配置项的前缀，如下所示：

```
@Component
@ConfigurationProperties(prefix = "spring.order")
public class SpringConfig {

private int point;
//省略getter/setter
}
```

相比@Value注解只能用于指定具体某一个配置项，@ConfigurationProperties可以用来批量提取配置内容。只要指定prefix，我们就可以把该prefix下的所有配置项按照名称自动注入业务代码中。

现在，让我们考虑一种更复杂的场景。假设用户下单操作获取的积分并不是固定的，而是根据每个不同类型的订单会有不同的积分，那么现在的配置项内容，如果使用.yml文件就应该是这样：

```
spring:
  points:
    orderType[1]: 10
    orderType[2]: 20
    orderType[3]: 30
```

如果想把这些配置项全部加载到业务代码中，使用@ConfigurationProperties 注解同样也很容易实现。我们可以直接在配置类SpringConfig中定义一个Map对象，然后通过键值（Key-Value）对来保存这些配置数据，如下所示：

```
@Component
@ConfigurationProperties(prefix="spring.points")
public class SpringConfig {

     private Map<String, Integer> orderType = new HashMap<>();
     //省略 getter/setter
}
```

可以看到这里通过创建一个HashMap来保存这些Key-Value对。类似地，我们也可以实现一些常见数据结构的自动嵌入。

### 2.2.2　组织和整合配置信息

在2.1节中，我们提到了Profile，Profile可以被认为是管理配置信息的一种有效手段。本节继续介绍另一种组织和整合配置信息的方法，这种方法同样依赖于前面介绍的@ConfigurationProperties注解。

在使用@ConfigurationProperties注解时，它可以和@PropertySource注解一起进行使用，从而指定从哪个具体的配置文件中获取配置信息。例如，在下面这个示例中，通过@PropertySource 注解指定了@ConfigurationProperties注解中所使用的配置信息是从当前类路径下的application.properties配置文件中读取的。

```
@Component
@ConfigurationProperties(prefix = "spring.order")
@PropertySource(value = "classpath:application.properties")
public class SpringConfig {
```

既然我们可以通过@PropertySource注解来指定一个配置文件的引用地址，那么显然也可以引入多个配置文件，这时候用到的是@PropertySources注解，使用方式如下所示：

```
@PropertySources({
        @PropertySource("classpath:application.properties "),
        @PropertySource("classpath:redis.properties"),
        @PropertySource("classpath:mq.properties")
})
public class SpringConfig {
```

这里，我们通过@PropertySources注解组合了多个@PropertySource注解中所指定的配置文件路径。SpringConfig类可以同时引用所有这些配置文件中的配置项。

另一方面，我们也可以通过配置--spring.config.location来改变配置文件的默认加载位置，从而实现对多个配置文件的同时加载。例如，如下所示的执行脚本会在启动customerservice-0.0.1-SNAPSHOT.jar时加载D盘下的application.properties文件，以及位于当前类路径下config目录中的所有配置文件：

```
java -jar customerservice-0.0.1-SNAPSHOT.jar --spring.config.location=file:///D:/appl
ication.properties, classpath:/config/
```

通过--spring.config.location指定多个配置文件路径也是组织和整合配置信息的一种有效实现方式。

通过前面的示例，我们看到可以把配置文件保存在多个路径，而这些路径在加载配置文件时具有一定的顺序。以下是按照优先级从高到低的顺序：

```
1:-file:./
2:-file:./config/
3:-classpath:/config/
4:-classpath:/
```

Spring Boot会扫描这4个位置，扫描规则是高优先级配置内容覆盖低优先级配置内容。如果高优先级的配置文件中存在与低优先级配置文件不冲突的属性，则会形成一种互补配置，也就是说会整合所有不冲突的属性。

## 2.3 本章小结

配置体系是学习Spring Boot应用程序的基础。在本章内容中，我们系统梳理了Spring Boot中的Profile概念，以及如何通过配置文件和代码控制的方式来使用这一核心概念。

另一方面，在Web应用程序的开发过程中，通常都会或多或少涉及定制化配置信息的使用。我们同样详细介绍了如何创建和使用自定义配置信息的实现过程，同时也给出了如何组织和整合各种配置信息的方法。

# 第 3 章

# Spring Boot 数据访问

从本章开始，我们将进入 Spring Boot 中另一个核心技术体系的讨论，这个技术体系就是数据访问。无论是互联网应用还是传统软件，对于任何一个系统而言，数据的存储和访问都是不可缺少的。而数据访问层的构建可能涉及多种不同形式的数据存储媒介，本章关注的是最基础也是最常用的数据存储媒介，即关系数据库。针对关系数据库，Java 世界中应用最广泛的就是 JDBC 规范，本章将先对这个经典的规范展开讨论，然后详细介绍 Spring Boot 中用于简化关系数据访问的两大核心组件，即 JdbcTemplate 和 Spring Data JPA。

## 3.1 JDBC 规范

JDBC 是 Java 数据库互连（**J**ava **D**ata**b**ase **C**onnectivity）的简称，它的设计初衷是提供一套能够应用于各种数据库的统一标准。不同的数据库厂家共同遵守这套标准，并提供各自的实现方案供应用程序调用。作为统一标准，JDBC 规范具有完整的架构体系，如图 3-1 所示。

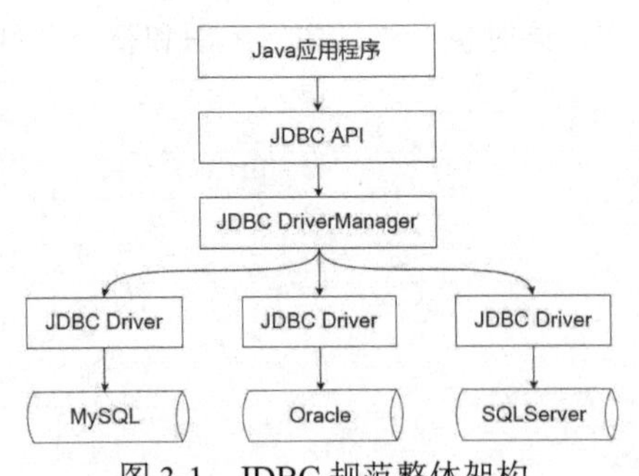

图 3-1　JDBC 规范整体架构

从图 3-1 中可以看到，Java 应用程序通过 JDBC 所提供的 API 进行数据访问，而这些 API 中包含开发人员所需要掌握的各个核心编程对象。

### 3.1.1　JDBC 规范中的核心编程对象

对于日常开发而言，JDBC 规范中的核心编程对象包括 DriverManager、DataSource、Connection、Statement 以及 ResultSet。

正如图 3-1 中的 JDBC 规范整体架构所示，JDBC DriverManager 负责加载各种不同的驱动程序（Driver），并根据不同的请求，向应用程序返回相应的数据库连接（Connection）。而应用程序通过调用 JDBC API 来实现对数据库的操作。

我们知道获取 Connection 的过程需要建立与数据库的连接，而这个过程会产生较大的系统开销。为了提高性能，通常会建立一个中间层，这个中间层将 DriverManager 生成的 Connection 存放到连接池中，然后从连接池中获取 Connection。可以认为 DataSource 就是这样一个中间层。DataSource 是作为 DriverManager 的替代品而推出的，是获取数据库连接的首选方法。作为一种基础组件，自然也不需要开发人员自己来实现 DataSource，业界已经存在很多优秀的工具，包括 DBCP、C3P0 和 Druid 等。

DataSource 的目的是获取 Connection 对象。我们可以把 Connection 理解为一种会话（Session）机制。Connection 代表一个数据库连接，负责完成与数据库之间的通信。所有 SQL 的执行都是在某个特定 Connection 环境中进行的，它还提供了一组重载方法分别用于创建 Statement 和 PreparedStatement。另一方面，Connection 也涉及事务相关的操作。Connection 接口中定义的方法很丰富，其中核心的几个方法如下所示：

```
public interface Connection  extends Wrapper, AutoCloseable {
    //创建 Statement
    Statement createStatement() throws SQLException;
    //创建 PreparedStatement
    PreparedStatement prepareStatement(String sql) throws SQLException;
    //提交
    void commit() throws SQLException;
    //回滚
    void rollback() throws SQLException;
    //关闭连接
    void close() throws SQLException;
}
```

这里就涉及了具体负责执行 SQL 语句的 Statement 对象。JDBC 规范中的 Statement 存在两种类型，一种是普通的 Statement，一种是支持预编译的 PreparedStatement。如果想要查询数据库中的数据，只需要调用 Statement 或 PreparedStatement 对象的 executeQuery()方法即可。当然，Statement 或 PreparedStatement 中提供了一大批执行 SQL 语句、更新和查询的重载方法，本书无法一一展开。以 Statement 为例，它的核心方法如下所示：

```
public interface Statement extends Wrapper, AutoCloseable {
    //执行查询语句
    ResultSet executeQuery(String sql) throws SQLException;
    //执行更新语句
    int executeUpdate(String sql) throws SQLException;
    //执行 SQL 语句
    boolean execute(String sql) throws SQLException;
    //执行批处理
    int[] executeBatch() throws SQLException;
}
```

这里引出了 JDBC 规范中最后一个核心编程对象，即代表执行结果的 ResultSet。一旦通过 Statement 或 PreparedStatement 执行了 SQL 语句并获得了 ResultSet 对象，就可以使用该对象中定义的一大批用于获取 SQL 执行结果值的工具方法，如下所示：

```
public interface ResultSet extends Wrapper, AutoCloseable {
    //获取下一个结果
```

```
    boolean next() throws SQLException;
    //获取某一个类型的结果值
    Value getString(int columnIndex) throws SQLException;
    …
}
```

ResultSet 提供了 next()方法供开发人员完成对整个结果集的遍历。如果 next()方法返回 true，那么意味着结果集中存在数据，就可以调用 ResultSet 对象的一系列 getXXX()方法来取得对应的结果值。

### 3.1.2　使用 JDBC 规范访问数据库

对于开发人员而言，JDBC API 是访问数据库的主要途径。如果使用 JDBC 执行一次访问数据库的操作，常见的代码风格如下所示（省略了异常处理）：

```
// 创建池化的数据源
PooledDataSource dataSource = new PooledDataSource ();
// 设置 MySQL Driver
dataSource.setDriver ("com.mysql.jdbc.Driver");
// 设置数据库 URL、用户名和密码
dataSource.setUrl ("jdbc:mysql://localhost:3306/test");
dataSource.setUsername("root");
dataSource.setPassword("root");
// 获取连接
Connection connection = dataSource.getConnection();

// 执行查询
PreparedStatement statement = connection.prepareStatement ("select * from user");
// 获取查询结果进行处理
ResultSet resultSet = statement.executeQuery();
while (resultSet.next()) {
…
}

// 关闭资源
statement.close();
resultSet.close();
connection.close();
```

这段代码基于前面介绍的 JDBC API 中的各个核心编程对象完成了数据访问，它面向查询场景。而针对插入数据的处理场景，我们只需要替换几行代码即可，即将“执行查询”和“获取查询结果进行处理”部分的查询操作代码替换为插入操作代码。

作为总结，我们梳理了基于 JDBC 规范进行数据库访问的开发流程，如图 3-2 所示。

基于前面所介绍的代码示例，我们可以明确基于 JDBC 规范访问关系数据库的操作可以分成两大部分，一部分是准备和释放资源以及执行 SQL 语句，另一部分则是处理 SQL 执行结果。而对于任何数据访问操作而言，前者实际上都是重复的。在上图所示的整个开发流程中，事实上只有“处理 ResultSet”部分的代码需要开发人员根据具体的业务对象进行定制化处理。这种抽象就为整个执行过程提供了优化空间，诸如 Spring 框架中 JdbcTemplate 这样的模板工具类就应运而生了，3.2 节将详细介绍这个模板工具类。

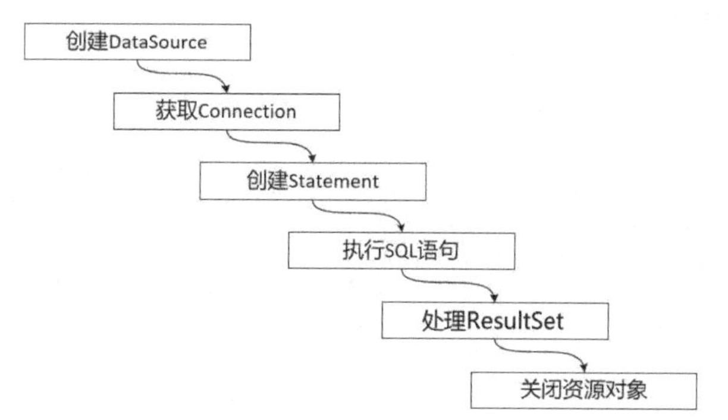


图 3-2 基于 JDBC 规范进行数据库访问的开发流程

# 3.2 使用 JdbcTemplate 访问数据库

正如 3.1 节所述，JDBC 是偏底层的操作规范，所以可以对 JDBC 规范进行不同程度的封装，从而诞生了一批用于关系数据访问的开发组件。本节将介绍基于 Spring 框架所提供的 JdbcTemplate 模板工具类来实现数据访问功能，该工具类同样对 JDBC 规范进行了封装。

## 3.2.1 数据模型和 Repository 层设计

在引入 JdbcTemplate 模板工具类之前，让我们先来考虑一个应用场景。这个场景来自本书第 7 章中的 SpringCSS 案例系统，描述了订单（Order）与商品（Goods）之间的业务关联关系。我们知道一个订单势必会涉及一个或多个商品，所以可以通过这层一对多的关系来展示数据库设计和实现方面的技巧。而为了描述简单，对具体的业务字段尽量做了简化。Order 类的定义如下所示：

```
public class Order{
     private Long id; //订单 ID
     private String orderNumber; //订单编号
     private String deliveryAddress; //物流地址
     private List<Goods> goodsList;//商品列表
     //省略了 getter/setter
}
```

其中代表商品的 Goods 类定义如下：

```
public class Goods {
     private Long id; //商品 ID
     private String goodsCode; //商品编号
     private String goodsName; //商品名称
     private Double price; //商品价格
     //省略了 getter/setter
}
```

显然，从代码中不难看出一个订单可以包含多个商品，所以在设计关系数据库表时，一般做法是构建一个中间表来保存 Order 和 Goods 的这层一对多关系。在本书中，我们使用 MySQL 作为关系数据库，对应的数据库 Schema 定义如下所示：

```
DROP TABLE IF EXISTS 'order';
DROP TABLE IF EXISTS 'goods';
DROP TABLE IF EXISTS 'order_goods';

create table 'order' (
     'id' bigint(20) NOT NULL AUTO_INCREMENT,
     'order_number' varchar(50) not null,
     'delivery_address' varchar(100) not null,
     'create_time' timestamp not null DEFAULT CURRENT_TIMESTAMP,
     PRIMARY KEY ('id')
);

create table 'goods' (
     'id' bigint(20) NOT NULL AUTO_INCREMENT,
     'goods_code' varchar(50) not null,
     'goods_name' varchar(50) not null,
     'goods_price' double not null,
     'create_time' timestamp not null DEFAULT CURRENT_TIMESTAMP,
     PRIMARY KEY ('id')
);

create table 'order_goods' (
     'order_id' bigint(20) not null,
     'goods_id' bigint(20) not null,
     foreign key('order_id') references 'order'('id'),
     foreign key('goods_id') references 'goods'('id')
);
```

基于以上数据模型，我们将完成数据访问层组件的设计和实现。首先，设计一个 OrderRepository 接口，用来抽象数据库访问的入口，如下所示：

```
public interface OrderRepository {

     Order addOrder(Order order);
     Order getOrderById(Long orderId);
     Order getOrderDetailByOrderNumber(String orderNumber);
}
```

这个接口非常简单，方法都是自解释的。请注意，这里的 OrderRepository 并没有继承任何父接口，完全是一个自定义的、独立的数据访问接口。

### 3.2.2 使用 JdbcTemplate 操作数据库

要想在应用程序中使用 JdbcTemplate，首先需要引入对它的依赖，如下所示：

```
<dependency>
     <groupId>org.springframework.boot</groupId>
     =<artifactId>spring-boot-starter-jdbc</artifactId>
</dependency>
```

JdbcTemplate 提供了一系列的 add()、query()、update()、execute()重载方法来应对数据的 CRUD 操作（即增加、检索、更新、执行操作）。

1. 使用 JdbcTemplate 实现查询

先来讨论最简单的查询操作，并介绍如何实现 OrderRepository 中的 getOrderById()方法。为此，可构建一个新的 OrderJdbcRepository 类来实现 OrderRepository 接口，如下所示：

```
@Repository("orderJdbcRepository")
public class OrderJdbcRepository implements OrderRepository {

    private JdbcTemplate jdbcTemplate;

    @Autowired
    public OrderJdbcRepository(JdbcTemplate jdbcTemplate) {
        this.jdbcTemplate = jdbcTemplate;
    }
}
```

可以看到，这里通过构造函数注入了 JdbcTemplate 模板类。而 OrderJdbcRepository 的 getOrderById() 方法实现过程如下所示：

```
@Override
public Order getOrderById(Long orderId) {
    Order order = jdbcTemplate.queryForObject("select id, order_number, delivery_addr
ess from 'order' where id=?",
            this::mapRowToOrder, orderId);

    return order;
    }
```

显然，这里使用了 JdbcTemplate 的 queryForObject()方法来执行查询操作，该方法传入目标 SQL、参数以及一个 RowMapper 对象。其中 RowMapper 定义如下：

```
public interface RowMapper<T> {
//对 ResultSet 中的某一个数据进行映射
T mapRow(ResultSet rs, int rowNum) throws SQLException;
}
```

从 mapRow()方法的定义不难看出，RowMapper 的作用就是处理 ResultSet 中的每一行数据，并将来自数据库中的数据映射成领域对象。例如，getOrderById()用 mapRowToOrder()方法来完成对 Order 对象的映射，如下所示：

```
private Order mapRowToOrder(ResultSet rs, int rowNum) throws SQLException {
    return new Order(rs.getLong("id"), rs.getString("order_number"), rs.getString
("delivery_address"));
}
```

讲到这里，你可能已经注意到 getOrderById()方法实际上只是获取了 Order 对象中的订单部分信息，并不包含商品数据。接下来，可再设计一个 getOrderDetailByOrderNumber()方法，该方法可根据订单编号获取订单以及订单中所包含的所有商品信息，如下所示：

```
@Override
public Order getOrderDetailByOrderNumber(String orderNumber) {
    //获取 Order 基础信息
    Order order = jdbcTemplate.queryForObject(
            "select id, order_number, delivery_address from 'order' where order_number=
?", this::mapRowToOrder,
            orderNumber);
```

```
        if (order == null)
            return order;

        //获取 Order 与 Goods 的关联关系，找到 Order 中的所有 goodsId
        Long orderId = order.getId();
        List<Long> goodsIds = jdbcTemplate.query("select order_id, goods_id from order_
goods where order_id=?",
                new ResultSetExtractor<List<Long>>() {
                    public List<Long> extractData(ResultSet rs) throws SQLException,
DataAccessException {
                        List<Long> list = new ArrayList<Long>();
                        while (rs.next()) {
                            list.add(rs.getLong("goods_id"));
                        }
                        return list;
                    }
                }, orderId);

        //根据 goodsId 分别获取 Goods 信息并填充到 Order 对象中
        for (Long goodsId : goodsIds) {
            Goods goods = getGoodsById(goodsId);
            order.addGoods(goods);
        }

        return order;
}
```

上述代码有些复杂，可以分成几个部分来讲解。首先，获取 Order 基础信息，并通过 Order 中的 ID 编号从中间表中获取所有 Goods 的 ID 列表。然后遍历这个 ID 列表，分别获取 Goods 信息。最后，将获取到的 Goods 信息填充到 Order 中，从而构建一个完整的 Order 对象。这里通过 ID 获取 Goods 数据的实现方法与 getOrderById()方法的实现过程类似，如下所示：

```
    private Goods getGoodsById(Long goodsId) {
        return jdbcTemplate.queryForObject("select id, goods_code, goods_name, price from
 goods where id=?",
                this::mapRowToGoods, goodsId);
    }

    private Goods mapRowToGoods(ResultSet rs, int rowNum) throws SQLException {
        return new Goods(rs.getLong("id"), rs.getString("goods_code"), rs.getString("goods_name"),
                rs.getDouble("price"));
    }
```

介绍完查询操作之后，接下来讨论如何使用 JdbcTemplate 实现数据插入。

2. 使用 JdbcTemplate 实现数据插入

在 JdbcTemplate 中，我们可以通过 update()方法来实现数据的插入和更新。针对 Order 和 Goods 的关联关系，插入一个 Order 对象需要同时完成两张表即 order 表和 order_goods 表的更新。所以插入 Order 的实现过程也分成两个阶段，如下所示的 addOrderDetailWithJdbcTemplate()方法展示了这一过程：

```
    private Order addOrderDetailWithJdbcTemplate(Order order) {
        //插入 Order 的基础信息
        Long orderId = saveOrderWithJdbcTemplate(order);
```

```
        order.setId(orderId);

        //插入 Order 与 Goods 的对应关系
        List<Goods> goodsList = order.getGoods();
        for (Goods goods : goodsList) {
            saveGoodsToOrderWithJdbcTemplate(goods, orderId);
        }

        return order;
    }
```

可以看到，这里是先插入 Order 的基础信息，然后遍历 Order 中的 Goods 列表并逐条进行插入。其中的 saveOrderWithJdbcTemplate()方法如下所示：

```
    private Long saveOrderWithJdbcTemplate(Order order) {

        PreparedStatementCreator psc = new PreparedStatementCreator() {
            @Override
            public PreparedStatement createPreparedStatement(Connection con) throws
SQLException {
                 PreparedStatement ps = con.prepareStatement(
                        "insert into 'order' (order_number, delivery_address) values (?, ?)",
                        Statement.RETURN_GENERATED_KEYS);
                ps.setString(1, order.getOrderNumber());
                ps.setString(2, order.getDeliveryAddress());
                return ps;
            }
        };

        KeyHolder keyHolder = new GeneratedKeyHolder();
        jdbcTemplate.update(psc, keyHolder);

        return keyHolder.getKey().longValue();
    }
```

上述 saveOrderWithJdbcTemplate()方法要比想象中的复杂，主要原因在于需要在插入 order 表的同时返回数据库中所生成的自增主键。因此，这里使用了 PreparedStatementCreator 这个工具类来封装 PreparedStatement 对象的构建过程，并在 PreparedStatement 的创建过程中设置了 Statement.RETURN_GENERATED_KEYS 用于返回自增主键。然后，再构建一个 GeneratedKeyHolder 对象用于保存所返回的自增主键。这是使用 JdbcTemplate 实现带有自增主键数据插入的一种标准做法，读者可以参考这一做法并将之应用到日常开发过程中。

至于用于插入 Order 与 Goods 关联关系的 saveGoodsToOrderWithJdbcTemplate()方法就比较简单了，直接调用 JdbcTemplate 的 update()方法插入数据即可，如下所示：

```
    private void saveGoodsToOrderWithJdbcTemplate(Goods goods, long orderId) {
        jdbcTemplate.update("insert into order_goods (order_id, goods_id) " + "values (?,
?)", orderId, goods.getId());
    }
```

至此，关于 JdbcTemplate 的使用方式就介绍完了。事实上，JdbcTemplate 是相对偏底层的一个工具类。在 Spring 中，还存在更高层次的数据访问组件，那就是 Spring Data。

## 3.3 使用 Spring Data 访问数据库

Spring Data 是 Spring 家族中专门用于数据访问的开源框架，其核心理念是支持对所有存储媒介进行资源配置从而实现数据访问。我们知道，数据访问需要完成领域对象与存储数据之间的映射，并对外提供访问入口，Spring Data 基于 Repository 架构模式抽象出一套统一的数据访问方式。

### 3.3.1 Spring Data 抽象

Spring Data 对数据访问过程的抽象主要体现在定义了一套完整的 Repository 接口，并针对不同的数据存储媒介提供了丰富的具体实现。

1. Repository 接口

Repository 接口是 Spring Data 中对数据访问的最高层抽象，接口定义如下所示：

```
public interface Repository<T, ID> {
}
```

我们看到 Repository 接口只是一个空接口，通过泛型指定了领域实体对象的类型和 ID。在 Spring Data 中，存在一大批 Repository 接口的子接口和实现类。其中 CrudRepository 接口是 Repository 接口的常见扩展，添加了对领域实体的 CRUD 操作功能，定义如下：

```
public interface CrudRepository<T, ID> extends Repository<T, ID> {

    <S extends T> S save(S entity);
    <S extends T> Iterable<S> saveAll(Iterable<S> entities);
    Optional<T> findById(ID id);
    boolean existsById(ID id);
    Iterable<T> findAll();
    Iterable<T> findAllById(Iterable<ID> ids);
    long count();
    void deleteById(ID id);
    void delete(T entity);
    void deleteAll(Iterable<? extends T> entities);
    void deleteAll();
}
```

这些方法都是自解释的，我们可以看到 CrudRepository 接口提供了保存单个实体、保存集合、根据 ID 查找实体、根据 ID 判断实体是否存在、查询所有实体、查询实体数量、根据 ID 删除实体、删除一个实体的集合以及删除所有实体等常见操作。

2. Spring Data 中的组件

总结而言，Spring Data 支持对多种数据存储媒介进行数据访问，表现为提供了一系列默认的 Repository，包括针对关系数据库的 JPA/JDBC Repository，针对 MongoDB、Neo4j、Redis 等 NoSQL 对应的 Repository，支持 Hadoop 的大数据访问的 Repository，甚至包括 Spring Batch 和 Spring Integration 在内的系统集成用的 Repository。Spring Data 的官方网站列出了其所提供的所有组件。

按照官网中的介绍，Spring Data 中的组件可以分成四大类，即核心模块（Main modules）、社区模块（Community modules）、关联模块（Related modules）和正在孵化的模块（Modules in Incubation）。例如，前面介绍的 Respository 接口以及 3.3.2 小节中要介绍的多样化查询功能就在核心模块 Spring

Data Commons 组件中。

这里特别想强调的是正在孵化的模块，目前只包含一个组件，即 Spring Data R2DBC。R2DBC 是 Reactive Relational Database Connectivity 的简写，代表响应式关系数据库连接，相当于是响应式数据访问领域的 JDBC 规范。我们会在第 18 章中对 Spring Data R2DBC 进行详细展开。

### 3.3.2 Spring Data JPA

在 3.3.1 小节的基础上，本小节将基于 Spring Data 中的 Spring Data JPA 组件介绍如何集成 ORM（Object Relational Mapping，对象关系映射）框架并完成关系数据库访问。

1. 引入 Spring Data JPA

要想在应用程序中使用 Spring Data JPA，我们需要在 pom 文件中引入 spring-boot-starter-data-jpa 依赖，如下所示：

```
<dependency>
     <groupId>org.springframework.boot</groupId>
     <artifactId>spring-boot-starter-data-jpa</artifactId>
</dependency>
```

在介绍这一组件的使用方法之前，有必要对 JPA 规范做一定的介绍。JPA 全称是 Java Persistence API，即 Java 持久化 API，是一种 Java 应用程序接口规范，充当面向对象的领域模型和关系数据库系统之间的桥梁，所以属于一种 ORM 技术。

在 JPA 规范中，定义了一组通用的概念和约定，集中包含在 javax.persistence 包中。常见的包含对实体（Entity）以及实体标识定义、实体与实体之间的关联关系定义等。

和 JDBC 规范一样，JPA 规范也有一大批实现工具和框架，具有代表性的有老牌的 Hibernate 以及本书要介绍的 Spring Data JPA。为了演示基于 Spring Data JPA 的开发过程，本小节在 3.2 节提供的数据模型的基础上，专门设计和实现一套独立的领域对象和 Repository。数据模型中存在两个领域对象，即 Order 和 Goods。本小节将重新创建这两个领域对象，分别命名为 JpaOrder 和 JpaGoods，它们就是 JPA 规范中的实体类。

先来看相对简单的 JpaGoods，定义如下，这里把 JPA 规范的相关类的引用也罗列在了一起：

```
import javax.persistence.Entity;
import javax.persistence.GeneratedValue;
import javax.persistence.GenerationType;
import javax.persistence.Id;
import javax.persistence.Table;

@Entity
@Table(name="goods")
public class JpaGoods {

     @Id
     @GeneratedValue(strategy = GenerationType.IDENTITY)
     private Long id;
     private String goodsCode;
     private String goodsName;
     private Float price;
     //省略 getter/setter
}
```

JpaGoods 中使用了 JPA 规范中用于定义实体的几个注解，包含非常重要的用于定义实体的@Entity 注解、用于指定表名的@Table 注解、用于标识主键的@Id 注解以及用于标识自增数据的@GeneratedValue 注解。这些注解都比较简单，在实体类上直接使用即可。

再来看相对比较复杂的 JpaOrder，定义如下：

```
@Entity
@Table(name="'order'")
public class JpaOrder implements Serializable {

    @Id
    @GeneratedValue(strategy = GenerationType.IDENTITY)
    private Long id;
    private String orderNumber;
    private String deliveryAddress;

    @ManyToMany(targetEntity=JpaGoods.class)
    @JoinTable(name = "order_goods", joinColumns = @JoinColumn(name = "order_id",
referencedColumnName = "id"), inverseJoinColumns = @JoinColumn(name = "goods_id",
referencedColumnName = "id"))
    private List<JpaGoods> goods = new ArrayList<>();
    //省略 getter/setter
}
```

这里除了常见的一些注解，最重要的就是引入了@ManyToMany 注解用来表示 order 表与 goods 表中数据的关联关系。JPA 规范中提供了 one-to-one、one-to-many、many-to-one、many-to-many 这 4 种关系，分别处理一对一、一对多、多对一以及多对多的关联场景。同时，这里使用了@JoinTable 注解来指定 order_goods 中间表，并通过 joinColumns 和 inverseJoinColumns 来分别指定中间表中的字段名称以及引用两张主表中的外键名称。

定义完实体对象之后，我们提供 Repository 接口。这一步非常简单，OrderJpaRepository 定义如下：

```
@Repository("OrderJpaRepository")
public interface OrderJpaRepository extends JpaRepository<JpaOrder, Long>
{
}
```

可以看到这是一个继承了 JpaRepository 接口的空接口，但这个 OrderJpaRepository 实际上已经具备访问数据库的基本 CRUD 功能。接下来介绍 JpaRepository 所提供的多样化查询功能。

2. Spring Data 多样化查询支持

在日常开发过程中，对数据的查询操作需求远高于新增、删除和修改操作，所以在 Spring Data 中，除了对领域对象提供默认的 CRUD 操作之外，重点对查询场景做了高度抽象，最典型的就是提供了@Query 注解和方法名衍生查询机制。

- @Query 注解。

可以通过@Query 注解直接在代码中嵌入查询语句和条件，从而提供类似 ORM 框架所具有的强大功能。下面就是使用@Query 注解进行查询的典型例子：

```
public interface AccountRepository extends JpaRepository<Account,
    Long> {
```

```
    @Query("select a from Account a where a.userName = ?1")
    Account findByUserName(String userName);
}
```

这里的@Query 注解中使用的就是类似 SQL 语句的语法，能自动完成领域对象 Account 与数据库数据之间的相互映射。因为我们在这里使用的是 JpaRepository，所以这种类似 SQL 语句所使用的实际上是一种 JPA 查询语言，也就是所谓的 JPQL（Java Persistence Query Language，Java 持久化查询语言）。JPQL 的基本语法如下所示：

```
SELECT 子句 FROM 子句
[WHERE 子句]
[GROUP BY 子句]
[HAVING 子句]
[ORDER BY 子句]
```

可以看到 JPQL 语句和原生的 SQL 语句非常类似。唯一的区别应该就是 JPQL 的 FROM 语句中对应的是对象，而原生的 SQL 语句中对应的是数据表中的字段。

- 方法名衍生查询。

方法名衍生查询也是 Spring Data 的查询特色之一，通过在方法命名上直接使用查询字段和参数，Spring Data 就能自动识别相应的查询条件并组装对应的查询语句。典型的示例如下：

```
public interface AccountRepository extends JpaRepository<Account,
Long> {

    List<Account> findByFirstNameAndLastName(String firstName, String
    lastName);
}
```

在上面的例子中，通过 findByFirstNameAndLastname()这样符合普通语义的方法名，并在参数列表中按照方法名中参数的顺序和名称（第一个参数是 firstName，第二个参数 lastName）传入相应的参数，Spring Data 就能自动组装 SQL 语句从而实现衍生查询。

想要使用方法名衍生查询，需要对 Repository 中定义的方法名有一定的约束，首先需要指定一些查询关键字，如表 3-1 所示。

**表 3-1 方法名衍生查询中的查询关键字**

| 查询关键字 | 方法名示例 | JPQL 语句 |
|---|---|---|
| And | findByLastnameAndFirstname | …where x.lastname = ?1 and x.firstname = ?2 |
| Or | findByLastnameOrFirstname | …where x.lastname = ?1 or x.firstname = ?2 |
| Is,Equals | findByFirstname,findByFirstnameIs,<br>findByFirstnameEqual | …where x.firstname = 1? |
| Between | findByStartDateBetween | …where x.startDate between 1? and ?2 |
| LessThan | findByAgeLessThan | …where x.age < ?1 |
| LessThanEqual | findByAgeLessThanEqual | …where x.age⇐ ?1 |
| GreaterThan | findByAgeGreaterThan | …where x.age > ?1 |

续表

| 查询关键字 | 方法名示例 | JPQL 语句 |
|---|---|---|
| GreaterThanEqual | findByAgeGreaterThanEqual | …where x.age >= ?1 |
| After | findByStartDateAfter | …where x.startDate > ?1 |
| Before | findByStartDateBefore | …where x.startDate < ?1 |
| IsNull | findByAgeIsNull | …where x.age is null |
| IsNotNull,NotNull | findByAge(Is)NotNull | …where x.age not null |
| Like | findByFirstnameLike | …where x.firstname like ?1 |
| NotLike | findByFirstnameNotLike | …where x.firstname not like ?1 |
| StartingWith | findByFirstnameStartingWith | …where x.firstname like ?1 (parameter bound with appended %) |
| EndingWith | findByFirstnameEndingWith | …where x.firstname like ?1 (parameter bound with prepended %) |
| Containing | findByFirstnameContaining | …where x.firstname like ?1 (parameter bound wrapped in %) |
| OrderBy | findByAgeOrderByLastnameDesc | …where x.age = ?1 order by x.lastname desc |
| Not | findByLastnameNot | …where x.lastname <> ?1 |
| In | findByAgeIn(Collection ages) | …where x.age in ?1 |
| NotIn | findByAgeNotIn(Collection age) | …where x.age not in ?1 |
| True | findByActiveTrue() | …where x.active = true |
| False | findByActiveFalse() | …where x.active = false |
| IgnoreCase | findByFirstnameIgnoreCase | …where UPPER(x.firstame) = UPPER(?1) |
| Or | findByLastnameOrFirstname | …where x.lastname = ?1 or x.firstname = ?2 |
| Is,Equals | findByFirstname,findByFirstnameIs,<br>findByFirstnameEqual | …where x.firstname = 1? |
| Between | findByStartDateBetween | …where x.startDate between 1? and ?2 |

有了这些查询关键字，在方法命名上我们还需要指定查询字段和一些限制性条件。例如，在前面的示例中，我们只是基于 firstName 和 lastName 这两个字段做了查询。事实上，我们可以查询的内容非常多。表 3-2 列出了更多的方法名衍生查询示例。

**表 3-2 方法名衍生查询示例**

| 查询方法 | 查询描述 |
|---|---|
| findTop10ByFirstName(...) | 根据 firstName 排序并获取前 10 条数据 |
| findByFirstNameIgnoreCase(...) | 根据 firstName 查询，忽略该字段输入的大小写 |
| findByBirthdateAfter(...) | 查询生日在指定 birthdate 之后的数据 |
| findByAgeGreaterThan(...) | 查询年龄大于指定 age 的数据 |

续表

| 查询方法 | 查询描述 |
|---|---|
| findByAgeIn(...) | 查询年龄位于某个区间的数据 |
| findByFirstNameLike(...) | 根据 firstName 做模糊匹配 |
| findByActiveIsTrue(...) | 查询状态处于 Active 的数据 |

在 Spring Data 中，方法名衍生查询的功能非常强大，表 3-2 罗列的也只是一小部分而已。

### 3.3.3 使用 Spring Data JPA 访问数据库

有了上面定义的 JpaOrder 和 JpaGoods 实体类以及 OrderJpaRepository 接口，已经可以完成很多操作了。例如，如果想通过 ID 来获取 Order 对象，在代码中注入 OrderJpaRepository 接口并调用对应方法即可，如下所示：

```
orderJpaRepository.getOne(orderId);
```

请注意，这里在获取了 order 表中的订单基础数据之外，还同时获取了 goods 表中的商品数据。能实现这种效果是因为在 JpaOrder 对象中添加了@ManyToMany 注解，该注解会自动从 order_goods 表中获取商品主键信息并从 goods 表中获取商品详细信息。对比通过 JdbcTemplate 获取这部分数据的实现过程，可以看到使用 Spring Data JPA 要简单很多。

除了 JpaRepository 中默认集成的各种 CRUD 方法，我们也可以使用 3.3.2 小节中的@Query 注解、方法名衍生查询等机制来实现多样化查询。同时，本小节还将引入 QueryByExample 机制来丰富查询方式。

1. 使用@Query 注解

使用@Query 注解实现查询的示例如下：

```
@Repository("orderJpaRepository")
public interface OrderJpaRepository extends JpaRepository<JpaOrder, Long>
{

    @Query("select o from JpaOrder o where o.orderNumber = ?1")
    JpaOrder getOrderByOrderNumberWithQuery(String orderNumber);
}
```

这里使用了 JPQL 来根据 OrderNumber 查询订单信息。说到@Query 注解，JPA 中还提供了一个@NamedQuery 注解用于对@Query 注解中的语句进行命名。@NamedQuery 注解的使用方式如下所示：

```
@Entity
@Table(name = "'order'")
@NamedQueries({ @NamedQuery(name = "getOrderByOrderNumberWithQuery", query = "select
o from JpaOrder o where o.orderNumber = ?1") })
public class JpaOrder implements Serializable {
```

在上述示例中，我们在实体类 JpaOrder 上添加了一个@NamedQueries 注解，该注解可以将一批@NamedQuery 注解整合在一起使用。这里我们使用@NamedQuery 注解定义了一个 getOrderByOrderNumberWithQuery 查询，并指定了对应的 JPQL 语句。如果想要使用这个命名查询，只需要在 OrderJpaRepository 中定义与该命名一致的方法即可。

2. 使用方法名衍生查询

使用方法名衍生查询是非常方便的一种自定义查询方式，开发人员唯一要做的就是在JpaRepository接口中定义一个符合查询语义的方法。例如，如果希望通过OrderNumber查询订单信息，那么可以提供如下所示的接口定义：

```
@Repository("orderJpaRepository")
public interface OrderJpaRepository extends JpaRepository<JpaOrder, Long>
{

    JpaOrder getOrderByOrderNumber(String orderNumber);
}
```

现在，通过getOrderByOrderNumber()方法就可以自动根据OrderNumber来获取订单详细信息。

3. 使用QueryByExample机制

接下来将介绍另一种强大的查询机制，即QueryByExample（QBE）机制。针对JpaOrder对象，如果希望根据OrderNumber以及DeliveryAddress中的一个或多个条件进行查询，那么按照方法名衍生查询的方式构建查询方法会得到如下所示的方法定义：

```
List<JpaOrder> findByOrderNumberAndDeliveryAddress (String orderNumber, String delive
ryAddress);
```

如果查询条件中使用到的字段非常多，那么上面这个方法名可能非常长，并需要设置一批参数。显然，这种查询方法定义存在缺陷。因为不管查询条件个数有多少，都必须填充所有参数，哪怕部分参数根本没有被用到。而且，如果将来需要再添加一个新的查询条件，该方法就必须做调整，从扩展性上讲也存在设计上的问题。为了解决这些问题，可以引入QueryByExample机制。

QueryByExample可以翻译成按示例查询，是一种用户友好的查询技术。它允许动态创建查询，而不需要编写包含字段名称的查询方法。实际上，按示例查询不需要使用特定的数据库查询语言来编写查询语句。

从组成结构上讲，QueryByExample包括Probe、ExampleMatcher和Example这3个基本组件。其中Probe包含对应字段的实例对象；ExampleMatcher携带有关如何匹配特定字段的详细信息，相当于匹配条件；而Example则由Probe和ExampleMatcher组成，用于构建具体的查询操作。

现在，可基于QueryByExample机制来重构根据OrderNumber查询订单的实现过程。首先，需要在OrderJpaRepository接口的定义中继承QueryByExampleExecutor接口，如下所示：

```
@Repository("orderJpaRepository")
public interface OrderJpaRepository extends JpaRepository<JpaOrder, Long>,
QueryByExampleExecutor<JpaOrder> {
```

然后，可以实现如下所示的getOrderByOrderNumberByExample()方法：

```
public JpaOrder getOrderByOrderNumberByExample(String orderNumber) {
    JpaOrder order = new JpaOrder();
    order.setOrderNumber(orderNumber);

    ExampleMatcher matcher = ExampleMatcher.matching().withIgnoreCase().withMatcher
("orderNumber", GenericPropertyMatchers.exact()).withIncludeNullValues();
```

```
        Example<JpaOrder> example = Example.of(order, matcher);

        return orderJpaRepository.findOne(example).orElse(new JpaOrder());
    }
```

上述代码首先构建了一个 ExampleMatcher 对象用于初始化匹配规则，然后通过传入一个 JpaOrder 对象实例和 ExampleMatcher 实例构建了一个 Example 对象，最后通过 QueryByExampleExecutor 接口中的 findOne()方法实现了 QueryByExample 机制。

## 3.4 本章小结

JDBC 规范是 Java EE 领域中进行数据库访问的标准规范，在业界的应用非常广泛。本章首先分析了该规范中的核心编程对象，并梳理了使用 JDBC 规范访问数据库的开发流程。熟练掌握 JDBC 规范是理解后续内容的基础。

JdbcTemplate 模板工具类是基于 JDBC 规范实现数据访问的强大工具，它对常见的 CRUD 操作做了封装并提供了一大批简化的 API。本章分别针对查询和插入这两大类数据操作给出了基于 JdbcTemplate 的实现方案。

同时，Spring 框架也专门提供了 Spring Data 组件来对数据访问过程进行抽象。基于 Repository 架构模式，Spring Data 为开发人员提供了一系列用于完成 CRUD 操作的工具和方法，针对常用的查询操作更是专门进行了提炼和设计，这使得开发过程变得简单而高效。

# 第 4 章

# Spring Boot Web 服务

通过对第 3 章的学习，我们已经掌握了构建一个 Spring Boot 应用程序的数据访问层组件实现方法。在本章中，我们将讨论另一层组件，即 Web 服务层的构建方式。服务与服务之间的交互是系统设计和发展的必然需求，涉及 Web 服务的发布以及消费。针对服务发布，Spring Boot 框架为开发人员提供了一组非常有用的基础注解；而针对服务消费，我们则可以使用 RestTemplate 工具类。

## 4.1 RESTful 风格

在当下的分布式系统以及微服务架构中，RESTful 风格是主流的 Web 服务表现方式。本章将演示如何使用 Spring Boot 来创建 RESTful 服务。在此之前，先了解什么是 REST。

你可能听说过 REST，但不一定清楚它的含义。REST（Representational State Transfer，描述性状态迁移）本质上只是一种架构的风格而不是规范。这种架构风格把位于服务器的访问入口看作一种资源，每个资源都使用 URI（Uniform Resource Identifier，统一资源标识符）得到一个唯一的地址。而在传输协议上使用的就是标准的 HTTP 请求，比如常见的 GET、PUT、POST 和 DELETE。表 4-1 展示了 RESTful 风格的一些具体示例。

表 4-1　RESTful 风格示例

| URL | HTTP 请求 | 描述 |
|---|---|---|
| http://www.example.com/accounts | GET | 获取 Account 对象列表 |
| http://www.example.com/accounts | PUT | 更新一组 Account 对象 |
| http://www.example.com/accounts | POST | 新增一组 Account 对象 |
| http://www.example.com/accounts | DELETE | 删除所有 Account |
| http://www.example.com/accounts/jianxiang | GET | 根据账户名 jianxiang 获取 Account 对象 |
| http://www.example.com/accounts/jianxiang | PUT | 根据账户名 jianxiang 更新 Account 对象 |
| http://www.example.com/accounts/jianxiang | POST | 添加账户名为 jianxiang 的新 Account 对象 |
| http://www.example.com/accounts/jianxiang | DELETE | 根据账户名 jianxiang 删除 Account 对象 |

客户端与服务器的数据交互就涉及序列化问题。序列化完成业务对象在网络环境中的传输，实现方式有很多，常见的有文本和二进制两大类。目前 JSON 是被广泛采用的序列化方式，本书所有代码实例都以 JSON 作为默认的序列化方式。

## 4.2 创建 RESTful 服务

在 Spring Boot 中，创建 RESTful 服务的基本手段就是使用框架提供的一组基础注解。这些注解与传统 Spring MVC 中的注解基本是一致的，开发人员几乎不需要任何学习就可以熟练使用这些注解。

### 4.2.1 使用基础注解

在 Spring Boot 应用程序中，可以通过构建一系列的 Controller 类来暴露 RESTful 风格的 HTTP 端点，比较简单的 Controller 类如下所示：

```
@RestController
public class HelloController {

    @GetMapping("/")
    public String index() {
        return "Hello World!";
    }
}
```

可以看到上述代码中包含@RestController 和@GetMapping 这两个注解。其中，@RestController 注解继承自 Spring MVC 中的@Controller 注解，顾名思义就是一个基于 RESTful 风格的 HTTP 端点，并且会自动使用 JSON 实现 HTTP 请求和响应的序列化/反序列化方式。通过这个特性，在构建 RESTful 服务时可以使用@RestController 注解来代替@Controller 注解，以简化开发。

另外一个@GetMapping 注解也与 Spring MVC 中的@RequestMapping 注解类似，只是默认使用 RequestMethod.GET 来指定 HTTP 请求。Spring Boot 2 中引入的一批新注解，除了@GetMapping 外，还有@PutMapping、@PostMapping、@DeleteMapping 等，方便开发人员显式地指定 HTTP 请求。当然，你也可以继续使用原先的@RequestMapping 注解实现同样的效果。

再来看一个更加具体的示例，如下所示：

```
@RestController
@RequestMapping(value = "accounts")
public class AccountController {

    @GetMapping(value = "/{accountId}")
    public Account getAccountById(@PathVariable("accountId") Long accountId) {
        Account account = new Account();
        account.setId(1L);
        account.setAccountCode("DemoCode");
        account.setAccountName("DemoName");
        return account;
    }
}
```

在该 Controller 中，我们通过静态的业务代码完成根据账户编号（accountId）获取用户账户信息的业务流程。这里用到了两层 Mapping，第一层的@RequestMapping 注解在服务层级定义了服务的根路径/accounts，而第二层的@GetMapping 注解则在操作级别又定义了 HTTP 请求的具体路径及参数信息。

现在，一个典型的 RESTful 服务已经开发完成，可以通过 java–jar 命令直接运行 Spring Boot 应用程序。在启动日志中可发现以下输出内容（为了显示效果，部分内容做了调整），可以看到自定义的这个 AccountController 已经启动成功并准备接收响应：

```
RequestMappingHandlerMapping : Mapped "{[/accounts/{accountId}], methods=[GET]}" onto
public com.spring.account.domain.Account com.spring.account.controller.AccountController.
getAccountById (java.lang.Long)
```

在前面的 AccountController 中，还出现了一个新的注解@PathVariable，该注解作用于输入参数，接下来看看如何控制请求输入和输出。

### 4.2.2 控制请求输入和输出

Spring Boot 提供了一系列简单有用的注解来简化对请求输入的控制过程，常用的包括@PathVariable、@RequestParam 和@RequestBody。

@PathVariable 注解用于获取路径参数，即从类似 url/{id}这种形式的路径中获取{id}参数的值。通常，使用@PathVariable 注解时只需要指定一个参数的名称即可。我们可以再来看一个示例，如下所示：

```
@GetMapping(value = "/{accountName}")
public Account getAccountByAccountName(@PathVariable("accountName") String accountName) {

    Account account = accountService.getAccountByAccountName(accountName);
    return account;
}
```

@RequestParam 注解的作用与@PathVariable 注解类似，也是获取请求中的参数，但是它面向类似 url?id=XXX 这种路径形式。相较@PathVariable 注解，该注解只是多了一个设置默认值的 defaultValue 属性。

在 HTTP 中，content-type 属性用来指定所传输的内容类型，可以通过@RequestMapping 注解中的 produces 属性来设置这个属性，通常会将其设置为 application/json，如下所示：

```
@RestController
@RequestMapping(value = "accounts", produces="application/json")
public class AccountController {
```

而@RequestBody 注解就是用来处理 content-type 为 application/json 类型时的编码内容。通过@RequestBody 注解可以将请求体中的 JSON 字符串绑定到相应的 JavaBean 上。如下所示的就是一个使用@RequestBody 注解来控制输入的场景：

```
@PutMapping(value = "/")
public void updateAccount(@RequestBody Account account) {
```

如果使用了@RequestBody 注解，就可以在 Postman 中输入一个 JSON 字符串来构建输入对象，如下所示：

```
{
    "id": "1",
    "accountCode":"account1",
    "accountName": "jianxiang_account1"
}
```

使用注解很简单，但需要探讨控制请求输入的规则。第一步是要按照 RESTful 风格的设计原则来设计 HTTP 端点，这里有几点约定。以 Account 这个领域实体为例，如果把它视为一种资源，那么 HTTP 端点的根节点命名上通常采用复数形式，即/accounts，正如前面的示例代码所示。

而在设计 RESTful API 时，注意点在于需要基于 HTTP 语义来设计对外暴露的端点的详细路径。针对常见的 CRUD 操作，表 4-2 展示了是否采用 RESTful API 的区别。

表 4-2 RESTful 风格对比示例

| 业务操作 | 非 RESTful API | RESTful API |
|---|---|---|
| 获取用户账户 | /account/query/1 | /accounts/1 GET |
| 新增用户账户 | /account/add | /accounts POST |
| 更新用户账户 | /account/edit | /accounts PUT |
| 删除用户账户 | /account/delete | /accounts DELETE |

基于以上介绍的控制请求输入的实现方法，我们可以给出一个完整 AccountController 类的具体实现，如下所示：

```
@RestController
@RequestMapping(value = "accounts", produces="application/json")
public class AccountController {

    @Autowired
    private AccountService accountService;

    @GetMapping(value = "/{accountId}")
    public Account getAccountById(@PathVariable("accountId") Long accountId) {
        Account account = accountService.getAccountById(accountId);
        return account;
    }

    @GetMapping(value = "accountname/{accountName}")
    public Account getAccountByAccountName(@PathVariable("accountName") String
ccountName) {

        Account account = accountService.getAccountByAccountName(accountName);
        return account;
    }

    @PostMapping(value = "/")
    public void addAccount(@RequestBody Account account) {

        accountService.addAccount(account);
    }
```

```
    @PutMapping(value = "/")
    public void updateAccount(@RequestBody Account account) {

        accountService.updateAccount(account);
    }

    @DeleteMapping(value = "/")
    public void deleteAccount(@RequestBody Account account) {

        accountService.deleteAccount(account);
    }
}
```

介绍完对请求输入的控制，再来讨论如何控制请求的输出。相较输入控制，输出控制就要简单很多。因为 Spring Boot 所提供的@RestController 注解已经屏蔽了底层实现的复杂性，只需要返回一个普通的业务对象即可。@RestController 注解相当于 Spring MVC 中@Controller 和@ResponseBody 这两个注解的组合，会自动返回 JSON 数据。

## 4.3　使用 RestTemplate 访问 HTTP 端点

完成 Web 服务的构建之后，接下来要做的事情就是如何对服务进行消费。这就是本节要介绍的内容，本节将基于 RestTemplate 模板工具类来介绍。

RestTemplate 是 Spring 提供的用于访问 RESTful 服务的客户端，位于 org.springframework.web.client 包中。在设计上，RestTemplate 完全符合 RESTful 架构风格的设计原则。相较传统 Apache 中的 HttpClient 客户端工具类，RestTemplate 在编码的简便性以及异常的处理等方面都做了很多改进。

接下来先看一下如何创建一个 RestTemplate 对象，并通过该对象所提供的大量工具方法实现对远程 HTTP 端点的高效访问。

### 4.3.1　创建 RestTemplate

要想创建一个 RestTemplate 对象，最简单也最常见的方法之一就是直接新建一个该类的实例，如下所示：

```
@Bean
public RestTemplate restTemplate(){
    return new RestTemplate();
}
```

这里创建了一个 RestTemplate 实例，并通过@Bean 注解将其注入 Spring 容器。通常会把上述代码放在 Spring Boot 的 Bootstrap 类中，这样在代码工程的其他地方都可以引用这个实例。

可以通过查看 RestTemplate 的无参构造函数来了解在创建它的实例时具体做了哪些事情，如下所示：

```
public RestTemplate() {
    this.messageConverters.add(new ByteArrayHttpMessageConverter());
    this.messageConverters.add(new StringHttpMessageConverter());
    this.messageConverters.add(new ResourceHttpMessageConverter(false));
```

```
        this.messageConverters.add(new SourceHttpMessageConverter<>());
        this.messageConverters.add(new AllEncompassingFormHttpMessageConverter());

        //省略其他添加 HttpMessageConverter 的代码
    }
```

可以看到，RestTemplate 的无参构造函数只做了一件事情，就是添加了一批用于实现消息转换的 HttpMessageConverter 对象。通过 RestTemplate 发送的请求和获取的响应都以 JSON 作为序列化方式，但在调用后续将要介绍的 getForObject()、exchange()等方法时所传入的参数以及获取的结果都是普通的 Java 对象。在 RestTemplate 中，实际上就是通过 HttpMessageConverter 自动做了这一层转换操作。

请注意，RestTemplate 还有另外一个更加强大的有参构造函数，如下所示：

```
    public RestTemplate(ClientHttpRequestFactory requestFactory) {
        this();
        setRequestFactory(requestFactory);
    }
```

可以看到，这个构造函数一方面调用了前面的无参构造函数，另一方面可以设置一个 ClientHttpRequestFactory 接口。而基于这个 ClientHttpRequestFactory 接口的各种实现类，可以对 RestTemplate 的行为进行精细化控制。这方面典型的应用场景就是设置 HTTP 请求的超时时间等属性，如下所示：

```
    @Bean
    public RestTemplate customRestTemplate(){
            HttpComponentsClientHttpRequestFactory httpRequestFactory = new HttpComponents
ClientHttpRequestFactory();
            httpRequestFactory.setConnectionRequestTimeout(3000);
            httpRequestFactory.setConnectTimeout(3000);
            httpRequestFactory.setReadTimeout(3000);

            return new RestTemplate(httpRequestFactory);
    }
```

这里创建了一个 HttpComponentsClientHttpRequestFactory 工厂类，它是 ClientHttpRequestFactory 接口的一个实现类。通过设置连接请求超时时间 ConnectionRequestTimeout、连接超时时间 ConnectTimeout 等属性，对 RestTemplate 的默认行为进行了定制化处理。

### 4.3.2　使用 RestTemplate 访问 Web 服务

在远程服务访问上，RestTemplate 内置了一批常用的方法，可以根据 HTTP 请求以及 RESTful 的设计原则对这些方法进行分类，如表 4-3 所示。

表 4-3　RestTemplate 中的方法分类

| HTTP 请求 | RestTemplate 方法 |
|---|---|
| GET | getForObject/getForEntity |
| POST | postForLocation/ postForObject/ postForEntity |
| PUT | put |

续表

| HTTP 请求 | RestTemplate 方法 |
| --- | --- |
| DELETE | delete |
| Header | headForHeaders |
| 不限 | exchange/ execute |

接下来将基于该表，对 RestTemplate 中的工具方法做详细介绍并给出相关示例。在此之前，先来讨论一下请求的 URL。在一个 Web 请求中，通过请求路径可以携带参数，在使用 RestTemplate 时也可以在它的 URL 中嵌入路径变量，示例代码如下：

```
("http://localhost:8082/account/{id}", 1)
```

这里对这个 HTTP 端点设置了参数，定义了一个拥有路径变量名为 id 的 URL，然后在实际访问时将该变量值设置为 1。

URL 中也可以包含多个路径变量，因为 Java 支持不定长参数语法，所以多个路径变量的赋值将按参数依次设置。如下所示的代码中就定义了 URL 拥有的 pageSize 和 pageIndex 这两个路径变量用于分页操作，实际访问的时候它们将被替换为 20 和 2：

```
("http://localhost:8082/account/{pageSize}/{pageIndex}", 20, 2)
```

路径变量也可以通过 Map 进行赋值。如下所示的代码同样定义了拥有路径变量 pageSize 和 pageIndex 的 URL，但实际访问时会从 uriVariables 这一 Map 对象中获取值并进行替换，从而得到最终的请求路径为 http://localhost:8082/account/20/2：

```
    Map<String, Object> uriVariables = new HashMap<>();
    uriVariables.put("pageSize", 20);
    uriVariables.put("pageIndex", 2);
    webClient.getForObject() ("http://localhost:8082/account/{pageSize}/{pageIndex}", Acc
ount.class, uriVariables);
```

一旦准备好了请求 URL，就可以使用 RestTemplates 所提供的一系列方法完成远程服务的访问。

我们先来介绍 get 方法组，包括 getForObject()和 getForEntity()这两组方法，每组各有参数完全对应的 3 个方法。例如，getForObject()方法组中的 3 个方法如下所示：

```
    public <T> T getForObject(URI url, Class<T> responseType)
    public <T> T getForObject(String url, Class<T> responseType, Object... uriVariables){
}
    public <T> T getForObject(String url, Class<T> responseType, Map<String, ?> uriVariab
les)
```

从方法定义上不难看出它们之间的区别只是在对所传入参数的处理上。第一个 getForObject()方法只有两个参数，如果需要在访问路径上添加参数，则需要构建一个独立的 URI 对象，示例如下：

```
    String url = "http://localhost:8080/hello?name=" + URLEncoder.encode(name, "UTF-8");
    URI uri = URI.create(url);
```

而后面的两个 getForObject()方法分别支持不定参数以及一个 Map 对象。回顾 4.2.2 小节中所介绍的 AccountController，如下所示：

```
@RestController
@RequestMapping(value = "accounts")
public class AccountController {

    @GetMapping(value = "/{accountId}")
    public Account getAccountById(@PathVariable("accountId") Long accountId) {
    …
    }
}
```

对于上述端点，可以通过 getForObject()方法构建一个 HTTP 请求来获取目标 Account 对象，实现代码如下所示：

```
    Account result = restTemplate.getForObject("http://localhost:8082/accounts/{accountId}",
Account.class, accountId);
```

可以使用 getForEntity()方法实现同样的效果，但写法上有所区别，如下所示：

```
    ResponseEntity<Account> result = restTemplate.getForEntity("http://localhost:8082/acc
ounts/{accountId}", Account.class, accountId);
    Account account = result.getBody();
```

可以看到，getForEntity()方法的返回值是一个 ResponseEntity 对象，在这个对象中还包含 HTTP 消息头等信息，而 getForObject()方法返回的只是业务对象本身。这是两个方法组的主要区别，可以根据需要进行选择。

和 GET 请求相比，RestTemplate 中的 POST 请求除了提供 postForObject()和 postForEntity()方法组之外，还存在一组 postForLocation()方法。假设有如下所示的 OrderController 并暴露了一个用于添加 Order 的端点：

```
@RestController
@RequestMapping(value="orders")
public class OrderController {

    @PostMapping(value = "")
    public Order addOrder(@RequestBody Order order) {
        Order result = orderService.addOrder(order);
        return result;
    }
}
```

那么通过 postForEntity()方法发送 POST 请求的示例代码如下：

```
    Order order = new Order();
    order.setOrderNumber("Order0001");
    order.setDeliveryAddress("DemoAddress");
    ResponseEntity<Order> responseEntity = restTemplate.postForEntity("http://localhost:
8082/orders", order, Order.class);
    return responseEntity.getBody();
```

可以看到，这里通过 postForEntity()方法传递一个 Order 对象到 OrderController 所暴露的端点，并获取了该端点的返回值。postForObject()的操作方式也与此类似。

在掌握了 get 和 post 方法组之后，理解 put 方法组和 delete 方法组就显得非常容易了。其中，put 方法组与 post 方法组相比只是操作语义上的差别，而 delete 方法组的使用过程也和 get 方法组类似，这里就不再一一展开。

最后，还有必要介绍一下 exchange 方法组。对于 RestTemplate 而言，exchange()是一个通用且统一的方法，它既能发送 GET 和 POST 请求，也能用于其他各种类型的请求。我们来看一下 exchange 方法组中的一个方法签名，如下所示：

```
public <T> ResponseEntity<T> exchange(String url, HttpMethod method, @Nullable HttpEntity<?
> requestEntity, Class<T> responseType, Object... uriVariables) throws RestClientException
```

请注意，这里的 requestEntity 变量是一个 HttpEntity 对象，封装了请求头和请求体，而 responseType 则用于指定返回的数据类型。假如在前面的 OrderController 中存在一个根据订单编号 OrderNumber 获取 Order 信息的端点，那么使用 exchange()方法来发起请求的代码就变成这样：

```
ResponseEntity<Order> result = restTemplate.exchange("http://localhost:8082/orders/
{orderNumber}", HttpMethod.GET, null, Order.class, orderNumber);
```

而更为复杂的一种使用方式示例代码如下：

```
//设置请求头
HttpHeaders headers = new HttpHeaders();
headers.setContentType(MediaType.APPLICATION_JSON_UTF8);

//设置访问参数
HashMap<String, Object> params = new HashMap<>();
params.put("orderNumber", orderNumber);

//设置请求体
HttpEntity entity = new HttpEntity<>(params, headers);
ResponseEntity<Order> result = restTemplate.exchange(url, HttpMethod.GET, entity,
Order.class);
```

这里分别设置请求头、访问参数以及请求体，并发起远程调用。

### 4.3.3 RestTemplate 其他使用技巧

除了实现常规的 HTTP 请求之外，RestTemplate 还有一些高级用法，包括指定消息转换器、设置拦截器和处理异常等。

在 RestTemplate，实际上还存在第三个构造函数，如下所示：

```
public RestTemplate(List<HttpMessageConverter<?>> messageConverters) {
    Assert.notEmpty(messageConverters, "At least one HttpMessageConverter required");
    this.messageConverters.addAll(messageConverters);
}
```

可以看到，可以通过传入一组 HttpMessageConverter 来初始化 RestTemplate，这也为定制消息转换器提供了途径。假如希望把支持 Gson 的 GsonHttpMessageConverter 加载到 RestTemplate 中，就可以使用如下所示的代码：

```
@Bean
public RestTemplate restTemplate() {
    List<HttpMessageConverter<?>> messageConverters = new ArrayList<HttpMessage
Converter<?>>();
```

```
        messageConverters.add(new GsonHttpMessageConverter());
        RestTemplate restTemplate = new RestTemplate(messageConverters);
        return restTemplate;
    }
```

一方面，可以根据需要实现各种自定义的 HttpMessageConverter，并通过以上方法完成对 RestTemplate 的初始化。

另一方面，有时候需要对请求做一些通用的拦截设置，这就可以使用到拦截器，而这些拦截器需要实现 ClientHttpRequestInterceptor 接口。最典型的应用场景之一就是在 Spring Cloud 中通过@LoadBalanced 注解为 RestTemplate 添加负载均衡机制。我们可以在 LoadBalanceAutoConfiguration 自动配置类中找到如下代码：

```
@Bean
@ConditionalOnMissingBean
public RestTemplateCustomizer restTemplateCustomizer(
            final LoadBalancerInterceptor loadBalancerInterceptor) {
        return restTemplate -> {
            List<ClientHttpRequestInterceptor> list = new ArrayList<>(
                    restTemplate.getInterceptors());
            list.add(loadBalancerInterceptor);
            restTemplate.setInterceptors(list);
        };
}
```

可以看到这里出现了一个 LoadBalancerInterceptor 类，该类就实现了 ClientHttpRequestInterceptor 接口。通过调用 setInterceptors()方法将这个自定义的 LoadBalancerInterceptor 注入 RestTemplate 的拦截器列表中。

在 RestTemplate 中，默认情况下当返回的请求状态码不是 200 时就会抛出异常并中断接下来的操作，如果想要改变这个处理过程就需要覆盖默认的 ResponseErrorHandler。示例代码结构如下所示：

```
RestTemplate restTemplate = new RestTemplate();

ResponseErrorHandler responseErrorHandler = new ResponseErrorHandler() {

        @Override
        public boolean hasError(ClientHttpResponse clientHttpResponse) throws IOException {
            return true;
        }

        @Override
        public void handleError(ClientHttpResponse clientHttpResponse) throws
IOException {
          //添加定制化的异常处理代码
        }
};

restTemplate.setErrorHandler(responseErrorHandler);
```

可以在上述的 handleError()方法中实现任何自己想要控制的异常处理代码。

## 4.4　本章小结

构建Web服务是开发Web应用程序的基本需求，而设计并实现RESTful风格的Web服务是开发人员必须具备的开发技能。基于Spring Boot框架，这些工作都变得非常简单，开发人员只需要使用几个注解就能实现复杂的HTTP端点，并暴露给其他服务进行使用。

RestTemplate为开发人员提供了一大批有用的方法来实现HTTP请求的发送以及响应的获取。同时，该模板类还开发了一些定制化的入口供开发人员嵌入对HTTP请求过程进行精细化管理的处理逻辑。本章内容对RestTemplate的构建和使用方式给出了详细的描述。

# 第 5 章

# Spring Boot 消息通信

本章将进入 Spring Boot 中另一个重要话题的讨论，那就是消息通信。消息通信是 Web 应用程序中间层组件中的代表性技术体系，用于构建复杂而又灵活的业务流程。在互联网应用中，消息通信被认为是实现系统解耦和高并发的关键技术体系。

就技术选型而言，我们通常使用消息中间件来实现消息通信机制。业界也存在一批优秀的消息中间件框架，包括 Kafka、ActiveMQ 和 RabbitMQ 等。Spring Boot 集成了这些主流的消息中间件并提供了对应的模板工具类。

## 5.1 消息通信模型

消息中间件一般都提供了消息的发送客户端和接收客户端组件，这些客户端组件会嵌入业务服务。其中，消息的生产者负责产生消息，一般由业务系统充当生产者；而消息的消费者负责消费消息，一般是后台系统负责异步消费。消息通信有两种基本模型，即发布-订阅（Pub-Sub）模型和点对点（Point to Point）模型。发布-订阅模型支持生产者与消费者之间的一对多关系，而点对点模型中有且仅有一个消费者。

上述概念构成了消息通信系统最基本的模型，围绕这个模型业界存在一些实现规范和工具，代表性的规范有 JMS 和 AMQP 以及它们的实现框架 ActiveMQ 和 RabbitMQ 等，而 Kafka 等工具并不遵循特定的规范但也提供了消息通信的设计和实现方案。

与第 3 章介绍的 JdbcTemplate 以及第 4 章介绍的 RestTemplate 类似，Spring Boot 作为一款支持快速开发的集成框架，同样也提供了一批以-Template 命名的模板工具类用于实现消息通信，常见的包括 KafkaTemplate、JmsTemplate 以及 RabbitTemplate。在本章接下来的内容中，我们将分别使用这 3 个模板工具类来介绍各种消息中间件的使用方法。

## 5.2 使用 KafkaTemplate 集成 Kafka

在讨论如何使用 KafkaTemplate 实现与 Kafka 的集成之前，我们先来简单了解 Kafka 的基本架构，并引出 Kafka 中的几个核心概念。

### 5.2.1　Kafka 基本架构

Kafka 基本架构参考图 5-1，从中可以看到中间人（Broker）、生产者（Producer）、消费者（Consumer）、推（Push）、拉（Pull）等这些消息通信系统的常见概念都能在 Kafka 中有所体现。生产者使用 Push 模式将消息发布到 Broker，而消费者使用 Pull 模式从 Broker 订阅消息。

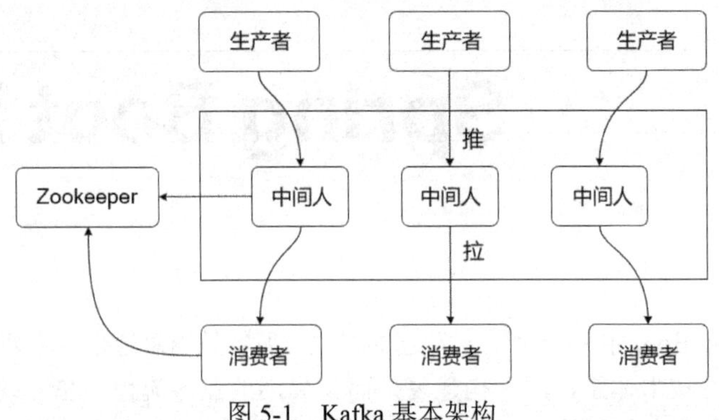


图 5-1　Kafka 基本架构

我们注意到在上图中还使用到了 Zookeeper。Zookeeper 中存储着 Kafka 的元数据以及消费者消费偏移量（Offset），其作用在于实现 Broker 和消费者之间的负载均衡。因此，想要运行 Kafka，我们需要先启动 Zookeeper，然后启动 Kafka 服务器。

KafkaTemplate 是 Spring 中提供的基于 Kafka 完成消息通信的模板工具类。要想使用这个模板工具类，我们需要在消息的生产者和消费者应用程序中都添加如下 Maven 依赖：

```
<dependency>
     <groupId>org.springframework.kafka</groupId>
     <artifactId>spring-kafka</artifactId>
</dependency>
```

在 Kafka 中存在一个核心的概念，即 Topic。Topic 是 Kafka 数据写入操作的基本单元，每一个 Topic 可以存在多个副本（Replication）以确保其可用性。每条消息属于且仅属于一个 Topic，因此开发人员在通过 Kafka 发送消息时，必须指定将该消息发布到哪个 Topic。同样，消费者订阅消息时，也必须指定订阅来自哪个 Topic 的消息。另一方面，从组成结构上讲，一个 Topic 中又可以包含一个或多个分区（Partition），我们在创建 Topic 的时候可以指定分区的个数。

### 5.2.2　使用 KafkaTemplate 集成 Kafka

在 Spring Boot 应用程序中，使用 KafkaTemplate 集成 Kafka 涉及发送消息和消费消息两个方面。

1. 使用 KafkaTemplate 发送消息

KafkaTemplate 提供了一系列 send()方法用于消息的发送，典型的 send()方法定义如下：

```
@Override
public ListenableFuture<SendResult<K, V>> send(String topic, @Nullable V data) {
}
```

上述方法传入了两个参数，一个是消息对应的 Topic，而另一个就是消息体的内容。通过该方法，就能完成最基本的消息发送过程。

请注意，在使用 Kafka 时，可以事先创建好 Topic 以供消息生产者和消费者使用，这是一种推荐的做法。通过命令行创建 Topic 的方法如下所示：

```
bin/kafka-topics.sh --create --zookeeper localhost:2181 --replication-factor 3 --partitions 3 --topic spring.account.topic
```

这里创建了一个名为“spring.account.topic”的 Topic，并指定它的副本数量和分区数量都是 3。事实上，当调用 KafkaTemplate 的 send()方法时，如果 Kafka 中不存在该方法中指定的 Topic，那么会自动创建一个新的 Topic。

另一方面，KafkaTemplate 也提供了一组 sendDefault()方法，使用默认的 Topic 来发送消息，如下所示:

```
@Override
public ListenableFuture<SendResult<K, V>> sendDefault(V data) {
     return send(this.defaultTopic, data);
}
```

可以看到，上述 sendDefault()方法内部也使用了 send()方法来完成消息的发送过程。那么，如何指定这里的 defaultTopic 呢？在 Spring Boot 中，我们可以使用如下配置项来完成这个工作：

```
spring:
  kafka:
    bootstrap-servers:
    - localhost:9092
    template:
      default-topic: spring.account.topic
```

现在，我们已经了解了通过 KafkaTemplate 发送消息的实现方式，可以看到整个过程非常简单，KafkaTemplate 高度抽象了消息的发送过程。接下来，我们切换视角，看看如何来消费所发送的消息。

2. 使用 KafkaTemplate 消费消息

首先要强调一点，通过翻阅 KafkaTemplate 所提供的类定义，并没有找到有关接收消息的任何方法。这和本章后续要介绍的 JmsTemplate 和 RabbitTemplate 有非常大的不同，它们都提供了明确的 receive()方法来接收消息。这实际上和 Kafka 的设计思想有很大关系。从 Kafka 基本架构中就可以看出，在 Kafka 中，消息是通过服务器推送给各个消费者的。而 Kafka 的消费者在消费消息时，需要提供一个监听器（Listener）来对某一个 Topic 进行监听，从而获取消息。这是从 Kafka 消费消息的唯一方式。

Spring 提供了一个@KafkaListener 注解来实现监听器，该注解定义如下：

```
@Target({ ElementType.TYPE, ElementType.METHOD, ElementType.ANNOTATION_TYPE })
@Retention(RetentionPolicy.RUNTIME)
@MessageMapping
@Documented
@Repeatable(KafkaListeners.class)
public @interface KafkaListener {
     String id() default "";
     String containerFactory() default "";
```

```
    //消息 Topic
    String[] topics() default {};
    //Topic 的模式匹配表达式
    String topicPattern() default "";
    //Topic 分区
    TopicPartition[] topicPartitions() default {};
    String containerGroup() default "";
    String errorHandler() default "";
    //消息分组 ID
    String groupId() default "";
    boolean idIsGroup() default true;
    String clientIdPrefix() default "";
    String beanRef() default "__listener";
}
```

可以看到@KafkaListener 的定义比较复杂，上述代码针对日常开发中常见的几个配置项做了注释。在使用@KafkaListener 时，最核心的就是要设置 Topic，而 Kafka 还提供了一个模式匹配表达式来灵活设置目标 Topic。

然后，这里还有必要强调 groupId 这个属性，该属性涉及 Kafka 中另一个核心概念：消费者组（Consumer Group）。设计消费者组的目的是应对集群环境下的多服务实例问题。显然，如果采用发布-订阅模式就会导致一个服务的不同实例都可能消费到同一条消息。为了解决这个问题，Kafka 中提供了消费者组的概念。一旦使用了消费者组，一条消息就只能被同一个组中的某一个服务实例所消费。消费者组的基本结构如图 5-2 所示。

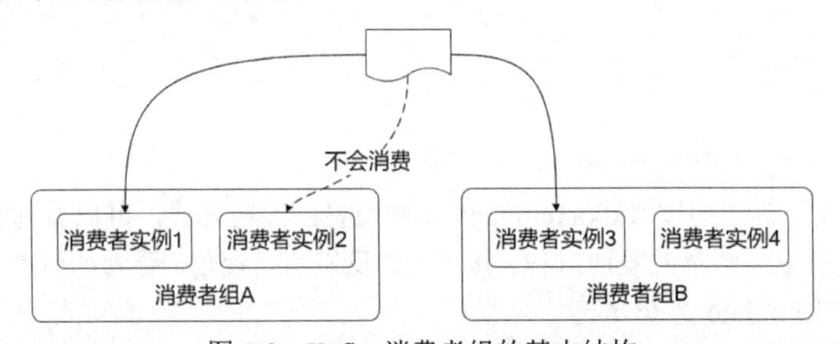


图 5-2　Kafka 消费者组的基本结构

当使用@KafkaListener 注解时，只需要把它直接添加在处理消息的方法上即可，如下所示：

```
@KafkaListener(topics = "demo.topic")
public void handlerEvent(DemoEvent event) {
  //添加消息处理逻辑
}
```

当然，在消费者的配置文件中需要指定用于消息消费的配置项，如下所示：

```
spring:
  kafka:
    bootstrap-servers:
    - localhost:9092
    template:
      default-topic: demo.topic
    consumer:
      group-id: demo.group
```

可以看到，这里除了指定 template.default-topic 配置项，还指定了 consumer. group-id 配置项来指定消费者分组信息。

## 5.3 使用 JmsTemplate 集成 ActiveMQ

本节将介绍 ActiveMQ，并介绍基于 JmsTemplate 模板工具类来添加对应的消息通信机制。

### 5.3.1 JMS 规范与 ActiveMQ

JMS（Java Messaging Service，Java 消息服务）基于消息通信语义，提供了一整套经过抽象的公共 API。而业界也存在一批 JMS 规范的实现框架，极具代表性的就是 ActiveMQ。

1. JMS 规范

JMS 规范提供了一批核心接口，这些接口面向开发人员，构成了客户端 API 体系，如图 5-3 所示。

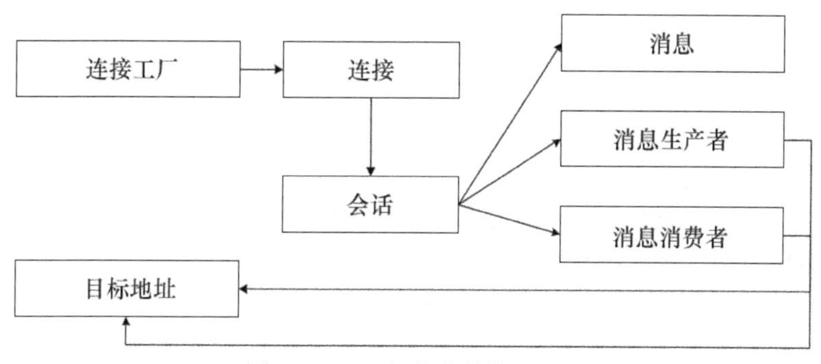


图 5-3 JMS 规范中的核心 API

可以通过连接工厂（ConnectionFactory）创建连接（Connection）。而作为客户端的消息生产者（MessageProducer）和消息消费者（MessageConsumer）通过连接（Connection）提供的会话（Session）与服务器进行交互，交互的媒介就是各种经过封装、包含目标地址（Destination）的消息。

JMS 中的消息由两大部分组成，即消息头（Header）和消息体（Payload）。消息体只包含具体的业务数据，而消息头包含 JMS 规范定义的通用属性，这构成了消息通信的基础元数据（Meta Data），由消息通信系统默认设置。消息的唯一标识 MessageId、目标地址 Destination、接收消息的时间 Timestamp、有效期 Expiration、优先级 Priority、持久化模式 DeliveryMode 等都是常见的通用属性。

JMS 规范中的点对点模型表现为队列（Queue），队列提供了一对一顺序发送和消费机制。点对点模型 API 在通用 API 基础上，专门区分生产者 QueueSender 和消费者 QueueReceiver。

而 Topic 是 JMS 规范中对发布-订阅模型的抽象，JMS 同样提供了专门的 TopicPublisher 和 TopicSubscriber。对于 Topic 而言，多个消费者会同时消费一条消息，所以消息会有副本的概念。相较点对点模型，发布-订阅模型通常用于更新、事件、通知等非响应式请求场景。这些场景中，消费者和生产者之间是透明的，消费者可以通过配置文件进行静态管理，也可以在运行时动态创建，同时支持取消订阅操作。

2. ActiveMQ

JMS 规范有 ActiveMQ、WMQ、TIBCO 等多种第三方实现，其中主流的就是 ActiveMQ。针对

ActiveMQ，目前有两个实现项目可供选择，一个是经典的 5.x 版本，另一个是下一代的 Artemis。我们可以简单地认为 Artemis 是 ActiveMQ 的未来版本，代表 ActiveMQ 的发展趋势。因此，本书将使用 Artemis 来演示消息通信机制。

想要启动 Artemis 服务，首先需要通过如下所示的命名来创建一个服务实例：

```
artemis.cmd create D:\artemis --user spring --password spring_password
```

然后执行如下命令就可以启动这个 Artemis 服务实例（基于 Windows 平台）：

```
D:\artemis\bin\artemis run
```

Spring 提供了对 JMS 规范以及各种实现的友好集成，直接配置 Queue 或 Topic 就可以使用 JmsTemplate 提供的各种方法简化对 Artemis 的操作。

### 5.3.2　使用 JmsTemplate 集成 ActiveMQ

想要基于 Artemis 使用 JmsTemplate，需要在 Spring Boot 应用程序中添加对 spring-boot-starter- artemis 的依赖，如下所示：

```
<dependency>
    <groupId>org.springframework.boot</groupId>
    <artifactId>spring-boot-starter-artemis</artifactId>
</dependency>
```

接下来，先来看一下如何使用 JmsTemplate 发送消息。

1. 使用 JmsTemplate 发送消息

在 JmsTemplate 中，存在一批 send()方法用来实现消息发送，如下所示：

```
@Override
public void send(MessageCreator messageCreator) throws JmsException {
}

@Override
public void send(final Destination destination, final MessageCreator messageCreator)
throws JmsException {
}

@Override
public void send(final String destinationName, final MessageCreator messageCreator)
throws JmsException {
}
```

这些方法一方面指定了目标 Destination，另一方面提供了一个用于创建消息对象的 MessageCreator 接口，如下所示：

```
public interface MessageCreator {

    Message createMessage(Session session) throws JMSException;
}
```

通过 send()方法发送消息的典型实现方式如下所示：

```
public void sendDemoObject(DemoObject demoObject) {
```

```
        jmsTemplate.send("demo.queue", new MessageCreator() {
            @Override
            public Message createMessage(Session session)
            throws JMSException {
            return session.createObjectMessage(demoObject);
        }
    }
```

与 KafkaTemplate 不同，JmsTemplate 还提供了一组更为简便的方法来实现消息发送，这就是 convertAndSend()方法，如下所示：

```
    public void convertAndSend(Destination destination, final Object message) throws
JmsException {
    }
```

通过 convertAndSend()方法，我们可以直接传入任意业务对象，该方法会自动将业务对象转换为消息对象并进行发送，示例代码如下：

```
    public void sendDemoObject(DemoObject demoObject) {
        jmsTemplate.convertAndSend("demo.queue", demoObject);
    }
```

convertAndSend()方法还存在一批重载方法，包含消息后处理功能，如下所示：

```
    @Override
    public void convertAndSend(Destination destination, final Object message, final
MessagePostProcessor postProcessor) throws JmsException {
    }
```

上述方法中的 MessagePostProcessor 就是一种消息后处理器，可以用来在构建消息过程中添加自定义的消息属性，典型的一种使用方法如下所示：

```
    public void sendDemoObject(DemoObject demoObject) {
        jmsTemplate.convertAndSend("demo.queue", demoObject, new MessagePostProcessor() {
            @Override
            public Message postProcessMessage(Message message) throws JMSException {
            //针对 Message 的处理
            return message;
        }
    });
```

使用 JmsTemplate 的最后一步就是在配置文件中添加配置项，如下所示：

```
spring:
  artemis:
    host: localhost
    port: 61616
    user: spring
    password: spring_password
```

这里指定了 Artemis 服务器的地址、端口、用户名和密码等信息。同时，也可以在配置文件中指定 Destination 信息，配置方式如下所示：

```
spring:
  jms:
    template:
```

```
    default-destination: spring.account.queue
```

### 2. 使用 JmsTemplate 消费消息

通常，生产者行为模式单一，而消费者根据消费方式的不同有一些特定的分类，常见的有推送型消费者（Push Consumer）和拉取型消费者（Pull Consumer）。推送指的是应用系统向消费者对象注册一个 Listener 接口并通过回调 Listener 接口的方法实现消息消费，而在拉取方式下应用系统通常主动调用消费者的拉取消息的方法消费消息，主动权由应用系统控制。

在 5.2 节中提到，Kafka 中消费消息的方式是一种典型的推送型消费者，所以 KafkaTemplate 只提供了发送消息的方法而没有实现拉取消息的方法。JmsTemplate 则不同，它同时支持拉取型消费和推送型消费。

- 拉取型消费。

先来看一下如何实现拉取型消费模式。JmsTemplate 提供了一批 receive()方法用来从 Artemis 中拉取消息，如下所示：

```
public Message receive() throws JmsException {
}

public Message receive(Destination destination) throws JmsException {
}

public Message receive(String destinationName) throws JmsException {
}
```

请注意，调用上述方法时，当前线程会发生阻塞，直到一条新的消息的到来。这些 receive()方法的使用方式如下所示：

```
public DemoEvent receiveEvent() {
     Message message = jmsTemplate.receive("demo.queue");
     return (DemoEvent) messageConverter.fromMessage(message);
}
```

这里用到了一个 messageConverter 对象，用于将消息对象转化为业务对象。在使用 JmsTemplate 时，可以使用 Spring 提供的 MappingJackson2MessageConverter、MarshallingMessageConverter、Messaging MessageConverter 以及 SimpleMessageConverter 来实现消息转换。系统默认使用的是 SimpleMessage Converter，而在日常开发过程中，常用的是基于 JSON 来完成对象转换的 MappingJackson2Message Converter。

同时，JmsTemplate 还提供了一组更为高阶的 receiveAndConvert()方法，如下所示：

```
public Object receiveAndConvert(Destination destination) throws JmsException {
}
```

顾名思义，receiveAndConvert()方法能够在接收消息之后完成对消息对象的自动转换，因此，接收消息的代码就变得更为简单，如下所示：

```
public DemoEvent receiveEvent() {
     return (DemoEvent)jmsTemplate.receiveAndConvert("demo.queue");
}
```

当然，在消费者端，同样需要指定与发送者端完全一致的 MessageConverter 和 Destination。

- 推送型消费。

介绍完拉取型消费模式（简称拉模式），接下来我们介绍推送型消费模式（简称推模式）下的消息消费方法，实现方法也很简单，如下所示：

```
@JmsListener(queues = "demo.queue")
public void handlerEvent(DemoEvent event) {
     //添加消息处理逻辑
}
```

开发人员只要在@JmsListener 注解中指定目标队列就可以自动接收来自该队列的消息。

## 5.4 使用 RabbitTemplate 集成 RabbitMQ

本节将介绍另一款主流的消息中间件 RabbitMQ，并介绍基于 RabbitTemplate 模板工具类来实现消息通信。

### 5.4.1 AMQP 规范与 RabbitMQ

与 JMS 规范类似，AMQP（Advanced Message Queuing Protocol，高级消息队列协议）也是消息通信领域一个主流开发规范。针对该规范也存在多款消息中间件实现工具，本节将围绕具有代表性的 RabbitMQ 展开讨论。

1. AMQP 规范

AMQP 规范中存在 3 个核心组件，分别是交换器（Exchange）、消息队列（Message Queue）和绑定（Binding）。其中交换器接收应用程序发送的消息，并根据一定的规则将这些消息路由到消息队列；消息队列存储消息，直到这些消息被消费者安全处理完毕为止；而绑定定义了交换器和消息队列之间的关联，提供路由规则。

可以看到在 AMQP 规范中并没有明确指明类似 JMS 中一对一的点对点模型和一对多的发布-订阅模型，但通过控制交换器与消息队列之间的路由规则可以很容易模拟出 Topic 这些典型的消息中间件概念。图 5-4 就是交换器与消息队列之间的路由关系图，可以看到一条来自生产者的消息通过交换器中的路由算法可以发送给一个或多个消息队列，从而分别实现点对点和发布订阅功能。

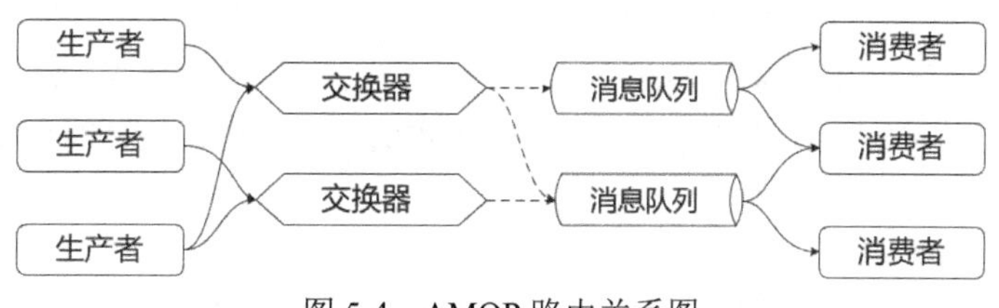


图 5-4 AMQP 路由关系图

图 5-4 中，根据不同路由算法会有不同交换器类型，AMQP 规范指定了几种交换器类型，包括直接式交换器（Direct Exchange）、广播式交换器（Fanout Exchange）、主题式交换器（Topic Exchange）和消息头式交换器（Header Exchange）。

2. RabbitMQ 基本架构

RabbitMQ 是使用 Erlang 语言开发的 AMQP 规范标准实现的。ConnectionFactory、Connection、Channel 是 RabbitMQ 对外提供的 API 中基本的编程对象。遵循 AMQP 规范的建议，Channel 是应用程序与 RabbitMQ 交互过程中非常重要的一个接口，大部分的业务操作都是通过 Channel 这个接口完成的，包括定义消息队列、定义交换器、绑定消息队列与交换器、发布消息等。

想要启动 RabbitMQ，只需要运行安装目录下的 rabbitmq-server.sh 文件即可。RabbitMQ 依赖于 Erlang，所以需要确保先安装 Erlang 环境。接下来，就让我们一起来看一下如何使用 Spring 框架所提供的 RabbitTemplate 模板工具类来集成 RabbitMQ。

## 5.4.2　使用 RabbitTemplate 集成 RabbitMQ

想要使用 RabbitTemplate，需要在 Spring Boot 应用程序中添加对 spring-boot-starter-amqp 的依赖，如下所示：

```
<dependency>
    <groupId>org.springframework.boot</groupId>
    <artifactId>spring-boot-starter-amqp</artifactId>
</dependency>
```

1. 使用 RabbitTemplate 发送消息

和其他模板工具类一样，RabbitTemplate 也提供了一批 send()方法用来发送消息，如下所示：

```
@Override
public void send(Message message) throws AmqpException {
    send(this.exchange, this.routingKey, message);
}

@Override
public void send(String routingKey, Message message) throws AmqpException {
    send(this.exchange, routingKey, message);
}

@Override
public void send(final String exchange, final String routingKey, final Message message)
throws AmqpException {
    send(exchange, routingKey, message, null);
}
```

可以看到这里指定了消息发送的 exchange 以及用于消息路由的路由键 routingKey。这些 send()方法发送的是原生消息对象，所以在与业务代码进行集成时，需要将业务对象转换为消息对象，示例代码如下：

```
public void sendDemoObject(DemoObject demoObject) {
    MessageConverter converter = rabbitTemplate.getMessageConverter();
    MessageProperties props = new MessageProperties();
    Message message = converter.toMessage(demoObject, props);
    rabbitTemplate.send("demo.queue", message);
}
```

如果我们不想在业务代码中嵌入原生消息对象，可以使用 RabbitTemplate 的 convertAndSend()方法组，如下所示：

```
    @Override
    public void convertAndSend(Object object) throws AmqpException {
        convertAndSend(this.exchange, this.routingKey, object, (CorrelationData) null);
    }

    @Override
    public void correlationConvertAndSend(Object object, CorrelationData correlationData)
throws AmqpException {
        convertAndSend(this.exchange, this.routingKey, object, correlationData);
    }

    @Override
    public void convertAndSend(String routingKey, final Object object) throws AmqpException {
        convertAndSend(this.exchange, routingKey, object, (CorrelationData) null);
    }

    @Override
    public void convertAndSend(String routingKey, final Object object, CorrelationData
correlationData)
            throws AmqpException {
        convertAndSend(this.exchange, routingKey, object, correlationData);
    }

    @Override
    public void convertAndSend(String exchange, String routingKey, final Object object)
throws AmqpException {
        convertAndSend(exchange, routingKey, object, (CorrelationData) null);
    }
```

上述 convertAndSend()方法组内部完成了业务对象向原生消息对象的自动转换过程，因此，我们可以使用如下所示的代码来简化消息发送过程：

```
    public void sendDemoObject(DemoObject demoObject) {
        rabbitTemplate.convertAndSend("demo.queue", demoObject);
    }
```

当然，有时候我们需要在消息发送的过程中为消息添加一些属性，这时候不可避免还是需要操作原生消息对象，RabbitTemplate 也提供了一组 convertAndSend()重载方法来应对这种场景，如下所示：

```
    @Override
    public void convertAndSend(String exchange, String routingKey, final Object message,
final MessagePostProcessor messagePostProcessor, CorrelationData correlationData) throws
AmqpException {
        Message messageToSend = convertMessageIfNecessary(message);
        messageToSend = messagePostProcessor.postProcessMessage(messageToSend, correlationData);
        send(exchange, routingKey, messageToSend, correlationData);
    }
```

注意到这里使用了一个 MessagePostProcessor 类来实现对所生成消息的后处理，MessagePostProcessor 的使用方式如下所示：

```
    rabbitTemplate.convertAndSend("demo.queue", event, new MessagePostProcessor() {
        @Override
        public Message postProcessMessage(Message message) throws AmqpException {
```

```
            //针对 Message 的处理
            return message;
        }
});
```

当然，使用 RabbitTemplate 的最后一步也是在配置文件中添加配置项，我们需要指定 RabbitMQ 服务器的地址、端口、用户名和密码等信息，如下：

```
spring:
  rabbitmq:
    host: 127.0.0.1
    port: 5672
    username: guest
    password: guest
```

2. 使用 RabbitTemplate 消费消息

和 JmsTemplate 一样，使用 RabbitTemplate 消费消息时，同样可以使用推模式和拉模式。

在拉模式下，使用 RabbitTemplate 的典型示例如下：

```
public DemoEvent receiveEvent() {
     return (DemoEvent) rabbitTemplate.receiveAndConvert("demo.queue");
}
```

这里用到了 RabbitTemplate 中的 receiveAndConvert()方法，该方法从一个指定的队列中拉取消息，如下所示：

```
@Override
public Object receiveAndConvert(String queueName) throws AmqpException {
     return receiveAndConvert(queueName, this.receiveTimeout);
}
```

请注意，内部的 receiveAndConvert()方法中出现了第二个参数 receiveTimeout，这个参数的默认值是 0，意味着即使调用 receiveAndConvert()时队列中没有消息，该方法也会立即返回一个空对象，而不会等待下一个消息的到来。这点与 5.3 节中介绍的 JmsTemplate 有本质性的区别。如果我们想要实现与 JmsTemplate 一样的阻塞等待，可以通过设置 receiveTimeout 参数来实现，示例代码如下：

```
public DemoEvent receiveEvent() {
     return (DemoEvent)rabbitTemplate.receiveAndConvert("demo.queue", 2000ms);
}
```

如果你不想在每次方法调用中都指定 receiveTimeout，也可以在配置文件中添加配置项来设置 RabbitTemplate 级别的时间，如下所示：

```
spring:
  rabbitmq:
    template:
      receive-timeout: 2000
```

当然，RabbitTemplate 也提供了一组支持接收原生消息的 receive()方法，但建议使用 receiveAndConvert()方法来实现拉模式下的消息消费。

介绍完拉模式，接下来介绍推模式，实现方法也很简单，如下所示：

```
@RabbitListener(queues = "demo.queue")
public void handlerEvent(DemoEvent event) {
     //添加消息处理逻辑
}
```

开发人员只要在@RabbitListener 指定目标队列就可以自动接收来自该队列的消息。这种实现方式与 5.3 节中介绍的@JmsListener 完全一致。

## 5.5 本章小结

消息通信机制是应用程序开发过程中常用的一种技术体系。本章介绍了 Spring Boot 中所集成的 3 款主流的消息中间件，包括 Kafka、ActiveMQ 和 RabbitMQ。针对这 3 款消息中间件，Spring Boot 都提供了对应的模板工具类来简化对消息发送和接收的实现过程，分别是 KafkaTemplate、JmsTemplate 和 RabbitTemplate。在日常开发过程中，灵活应用这些模板工具类就能满足常规的开发需求。

# 第6章

# Spring Boot 系统监控

Spring Boot 中存在一个非常有特色的主题，这个主题就是系统监控。系统监控是 Spring Boot 中引入的一项全新功能，对于管理应用程序运行时状态十分有用。

系统监控是应用程序管理的基本需求，而 Spring Boot 考虑到了这方面需求并提供了 Actuator 组件。Spring Boot Actuator 已经内置了一组即插即用的监控组件，而开发人员也可以基于框架所提供的扩展性实现自定义的监控度量指标和 Actuator 端点。本章将围绕 Spring Boot Actuator 组件的这些功能特性展开详细的讨论。

## 6.1 使用 Actuator 组件实现系统监控

Actuator 是 Spring Boot 提供的一种集成功能，可以实现对应用系统的运行时状态管理、配置查看以及相关功能统计。

### 6.1.1 引入 Spring Boot Actuator 组件

初始化 Spring Boot 系统监控功能需要引入 Spring Boot Actuator 组件，在 pom 文件中添加如下 Maven 依赖：

```
<dependency>
    <groupId>org.springframework.boot</groupId>
    <artifactId>spring-boot-starter-actuator</artifactId>
</dependency>
```

请注意，在应用程序中引入 Spring Boot Actuator 组件之后，并不是所有端点都是对外暴露的。当启动该应用程序时，在启动日志里会发现如下日志：

```
Exposing 2 endpoint(s) beneath base path '/actuator'
```

当访问 http://localhost:8080/actuator 端点时会得到如下结果：

```
{
    "_links":{
```

```
        "self":{
            "href":"http://localhost:8080/actuator",
            "templated":false
        },
        "health-path":{
            "href":"http://localhost:8080/actuator/health/{*path}",
            "templated":true
        },
        "health":{
            "href":"http://localhost:8080/actuator/health",
            "templated":false
        },
        "info":{
            "href":"http://localhost:8080/actuator/info",
            "templated":false
        }
    }
}
```

这种结果就是 HATEOAS 风格的 HTTP 响应，在这里只可看到 health 和 info 这两个展示当前应用程序状态的端点。如果想要获取默认情况下看不到的所有端点，则需要在配置文件中添加如下配置信息：

```
management:
  endpoints:
    web:
      exposure:
        include: "*"
```

重启应用程序，这时候就能获取 Spring Boot Actuator 所暴露的所有端点。根据端点所起到的作用，可以把这些端点分为如下三大类。

- 应用配置类：获取应用程序中加载的应用配置、环境变量、自动化配置报告等与 Spring Boot 应用密切相关的配置类信息。
- 度量指标类：获取应用程序运行过程中用于监控的度量指标，比如内存信息、线程池信息、HTTP 请求统计等。
- 操作控制类：在原生端点中，只提供了一个用来关闭应用的端点，即/shutdown 端点。

Spring Boot Actuator 默认提供的端点中，部分常见端点的类型、路径和描述参考表 6-1。

**表 6-1 Spring Boot Actuator 内置常见端点**

| 类型 | 路径 | 描述 |
|---|---|---|
| 应用配置类 | /beans | 该端点用来获取应用程序中所创建的所有 JavaBean 信息 |
| | /env | 该端点用来获取应用程序中所有可用的环境属性，包括环境变量、JVM 属性、应用配置信息等 |
| | /info | 该端点用来返回一些应用自定义的信息。开发人员可以对其进行扩展，本章后续会有详细案例 |
| | /mappings | 该端点用来返回所有 Controller 中 RequestMapping 所表示的映射信息 |

续表

| 类型 | 路径 | 描述 |
| --- | --- | --- |
| 度量指标类 | /metrics | 该端点用来返回当前应用程序的各类重要度量指标，如内存信息、线程信息、垃圾回收信息等 |
| | /threaddump | 该端点用来暴露应用程序运行中的线程信息 |
| | /health | 该端点用来获取应用的各类健康指标信息，这些指标信息由 HealthIndicator 的实现类提供 |
| | /trace | 该端点用来返回基本的 HTTP 跟踪信息 |
| 操作控制类 | /shutdown | 该端点用来关闭应用程序，要求 endpoints.shutdown.enabled 设置为 true |

我们可以访问上表中的各个端点以获取自己感兴趣的监控信息，例如访问 http://localhost:8080/actuator/health 端点可以得到当前应用程序的基本状态，如下所示：

```
{
     "status":"UP"
}
```

可以看到这个健康状态信息非常简单，如果想要获取更加详细的信息，就需要在配置文件中添加如下所示的配置项：

```
management:
  endpoint:
    health:
      show-details: always
```

上述配置项指定了针对 health 这个端点需要显示它的详细信息。这时候，如果重启 Spring Boot 应用程序，并重新访问 health 端点，那么可以获取如下所示的详细信息：

```
{
    "status":"UP",
    "components":{
        "diskSpace":{
            "status":"UP",
            "details":{
                "total":201649549312,
                "free":3434250240,
                "threshold":10485760
            }
        },
        "ping":{
            "status":"UP"
        }
    }
}
```

如果 Spring Boot Actuator 默认提供的端点信息不能满足需求，还可以对其进行修改和扩展。这就是 6.1.2 小节要讨论的内容。

### 6.1.2 扩展 Actuator 端点

前面介绍 Spring Boot 默认暴露了 Info 和 Health 端点，它们也是日常开发中最常见的两个端点。接下来，先来讨论如何对这两个端点进行扩展。

1. 扩展 Info 端点

Info 端点用于暴露 Spring Boot 应用的自身信息。在 Spring Boot 内部，它把这部分工作委托给了一系列 InfoContributor 对象。Info 端点会暴露所有 InfoContributor 对象所收集的各种信息，Spring Boot 包含很多自动配置的 InfoContributor 对象，常见 InfoContributor 及其描述如表 6-2 所示。

表 6-2 常见 InfoContributor 及其描述

| InfoContributor 名称 | 描述 |
| --- | --- |
| EnvironmentInfoContributor | 暴露 Environment 中 key 为“info”的所有 key |
| GitInfoContributor | 暴露 git 信息，如果存在 git.properties 文件 |
| BuildInfoContributor | 暴露构建信息，如果存在 META-INF/build-info.properties 文件 |

以表 6-2 中的 EnvironmentInfoContributor 为例，通过在配置文件中添加以“info”作为前缀的配置段，我们就可以定义 Info 端点暴露的数据。所有在“info”配置段下的属性都将被自动暴露，例如你可以将以下配置信息添加到配置文件 application.yml 中，这里基于 Maven 构建过程中的属性值对 Info 端点进行了扩展。

```
info:
  app:
    encoding: @project.build.sourceEncoding@
    java:
      source: @java.version@
      target: @java.version@
```

更多的时候，Spring Boot 自身提供的 Info 端点并不能满足我们的业务需求，这就需要编写自定义的 InfoContributor 对象。方法也很简单，直接实现 InfoContributor 接口的 contribute()方法即可。例如，我们希望在 Info 端点中能够暴露该应用的构建时间，就可以采用如下所示的代码：

```
@Component
public class CustomBuildInfoContributor implements InfoContributor {

     @Override
     public void contribute(Builder builder) {
          builder.withDetail("build",
               Collections.singletonMap("timestamp", new Date()));
     }
}
```

重新构建应用并访问 Info 端点，将获取如下信息：

```
{
    "app":{
        "encoding":"UTF-8",
        "java":{
            "source":"1.8.0_31",
```

```
                "target":"1.8.0_31"
            }
        },
        "build":{
            "timestamp":1604307503710
        }
    }
```

可以看到 CustomBuildInfoContributor 为 Info 端点新增了构建时间属性。

2. 扩展 Health 端点

Health 端点用于检查正在运行的应用程序健康状态。健康状态信息是由 HealthIndicator 对象从 Spring 的 ApplicationContext 中获取的。和 Info 端点类似，Spring Boot 内部也提供了一系列 HealthIndicator 对象，也可以对它们实现定制化。

Health 端点信息的丰富程度取决于当下应用程序所处的环境，一个真实的 Health 端点信息如下所示。通过这些信息，可以判断该环境中是否包含 MySQL 数据库：

```
{
    "status":"UP",
    "components":{
        "db":{
            "status":"UP",
            "details":{
                "database":"MySQL",
                "result":1,
                "validationQuery":"/* ping */ SELECT 1"
            }
        },
        "diskSpace":{
            "status":"UP",
            "details":{
                "total":201649549312,
                "free":3491287040,
                "threshold":10485760
            }
        },
        "ping":{
            "status":"UP"
        }
    }
}
```

现在，可在 Health 端点中暴露某个应用程序的当前运行时状态。为了进一步明确该服务的状态，可以自定义一个 CustomHealthIndicator 端点，代码如下所示：

```
@Component
public class CustomHealthIndicator implements HealthIndicator {

    @Override
    public Health health() {
        try {
    URL url = new
            URL("http://localhost:8080/health/");
    HttpURLConnection conn = (HttpURLConnection)
```

```
                url.openConnection();
                    int statusCode = conn.getResponseCode();
                    if (statusCode >= 200 && statusCode < 300) {
                        return Health.up().build();
                    } else {
                        return Health.down().withDetail("HTTP Status Code", statusCode)
.build();
                    }
                } catch (IOException e) {
                    return Health.down(e).build();
                }
            }
        }
```

需要提供 health()方法的具体实现并返回一个 Health 对象。该 Health 对象应该包括一个状态，并且可以根据需要添加任何细节信息。

以上代码用一种简单而直接的方式判断应用程序是否正在运行。可构建一个 HTTP 请求，然后根据 HTTP 响应得出健康诊断的结论。如果 HTTP 响应的状态码处于 200～300，就认为该服务正在运行；如果状态码不处于这个区间（例如返回的是 404 代表服务不可用），就返回一个 Down 响应并给出具体的状态码；而如果 HTTP 请求直接抛出了异常，同样返回一个 Down 响应，同时把异常信息一起返回，如下所示：

```
{
    "status": "DOWN",
    "details": {
        "customerservice":{
            "status": "DOWN",
            "details": {
                "error": "java.net.ConnectException: Connection refused: connect"
            }
        },
        …
    }
}
```

显然，通过扩展 Health 端点为实时监控系统中各个服务的正常运行状态提供了很好的支持，可以根据需要构建一系列有用的 HealthIndicator 实现类并添加报警等监控手段。

## 6.2 实现自定义度量指标和 Actuator 端点

监控系统的背后是各种度量指标，本节将关注于与度量指标相关内容。本节将系统分析 Spring Boot Actuator 中的度量指标体系，并给出如何创建自定义度量指标的实现方法，以便应对默认指标无法满足需求的应用场景。

### 6.2.1 Micrometer 度量库

对于系统监控而言，度量是很重要的一个维度。在 Spring Boot 2.x 中，Actuator 组件使用内置 Micrometer 库来实现度量指标的收集和分析。Micrometer 是一款监控指标的度量类库，为 Java 平台上的性能数据收集提供了一套通用的 API，应用程序只需要使用它所提供的通用 API 来收集度量指标即可。先来简要介绍 Micrometer 中所包含的几个核心概念。

首先需要介绍的是计量器（Meter）。显然，Meter 代表的是需要收集的性能指标数据。Meter 是一个接口，定义如下：

```
public interface Meter extends AutoCloseable {

    //Meter 的唯一标识，是名称和标签的一种组合
    Id getId();

    //一组测量结果
    Iterable<Measurement> measure();

    //Meter 的类型枚举值
    enum Type {
        COUNTER,
        GAUGE,
        LONG_TASK_TIMER,
        TIMER,
        DISTRIBUTION_SUMMARY,
        OTHER
    }
}
```

Meter 中存在一个 Id 对象，该对象的作用是定义 Meter 的名称和标签。每个计量器都有自己的名称，同时每个计量器在创建时都可以指定一系列标签。这里标签的作用在于监控系统可以通过这些标签对度量进行分类过滤。同时，从 Type 枚举值中，也不难看出 Micrometer 中所包含的所有计量器类型。

在日常开发过程中，常用的计量器主要是计数器（Counter）、计量仪（Gauge）和计时器（Timer）这 3 种。

- Counter：这个计量器的作用和它的名称一样，就是一个不断递增的累加器，可以通过它的 increment()方法来实现累加逻辑。
- Gauge：与 Counter 不同，Gauge 所度量的值并不一定是累加的，可以通过它的 gauge()方法来指定数值。
- Timer：比较简单，就是用来记录事件的持续时间。

既然已经明确了常用的计量器及其使用场景，那么如何创建这些计量器呢？Micrometer 提供了一个计量器注册表 MeterRegistry，其作用就是负责创建和维护各种计量器，如下所示：

```
public abstract class MeterRegistry implements AutoCloseable {

    protected abstract <T> Gauge newGauge(Meter.Id id, @Nullable T obj, ToDoubleFunction
<T> valueFunction);

    protected abstract Counter newCounter(Meter.Id id);

    protected abstract Timer newTimer(Meter.Id id, DistributionStatisticConfig
distributionStatisticConfig, PauseDetector pauseDetector);
…
}
```

可以看到 MeterRegistry 针对不同的 Meter 提供了对应的创建方法，这是创建 Meter 的一种途径。

创建 Meter 的另一种路径是使用具体某一个 Meter 的 builder()方法。以 Counter 为例，它的定义中就包含一个 builder()方法和一个 register()方法，如下所示：

```
public interface Counter extends Meter {
    static Builder builder(String name) {
        return new Builder(name);
    }

    default void increment() {
        increment(1.0);
    }

    void increment(double amount);

    double count();

    @Override
    default Iterable<Measurement> measure() {
    return Collections.singletonList(new Measurement(this::count, Statistic.COUNT));
    }
    …

    public Counter register(MeterRegistry registry) {
        return registry.counter(new Meter.Id(name, tags, baseUnit, description, Type.
COUNTER));
    }
}
```

最后的 register()方法就是将当前的 Counter 注册到 MeterRegistry 中，因此创建一个 Counter 通常会采用如下所示的实现过程：

```
Counter counter2 = Counter.builder("counter1")
        .tag("tag1", "a")
        .register(registry);
```

在了解了 Micrometer 框架的基本概念之后，接下来就让我们回到 Spring Boot Actuator，来看看它所提供的专门针对度量指标管理的 Metrics 端点。

### 6.2.2 扩展 Metrics 端点

Spring Boot 提供了 Metrics 端点，用于实现生产级的度量。当访问 actuator/metrics 端点时，将得到如下所示的一系列度量指标。这些指标包括常规的系统内存总量、空闲内存数量、处理器数量、系统正常运行时间、堆信息等，也包含引入了 JDBC 和 HikariCP 数据源组件之后的数据库连接信息等。如果想了解某项指标的详细信息，在 actuator/metrics 端点后添加对应指标的名称即可。例如当前内存的使用情况可以通过 actuator/metrics/ jvm.memory.used 端点进行获取，如下所示。

```
{
    "name":"jvm.memory.used",
    "description":"The amount of used memory",
    "baseUnit":"bytes",
    "measurements":[
```

```
        {
            "statistic":"VALUE",
            "value":115520544
        }
    ],
    "availableTags":[
        {
            "tag":"area",
            "values":[
                "heap",
                "nonheap"
            ]
        },
        {
            "tag":"id",
            "values":[
                "Compressed Class Space",
                "PS Survivor Space",
                "PS Old Gen",
                "Metaspace",
                "PS Eden Space",
                "Code Cache"
            ]
        }
    ]
}
```

前面在介绍 Micrometer 时已经提到，Metrics 指标体系中包含支持 Counter 和 Gauge 这两种级别的计量器。通过将 Counter 或 Gauge 注入业务代码中就可以记录想要的度量指标，其中 Counter 提供 increment()方法，而 Gauge 则提供 value()方法。这里以 Counter 为例给出一个简单示例，介绍在业务代码中嵌入自定义 Metrics 指标的方法，如下所示：

```
@Component
public class CounterService {

     public CounterService() {
          Metrics.addRegistry(new SimpleMeterRegistry());
     }

     public void counter(String name, String... tags) {
          Counter counter = Metrics.counter(name, tags);
          counter.increment();
     }
}
```

可以看到，这里构建了公共服务 CounterService，然后开放了 counter()方法供业务系统使用。我们可以自己实现类似的工具类来完成对各种计量器的封装。

### 6.2.3　使用 MeterRegistry

Micrometer 还提供了 MeterRegistry 工具类用来创建度量指标。通常推荐使用 MeterRegistry 来简化针对各种自定义度量指标的创建过程。

来看一个具体的应用场景。假设系统中存在一个创建用户工单（CustomerTicket）的服务类

CustomerTicketService，我们希望在系统每创建一个客服工单的同时，对所创建工单进行计数，作为系统运行时的一项度量指标。实现方式如下所示：

```
@Service
public class CustomerTicketService {

    @Autowired
    private MeterRegistry meterRegistry;

            public CustomerTicket generateCustomerTicket(Long accountId, String
orderNumber) {

        CustomerTicket customerTicket = new CustomerTicket();
        …
    meterRegistry.summary("customerTickets.generated.count").record(1);

        return customerTicket;
    }
}
```

可以看到在上述 generateCustomerTicket()方法中，通过 MeterRegistry 实现了每次创建 CustomerTicket 时自动添加一个计数的功能。MeterRegistry 类提供了一些工具方法用于创建自定义度量指标。除了常规的 counter()、gauge()、timer()等对应具体 Meter 的工具方法之外，上述代码中的 summary()方法也非常有用，该方法返回的是一个 DistributionSummary 对象，定义如下：

```
public interface DistributionSummary extends Meter, HistogramSupport {

    static Builder builder(String name) {
        return new Builder(name);
    }

   //记录数据
    void record(double amount);

    //记录操作执行的次数
    long count();

    //记录数据的数量
    double totalAmount();

    //记录数据的平均值
    default double mean() {
        return count() == 0 ? 0 : totalAmount() / count();
    }

    //记录数据的最大值
    double max();
    …
}
```

DistributionSummary 的作用就是记录一系列事件并对这些事件进行处理。所以在 CustomerTicketService 中添加 meterRegistry.summary("customertickets.generated.count").record(1)这行代码，相当于在每次调用

generateCustomerTicket()方法时都会对这次调用进行记录。

现在访问 actuator/metrics/customertickets.generated.count 端点就能看到随着服务调用不断递增的度量信息，如下所示：

```
{
    "name":"customertickets.generated.count",
    "measurements":[
        {
            "statistic":"Count",
            "value":1
        },
        {
            "statistic":"Total",
            "value":19
        }
    ]
}
```

显然，通过 MeterRegistry 实现自定义度量指标的使用方法更加简单，可以结合业务需求尝试该类的不同功能。

接下来再看一个相对比较复杂的使用方式。我们希望系统存在一个度量值，这个度量值用来记录所有新增的 CustomerTicket 的个数，如下所示：

```
@Component
public class CustomerTicketMetrics extends AbstractRepositoryEventListener<CustomerTicket> {

     private MeterRegistry meterRegistry;

     public CustomerTicketMetrics(MeterRegistry meterRegistry) {
          this.meterRegistry = meterRegistry;
     }

     @Override
     protected void onAfterCreate(CustomerTicket customerTicket) { meterRegistry.
counter("customerTicket.created.count").increment();
     }
}
```

首先，这里使用了 MeterRegistry 的 counter()方法来初始化一个 Counter，然后调用它的 increment()方法来增加度量计数。同时，这里引入了 AbstractRepository EventListener 抽象类，这个抽象类能够监控 Spring Data 中 Repository 层操作所触发的事件 RepositoryEvent，例如实体创建前后的 BeforeCreateEvent 和 AfterCreateEvent 事件、实体保存前后的 BeforeSaveEvent 和 AfterSaveEvent 事件等。针对这些事件，AbstractRepositoryEventListener 会进行捕捉并调用对应的回调函数。

基于 AbstractRepositoryEventListener，可以在创建 CustomerTicket 实体之后执行度量操作。也就是说，可以把度量操作的代码放在 onAfterCreate()回调方法中，正如示例代码中所展示的那样。

现在执行生成客户工单操作，并访问对应的 Actuator 端点，同样可以看到度量数据在不断上升。

## 6.3 本章小结

Spring Boot 内置的 Actuator 组件使得开发人员管理应用程序的运行时状态有了更加直接而高效的方式。本章引入了 Actuator 组件并介绍了该组件所提供的一系列核心端点。更为重要的是，本章还重点分析了 Info 和 Health 这两个基础端点，并给出了对它们进行扩展的系统方法。

同时，度量是观测一个应用程序运行时状态的核心方式。本章也介绍了 Spring Boot 中新引入的 Micrometer 度量库以及该库中所提供的各种度量组件。同时，本章也基于 Micrometer 中的核心工具类 MeterRegistry 完成了在业务系统中嵌入度量指标的实现过程。

# 第 7 章

# SpringCSS: Spring Boot 案例实战

案例分析是掌握一个框架应用方式的最好途径。介绍完了 Spring Boot 所提供的各项核心功能之后，本章将引出本书的第一个案例系统 SpringCSS。本章将从零开始，通过构建一个精简但又完整的系统来展示 Spring Boot 相关的设计理念和各项技术组件。案例系统的目的在于演示技术实现过程，不在于介绍具体业务逻辑。所以，本章对案例的业务流程做了高度的简化，但所涉及的各项技术都可以直接应用到日常开发过程中。

## 7.1 SpringCSS 案例设计

在电商类业务场景中，客户服务系统（Customer Service System，CSS）是一个常见的功能模块，可基于该功能模块构建案例系统，并将其命名为 SpringCSS。现实场景下的客户服务管理一般都非常复杂，因此，本章对 SpringCSS 中涉及的业务逻辑进行了抽象和简化，从而便于演示案例中的技术体系。

在 SpringCSS 中，存在一个 customer-service，这是一个 Spring Boot 应用程序，也是整个案例系统中的主体服务。在该服务中，我们将采用经典的分层架构，即将服务分成 Web 层、Service 层和 Repository 层。

我们知道在客服系统中，核心业务是生成客户工单。为此，customer-service 一般会与用户服务 account-service 进行交互，但因为用户账户信息的更新属于低频事件，所以设计的实现方式是 account-service 通过消息中间件将用户账户变更信息主动推送给 customer–service，从而完成用户信息的获取操作。而针对 order-service，其定位是订单系统，customer-service 也需要从该服务中查询订单信息。SpringCSS 的整体架构如图 7-1 所示。

在图 7-1 中，引出了构建 SpringCSS 的多项技术组件，在本章后续内容中会对这些技术组件做专题介绍。

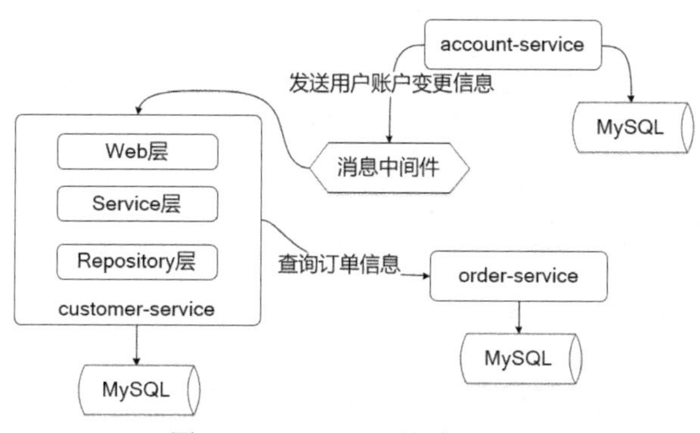


图 7-1 SpringCSS 的整体架构

## 7.2 实现案例技术组件

本节将介绍实现 SpringCSS 案例中的各层技术组件，包括数据访问层、Web 服务层和消息通信层。

### 7.2.1 实现数据访问

针对数据访问，需要基于案例的整体架构来进行设计和实现。在第 3 章内容的基础上，本节将给出 SpringCSS 中的整个数据模型，并进一步阐述 Spring Boot 为开发人员提供的高级数据访问组件。

1. SpringCSS 中的数据模型

在图 7-1 中，根据业务场景提取了 3 个独立的服务，即 account-service、customer–service 和 order-service。可以看到，针对每个服务，都单独构建了一个数据库。因此 SpringCSS 采用了典型的分库策略，每个服务对应一个 MySQL 数据库。

图 7-1 中的 order-service，实际上 3.2 节已经给出了它的数据模型以及数据访问组件的实现过程，即可分别基于 JdbcTemplate 和 Spring Data JPA 这两种技术体系构建 Order 对象和 Goods 对象之间的一对多关系。而针对 SpringCSS 中的 account-service 和 customer–service 这两个服务，数据访问组件的设计和实现过程并不复杂，基本就是采用了 Spring Data JPA 这套开发模式，这里就不重复展开讨论。

同时，作为对第 3 章内容的有效补充，在 SpringCSS 案例中，我们将引入两个非常有用的技术组件来进一步简化对数据的插入和查询操作，这就是 SimpleJdbcInsert 和 Specification。

2. 使用 SimpleJdbcInsert 简化数据插入过程

3.2 节完成了针对 Order 对象的数据库插入操作介绍。虽然通过 JdbcTemplate 的 update()方法可以完成数据的正确插入，但我们发现这个实现过程还是比较复杂的，尤其是涉及自增主键处理的部分，代码显得有点儿“臃肿”。那么，有没有更加简单的实现方法呢？

答案是肯定的，Spring Boot 针对数据插入场景专门提供了 SimpleJdbcInsert 工具类。SimpleJdbcInsert 本质上是在 JdbcTemplate 的基础上添加了一层封装，提供了一组 execute()、executeAndReturnKey()以及 executeBatch()重载方法来简化数据插入操作。通常，我们可以在 Repository 实现类的构造函数中对 SimpleJdbcInsert 进行初始化，如下所示：

```
    private JdbcTemplate jdbcTemplate;
    private SimpleJdbcInsert orderInserter;
    private SimpleJdbcInsert orderGoodsInserter;

    public OrderJdbcRepository(JdbcTemplate jdbcTemplate) {
        this.jdbcTemplate = jdbcTemplate;
        this.orderInserter = new SimpleJdbcInsert(jdbcTemplate).withTableName("'order'")
.usingGeneratedKeyColumns("id");
        this.orderGoodsInserter = new SimpleJdbcInsert(jdbcTemplate).withTableName("order_goods");
    }
```

可以看到，这里首先注入了一个 JdbcTemplate 对象，然后基于 JdbcTemplate 并针对 order 表和 order_goods 表分别初始化了两个 SimpleJdbcInsert 对象 orderInserter 和 orderGoodsInserter。其中 orderInserter 中还使用了 usingGeneratedKeyColumns()方法来设置自增主键列。

基于 SimpleJdbcInsert，完成 Order 对象的插入就显得非常简单，实现方式如下所示：

```
    private Long saveOrderWithSimpleJdbcInsert(Order order) {
        Map<String, Object> values = new HashMap<String, Object>();
        values.put("order_number", order.getOrderNumber());
        values.put("delivery_address", order.getDeliveryAddress());

        Long orderId = orderInserter.executeAndReturnKey(values).longValue();
        return orderId;
    }
```

通过构建一个 Map 对象，然后把需要添加的字段设置成一个个 Key-Value 对。通过 SimpleJdbcInsert 的 executeAndReturnKey()方法就可以在插入数据的同时直接返回自增主键。同样，完成 order_goods 表的操作也只需要几行代码就可以了，如下所示：

```
    private void saveGoodsToOrderWithSimpleJdbcInsert(Goods goods, long orderId) {
        Map<String, Object> values = new HashMap<>();
        values.put("order_id", orderId);
        values.put("goods_id", goods.getId());
        orderGoodsInserter.execute(values);
    }
```

这里用到了 SimpleJdbcInsert 提供的 execute()方法。可以把这些方法组合起来对原有的 addOrderDetailWithJdbcTemplate()方法进行重构，从而得到如下所示的 addOrderDetailWithSimpleJdbcInsert()方法：

```
    private Order addOrderDetailWithSimpleJdbcInsert(Order order) {
        //插入 Order 基础信息
        Long orderId = saveOrderWithSimpleJdbcInsert(order);

        order.setId(orderId);

        //插入 Order 与 Goods 的对应关系
        List<Goods> goodsList = order.getGoods();
        for (Goods goods : goodsList) {
            saveGoodsToOrderWithSimpleJdbcInsert(goods, orderId);
        }

        return order;
    }
```

详细的代码清单可以参考完整的案例代码，可以尝试对原有代码进行重构和优化。

3. 使用 Specification 机制查询数据

关于数据访问，最后要介绍的查询机制是 Specification 机制。考虑这样一种场景，我们需要查询某个实体，而给定的查询条件是不固定的，这时候就需要动态构建相应的查询语句。在 Spring Data JPA 中可以通过 JpaSpecificationExecutor 接口实现这类查询。相比 JPQL，使用 Specification 机制的优势是类型安全。继承了 JpaSpecificationExecutor 的 OrderJpaRepository 定义如下所示：

```
@Repository("orderJpaRepository")
public interface OrderJpaRepository extends JpaRepository<JpaOrder, Long>,
JpaSpecificationExecutor<JpaOrder>{
```

对于 JpaSpecificationExecutor 接口而言，背后使用的就是 Specification 接口。可以简单地理解为该接口的作用就是构建查询条件。Specification 接口的核心方法就一个，如下所示：

```
Predicate toPredicate(Root<T> root, CriteriaQuery<?> query, CriteriaBuilder
criteriaBuilder);
```

其中 Root 对象代表所查询的根对象，可以通过该对象获取实体中的属性；CriteriaQuery 代表一个顶层查询对象，用来实现自定义查询；而 CriteriaBuilder 显然是用来构建查询条件的。

基于 Specification 机制，同样可对根据 OrderNumber 查询订单的实现过程进行重构，重构后的 getOrderByOrderNumberBySpecification()方法如下所示：

```
public JpaOrder getOrderByOrderNumberBySpecification(String orderNumber) {
    JpaOrder order = new JpaOrder();
    order.setOrderNumber(orderNumber);

    @SuppressWarnings("serial")
    Specification<JpaOrder> spec = new Specification<JpaOrder>() {
        @Override
        public Predicate toPredicate(Root<JpaOrder> root, CriteriaQuery<?> query,
CriteriaBuilder cb) {
            Path<Object> orderNumberPath = root.get("orderNumber");

            Predicate predicate = cb.equal(orderNumberPath, orderNumber);
            return predicate;
        }
    };

    return orderJpaRepository.findOne(spec).orElse(new JpaOrder());
}
```

可以看到，在这里的 toPredicate()方法中，从 root 对象中获取了“orderNumber”属性，然后通过 cb.equal()方法将该属性与传入的 orderNumber 参数进行比对，从而完成查询条件的构建。

### 7.2.2 实现 Web 服务

在 SpringCSS 案例中，涉及 3 个服务之间的相互交互，这种交互模式的实现依赖于各个服务所暴露的 HTTP 端点。为此，需要首先设计这些服务的交互方式，然后各自实现对应的 Web 服务。

1. 设计 SpringCSS 中的服务交互

在介绍具体的案例实现过程之前，先来梳理 SpringCSS 案例中服务交互相关的应用场景。作为客服系统，核心业务流程是生成客服工单，而工单的生成通常需要使用到用户账户信息和所关联的订单信息。在 SpringCSS 案例中，会分别构建用于管理订单的 order-service、用于管理用户账户的 account-service 以及核心的客服服务 customer-service，这 3 个服务之间的交互方式如图 7-2 所示。

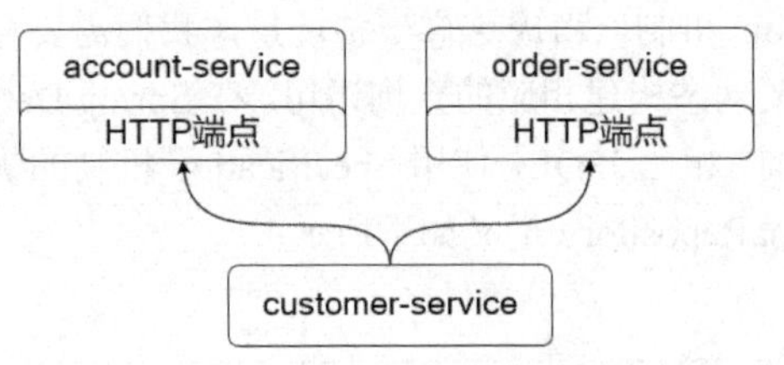


图 7-2　SpringCSS 案例中 3 个服务的交互方式

通过图 7-2，实际上已经可以梳理 customer-service 中负责客服工单生成的核心方法的执行流程，可把这个方法命名为 generateCustomerTicket()，这里先给出代码的框架，如下所示：

```
public CustomerTicket generateCustomerTicket(Long accountId, String orderNumber) {
    // 创建客服工单对象
    CustomerTicket customerTicket = new CustomerTicket();

    // 从远程 account-service 中获取 Account 对象
    Account account = getRemoteAccountById(accountId);

    // 从远程 order-service 中获取 Order 对象
    Order order = getRemoteOrderByOrderNumber(orderNumber);

    // 设置 CustomerTicket 对象并保存
    customerTicket.setAccountId(accountId);
    customerTicket.setOrderNumber(order.getOrderNumber());
    customerTicketRepository.save(customerTicket);

    return customerTicket;
}
```

显然，这里的 getRemoteAccountById()和 getRemoteOrderByOrderNumber()方法都涉及对远程 account-service 和 order-service 中 Web 服务的调用，而在实现调用之前则需要暴露对应的 HTTP 端点。Spring Boot 为创建和消费 Web 服务提供了非常强大的组件化支持。

2. 实现 SpringCSS 中的服务交互

这里以 getRemoteOrderByOrderNumber()方法为例来对它的实现过程进行展开，getRemoteAccountById()方法的实现过程与之类似。getRemoteOrderByOrderNumber()方法定义如下：

```
@Autowired
private OrderClient orderClient;

private OrderMapper getRemoteOrderByOrderNumber(String orderNumber) {

    return orderClient.getOrderByOrderNumber(orderNumber);
}
```

可构建一个 OrderClient 工具类来完成对 order-service 的远程访问，如下所示：

```
@Component
```

```
public class OrderClient {

    private static final Logger logger = LoggerFactory.getLogger(OrderClient.class);

    @Autowired
    RestTemplate restTemplate;

    public OrderMapper getOrderByOrderNumber(String orderNumber) {

        logger.debug("Get order from remote: {}", orderNumber);

        ResponseEntity<OrderMapper> result = restTemplate.exchange(
            "http://localhost:8083/orders/{orderNumber}", HttpMethod.GET, null,
OrderMapper.class, orderNumber);

        OrderMapper order= result.getBody();

        return order;
    }
}
```

注意到这里就注入了一个RestTemplate对象，并通过它的exchange()方法来完成对远程order-serivce的请求过程。同时，这里的返回对象是一个OrderMapper，而不是一个Order对象。事实上，它们的内部字段都是一一对应的，只是位于两个不同的代码工程中，所以故意从命名上做了区分。RestTemplate内置的HttpMessageConverter会完成OrderMapper与Order之间的自动映射。

这里也给出order-service中的OrderController实现，如下所示：

```
@RestController
@RequestMapping(value="orders/jpa")
public class JpaOrderController {

    @Autowired
    JpaOrderService jpaOrderService;

    @GetMapping(value = "/{orderId}")
    public JpaOrder getOrderById(@PathVariable Long orderId) {

    JpaOrder order = jpaOrderService.getOrderById(orderId);
      return order;
    }

    @GetMapping(value = "orderNumber/{orderNumber}")
    public JpaOrder getOrderByOrderNumber(@PathVariable String orderNumber) {

        JpaOrder order = jpaOrderService.getOrderByOrderNumberBySpecification
(orderNumber);
        return order;
    }

    @PostMapping(value = "")
    public JpaOrder addOrder(@RequestBody JpaOrder order) {

        JpaOrder result = jpaOrderService.addOrder(order);
```

```
            return result;
        }
}
```

可以看到，这里使用了 Spring Data 提供的 Specification 机制来完成实体对象以及数据访问功能。

### 7.2.3　实现消息通信

在引入消息通信机制以及消息中间件之前，同样先来梳理一下 SpringCSS 中的应用场景。

1．SpringCSS 中的消息通信场景

在 SpringCSS 案例中，可以想象一个用户的账户信息变动并不会太频繁。因为 account-service 和 customer-service 分别位于两个服务中，为了降低远程交互的成本，很多时候我们会想到在 customer-service 本地存放一份用户账户的副本信息，并在客户工单生成过程中直接从本地数据库中获取用户账户。在这样的设计和实现方式下，试想万一某个用户账户信息发生变化，我们应该如何正确和高效地应对这一场景呢？

考虑到系统扩展性，消息通信机制为我们提供了一种很好的实现方案。当用户账户信息变更时，account-service 可以发送一个消息，该消息表明某个用户账户信息已经发生变化，并将通知到所有对该消息感兴趣的服务。在 SpringCSS 案例中，这个服务就是 customer-service，相当于这个消息的订阅者和消费者。通过这种方式，customer-service 就可以获取用户账户变更信息从而正确且高效地处理本地的用户账户数据。整个场景的示意如图 7-3 所示。

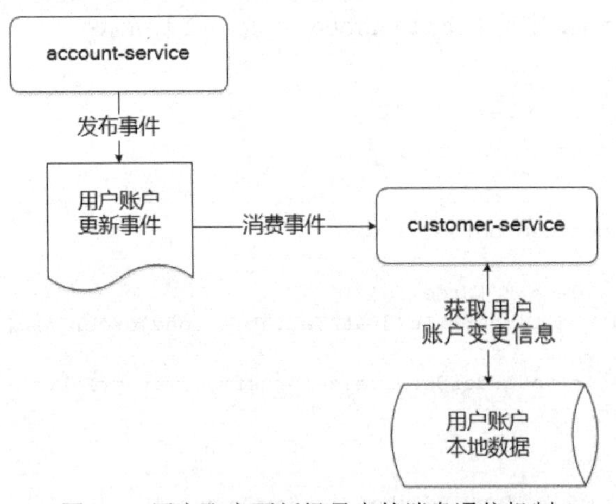


图 7-3　用户账户更新场景中的消息通信机制

在图 7-3 中，通过 Spring Boot 提供的消息通信机制，我们不必花费太大代价就能实现整个交互过程。

2．在 SpringCSS 案例中集成 Kafka

在 5.2 节介绍了 KafkaTemplate 的基本使用方法之后，我们将在 SpringCSS 案例中引入 Kafka 来完成 account-service 与 customer-service 之间的消息通信。

首先，新建一个 Spring Boot 工程，用来保存用于多个服务之间交互的消息对象，以供各个服务使用。然后将这个代码工程命名为 message，并添加一个代表消息主体的事件 AccountChangedEvent，如下所示：

```
package com.springcss.message;

public class AccountChangedEvent implements Serializable {
//事件类型
    private String type;
    //事件所对应的操作（新增、更新和删除）
    private String operation;
    //事件对应的领域模型
    private AccountMessage accountMessage;
   //省略 getter/setter
}
```

上述 AccountChangedEvent 类包含 AccountMessage 对象本身以及它的操作类型。AccountMessage 中的字段定义和领域对象 Account 完全一致，只是额外实现了用于序列化的 Serializable 接口，如下所示：

```
public class AccountMessage implements Serializable {

     private Long id;
     private String accountCode;
     private String accountName;
}
```

定义完消息实体之后，在 account-service 中引用 message 工程，并添加一个 KafkaAccountChangedPublisher 类，用来实现消息的发布，如下所示：

```
@Component("kafkaAccountChangedPublisher")
public class KafkaAccountChangedPublisher {

     @Autowired
     private KafkaTemplate<String, AccountChangedEvent> kafkaTemplate;

     @Override
     protected void publishEvent(AccountChangedEvent event) {
          kafkaTemplate.send(AccountChannels.SPRINGCSS_ACCOUNT_TOPIC, event);
     }
}
```

可以看到这里注入了一个 KafkaTemplate 对象，然后通过它的 send()方法向目标 Topic 发送了消息。这里的 AccountChannels.SPRINGCSS_ACCOUNT_TOPIC 就是 springcss.account.topic，需要在 account-service 的配置文件中指定相同的 Topic 名称，如下所示。注意这里使用 JsonSerializer 对发送的消息进行序列化。

```
spring:
  kafka:
    bootstrap-servers:
    - localhost:9092
    template:
      default-topic: springcss.account.topic
    producer:
      keySerializer: org.springframework.kafka.support.serializer.JsonSerializer
      valueSerializer: org.springframework.kafka.support.serializer.JsonSerializer
```

针对服务消费者 customer-service，先来看它的配置信息，如下所示：

```
spring:
  kafka:
    bootstrap-servers:
    - localhost:9092
    template:
      default-topic: springcss.account.topic
    consumer:
      value-deserializer: org.springframework.kafka.support.serializer.JsonDeserializer
      group-id: springcss_customer
      properties:
        spring.json.trusted.packages: com.springcss.message
```

相较消息生产者中的配置信息，这里多了两个配置项，其中一个是 group-id。通过对 Kafka 的了解，我们已经知道这是 Kafka 消费者特有的一个配置项，用于指定消费者组。另一个配置项是 spring.json.trusted.packages，用于设置 JSON 序列化的可行包名称，这个名称需要与 AccountChangedEvent 类所在的包结构一致，也就是这里指定的 com.springcss.message。

3. 在 SpringCSS 案例中集成 ActiveMQ

ActiveMQ 是我们使用到的第二款消息中间件，因为每款消息中间件势必都需要设置一些配置信息。所以，让我们回到 SpringCSS 案例，先对配置信息的管理做一些优化。

回想 2.1 节中的内容，我们知道在 Spring Boot 中可以通过 Profile 有效管理针对不同场景和环境的配置信息。而在 SpringCSS 案例中，Kafka、ActiveMQ 以及后面要介绍的 RabbitMQ 都是消息中间件。但在案例系统运行过程中，我们会选择其中一种中间件来演示消息发送和接收到过程。这样就可以针对不同的中间件设置不同的 Profile。在 account-service 中，可以根据 Profile 构建如下所示的配置文件体系：

```
application-activemq.yml
application-kafka.yml
application-rabbitmq.yml
application.yml
```

注意到这里根据 3 种不同的中间件分别提供了 3 个配置文件。以其中的 application-activemq.yml 为例，其包含的配置项如下所示：

```
spring:
  jms:
    template:
      default-destination: springcss.account.queue
  artemis:
    host: localhost
    port: 61616
    user: springcss
    password: springcss_password
    embedded:
      enabled: false
```

然后，在主配置文件 application.yml 中就可以将当前可用的 Profile 设置为 activemq，如下所示：

```
spring:
  profiles:
    active: activemq
```

介绍完配置信息的优化管理方案，我们来看实现消息发送的 ActiveMQAccountChangedPublisher 类，如下所示：

```
@Component("activeMQAccountChangedPublisher")
public class ActiveMQAccountChangedPublisher{

     @Autowired
     private JmsTemplate jmsTemplate;

     @Override
     protected void publishEvent(AccountChangedEvent event) {
  jmsTemplate.convertAndSend(AccountChannels.SPRINGCSS_ACCOUNT_QUEUE, event, this::
addEventSource);
     }

     private Message addEventSource(Message message) throws JMSException {
          message.setStringProperty("EVENT_SYSTEM", "SpringCSS");
          return message;
     }
}
```

这里基于 JmsTemplate 的 convertAndSend()方法完成了消息的发送。同时，这里使用了另一种实现 MessagePostProcessor 的方法，即 lambda 语法，我们可以参考这种语法来简化代码的组织方式。

另一方面，我们在案例中希望使用 MappingJackson2MessageConverter 来完成对消息的转换。因此，可以在 account-service 中添加一个 ActiveMQMessagingConfig 来初始化具体的 MappingJackson2Message Converter 对象，如下所示：

```
@Configuration
public class ActiveMQMessagingConfig {

     @Bean
     public MappingJackson2MessageConverter activeMQMessageConverter() {
          MappingJackson2MessageConverter messageConverter = new MappingJackson2Message
Converter();
          messageConverter.setTypeIdPropertyName("_typeId");

          Map<String, Class<?>> typeIdMappings = new HashMap<String, Class<?>>();
          typeIdMappings.put("accountChangedEvent", AccountChangedEvent.class);
          messageConverter.setTypeIdMappings(typeIdMappings);

          return messageConverter;
     }
}
```

上述代码的核心作用是定义了一个 typeId 到 Class 的 Map。这样做的目的在于可以在 account-service 中发送一个 ID 为 accountChangedEvent 且类型为 AccountChangedEvent 的业务对象。而在消费该消息的场景中，只需要指定同一个 ID，那么对应的消息就可以转化为另一种业务对象，不一定必须是这里使用到的 AccountChangedEvent。显然，这样就为消息的转换提供了灵活性。

现在回到 customer-service 服务，来看看如何消费来自 account-service 的消息，如下所示：

```
@Component("activeMQAccountChangedReceiver")
public class ActiveMQAccountChangedReceiver {
```

```
    @Autowired
    private JmsTemplate jmsTemplate;

    @Override
    protected AccountChangedEvent receiveEvent() {
        return (AccountChangedEvent) jmsTemplate.receiveAndConvert(AccountChannels.
SPRINGCSS_ACCOUNT_QUEUE);
    }
}
```

这里只是简单地通过 JmsTemplate 的 receiveAndConvert()方法拉取来自 ActiveMQ 的消息。请注意，因为 receiveAndConvert()方法的执行效果是阻塞式的拉取行为，所以可以实现一个新的 Controller 来专门测试该方法的有效性，如下所示：

```
@RestController
@RequestMapping(value="messagereceive")
public class MessageReceiveController {

    @Autowired
    private ActiveMQAccountChangedReceiver accountChangedReceiver;

    @RequestMapping(value = "", method = RequestMethod.GET)
    public void receiveAccountChangedEvent() {
        accountChangedReceiver.receiveAccountChangedEvent();
    }
}
```

一旦访问这个端点，就会拉取 ActiveMQ 中目前尚未消费的消息。如果 ActiveMQ 没有待消费的消息，那么这个方法会阻塞等待直到有新的消息到来。

如果你想使用消息推送的方式来消费消息，实现过程会更加简单，如下所示：

```
@Override
@JmsListener(destination = AccountChannels.SPRINGCSS_ACCOUNT_QUEUE)
public void handlerAccountChangedEvent(AccountChangedEvent event) {
    AccountMessage account = event.getAccountMessage();
    String operation = event.getOperation();

    System.out.print(accountMessage.getId() + ":" + accountMessage.getAccountCode()
+ ":" + accountMessage.getAccountName());
}
```

可以看到，此处直接通过@JmsListener 注解来消费从 ActiveMQ 推送过来的消息。这里只是将消息输出，可以根据需要对消息进行任何形式的处理。

4. 在 SpringCSS 案例中集成 RabbitMQ

作为案例中使用消息中间件的最后一部分内容，接下来介绍对 SpringCSS 案例中的 3 种消息处理模板工具类的集成方式进行抽象。因为这 3 种模板工具类的使用方式都非常类似，可以提取公共代码形成统一的接口和抽象类。

在作为消息生产者的 account-service 中，提取了如下所示的 AccountChangedPublisher 作为消息发布的统一接口：

```
public interface AccountChangedPublisher {
```

```
    void publishAccountChangedEvent(Account account, String operation);
}
```

请注意，这是一个面向业务的接口，没有使用用于消息通信的 AccountChangedEvent 对象。可在 AccountChangedPublisher 接口的实现类 AbstractAccountChangedPublisher 中完成对 AccountChangedEvent 对象的构建，如下所示：

```
public abstract class AbstractAccountChangedPublisher implements AccountChangedPublisher {

    @Override
    public void publishAccountChangedEvent(Account account, String operation) {

        AccountMessage accountMessage = new AccountMessage(account.getId(), account
.getAccountCode(), account.getAccountName());
        AccountChangedEvent event = new AccountChangedEvent(AccountChangedEvent.
class.getTypeName(),
                operation.toString(), accountMessage);

        publishEvent(event);
    }

    protected abstract void publishEvent(AccountChangedEvent event);
}
```

AbstractAccountChangedPublisher 是一个抽象类，可基于传入的业务对象构建了消息对象 AccountChangedEvent，并通过 publishEvent()抽象方法发送消息。针对不同的消息中间件，需要分别实现对应的 publishEvent()方法。以 Kafka 为例，可重构原有代码并提供如下所示的 KafkaAccountChangedPublisher 实现类：

```
@Component("kafkaAccountChangedPublisher")
public class KafkaAccountChangedPublisher extends AbstractAccountChangedPublisher {

    @Autowired
    private KafkaTemplate<String, AccountChangedEvent> kafkaTemplate;

    @Override
    protected void publishEvent(AccountChangedEvent event) {
        kafkaTemplate.send(AccountChannels.SPRINGCSS_ACCOUNT_TOPIC, event);
    }
}
```

同样，对于 RabbitMQ 而言，RabbitMQAccountChangedPublisher 的实现方式也类似，如下所示：

```
@Component("rabbitMQAccountChangedPublisher")
public class RabbitMQAccountChangedPublisher extends AbstractAccountChangedPublisher {

    @Autowired
    private RabbitTemplate rabbitTemplate;

    @Override
    protected void publishEvent(AccountChangedEvent event) {
         rabbitTemplate.convertAndSend(AccountChannels.SPRINGCSS_ACCOUNT_QUEUE, event,
new MessagePostProcessor() {
            @Override
```

```
            public Message postProcessMessage(Message message) throws AmqpException {
                MessageProperties props = message.getMessageProperties();
                props.setHeader("EVENT_SYSTEM", "SpringCSS");
                return message;
            }
        });
    }
}
```

对于 RabbitMQ，在使用 RabbitMQAccountChangedPublisher 发送消息之前，需要先初始化 Exchange、Queue 以及两者之间的 Binding 关系，因此可实现如下所示的 RabbitMQMessagingConfig 配置类：

```
@Configuration
public class RabbitMQMessagingConfig {

    public static final String SPRINGCSS_ACCOUNT_DIRECT_EXCHANGE = "springcss.account
.exchange";
    public static final String SPRINGCSS_ACCOUNT_ROUTING = "springcss.account.routing";

    @Bean
    public Queue SpringCssDirectQueue() {
        return new Queue(AccountChannels.SPRINGCSS_ACCOUNT_QUEUE, true);
    }

    @Bean
    public DirectExchange SpringCssDirectExchange() {
        return new DirectExchange(SPRINGCSS_ACCOUNT_DIRECT_EXCHANGE, true, false);
    }


    @Bean
    public Binding bindingDirect() {
        return BindingBuilder.bind(SpringCssDirectQueue()).to(SpringCssDirectExchange())
.with(SPRINGCSS_ACCOUNT_ROUTING);
    }

    @Bean
    public Jackson2JsonMessageConverter rabbitMQMessageConverter() {
        return new Jackson2JsonMessageConverter();
    }
}
```

上述代码初始化了一个 Queue、一个 DirectExchange 并设置了两者之间的绑定关系。同时还初始化了一个 Jackson2JsonMessageConverter 用于在消息发送过程中，将消息转化为序列化对象以便在网络上进行传输。

现在回到 customer-service 服务，来提取用于接收消息的统一化接口 AccountChangedReceiver，如下所示：

```
public interface AccountChangedReceiver {

    //拉模式下的消息接收方法
    void receiveAccountChangedEvent();
```

```
        //推模式下的消息接收方法
        void handlerAccountChangedEvent(AccountChangedEvent event);
    }
```

AccountChangedReceiver 分别定义了拉模式和推模式下的消息接收方法，同样也有一个抽象实现类 AbstractAccountChangedReceiver，如下所示：

```
    public abstract class AbstractAccountChangedReceiver implements AccountChangedReceiver {

        @Autowired
        LocalAccountRepository localAccountRepository;

        @Override
        public void receiveAccountChangedEvent() {

            AccountChangedEvent event = receiveEvent();

            handleEvent(event);
        }

        protected void handleEvent(AccountChangedEvent event) {
            AccountMessage account = event.getAccountMessage();
            String operation = event.getOperation();

            operateAccount(account, operation);
        }

        private void operateAccount(AccountMessage accountMessage, String operation) {
            System.out.print(
                    accountMessage.getId() + ":" + accountMessage.getAccountCode() + ":"
+ accountMessage.getAccountName());

            LocalAccount localAccount = new LocalAccount(accountMessage.getId(), account
Message.getAccountCode(),
                    accountMessage.getAccountName());

            if (operation.equals("ADD") || operation.equals("UPDATE")) {
                localAccountRepository.save(localAccount);
            } else {
                localAccountRepository.delete(localAccount);
            }
        }

        protected abstract AccountChangedEvent receiveEvent();
    }
```

这里实现了 AccountChangedReceiver 接口的 receiveAccountChangedEvent()方法，并定义了一个 receiveEvent()抽象方法用来接收来自不同消息中间件的 AccountChangedEvent 消息。一旦获取消息，可根据其中的 Account 对象以及对应的操作来更新本地数据库。

我们来看 AbstractAccountChangedReceiver 的其中一个实现类 RabbitMQAccountChangedReceiver，如下所示：

```
    @Component("rabbitMQAccountChangedReceiver")
    public class RabbitMQAccountChangedReceiver extends AbstractAccountChangedReceiver {
```

```
    @Autowired
    private RabbitTemplate rabbitTemplate;

    @Override
    public AccountChangedEvent receiveEvent() {
        return (AccountChangedEvent) rabbitTemplate.receiveAndConvert(AccountChannels
.SPRINGCSS_ACCOUNT_QUEUE);
    }

    @Override
    @RabbitListener(queues = AccountChannels.SPRINGCSS_ACCOUNT_QUEUE)
    public void handlerAccountChangedEvent(AccountChangedEvent event) {
        super.handleEvent(event);
    }
}
```

上述 RabbitMQAccountChangedReceiver 同时实现了 AbstractAccountChangedReceiver 的 receiveEvent()抽象方法，以及 AccountChangedReceiver 接口中的 handlerAccountChangedEvent()方法。其中 receiveEvent()方法用于主动拉取消息，而 handlerAccountChangedEvent()方法用于接收推送过来的消息，所以在该方法上添加了@RabbitListener 注解。

作为对比，我们来看同样继承了 AbstractAccountChangedReceiver 抽象类的 KafkaAccountChangedListener 类，如下所示：

```
@Component
public class KafkaAccountChangedListener extends AbstractAccountChangedReceiver {

    @Override
    @KafkaListener(topics = AccountChannels.SPRINGCSS_ACCOUNT_TOPIC)
    public void handlerAccountChangedEvent(AccountChangedEvent event) {

        super.handleEvent(event);
    }

    @Override
    protected AccountChangedEvent receiveEvent() {
        return null;
    }
}
```

Kafka 只能通过推送方式获取消息，所以只实现了 handlerAccountChangedEvent()方法，而 receiveEvent()方法为空。

## 7.3　本章小结

本章基于一个精简而又完整的案例 SpringCSS，给出了 Spring Boot 中各个技术组件的具体应用方式和过程，涉及配置体系、数据访问、Web 服务以及消息通信等。SpringCSS 整个案例既涉及单个服务的构建方式，也涉及多个服务之间的交互和集成。本章针对技术组件给出了详细的示例代码，并提供能够直接应用于日常开发所需的实战技巧。

# 第三篇

# Spring Cloud 篇

本篇共有 7 章，全面介绍 Spring Cloud 框架所具备的技术体系。自 2017 年后，基于 Spring Boot 的 Spring Cloud 在国内开始“走红”，越来越多的企业选择 Spring Cloud 作为微服务系统开发框架。在当下，Spring Cloud 俨然已经成为 Java 工程师所必须熟练掌握的工具。本篇包括第 8～14 章。

# 第 8 章

# Spring Cloud 注册中心

在微服务架构中，注册中心可以说是最为关键的一个组件，因为各个微服务需要通过注册中心实现自动化的服务注册和发现机制。本章将介绍基于 Spring Cloud 的 Eureka 组件来构建注册中心，并分别介绍注册中心所提供的服务器组件和客户端组件。

另外，在服务治理技术体系中，服务的发现和调用往往是与负载均衡这个概念结合在一起的。在 Spring Cloud 中同样存在着与注册中心配套的负载均衡器，这就是 Ribbon 组件。本章也将系统讲解 Ribbon 的基本架构以及多种使用方法。

## 8.1 注册中心解决方案

在使用注册中心时，访问注册中心的客户端程序一般会嵌入在服务提供者和服务消费者内部。在服务启动时，服务提供者通过内部的注册中心客户端程序自动将自身注册到注册中心，而服务消费者的注册中心客户端程序则从注册中心中获取那些已经注册的服务实例信息。注册中心的基本模型参考图 8-1。

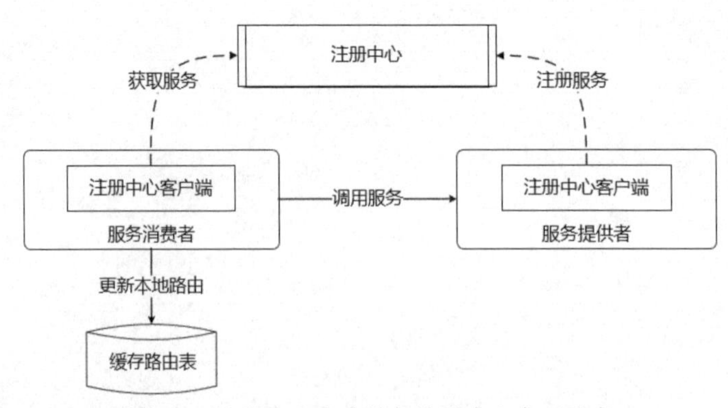


图 8-1 注册中心客户端与注册中心交互示意

同时，为了提高服务路由的效率和容错性，服务消费者可以配备缓存机制以加速服务路由的进程。更重要的是当服务注册中心不可用时，服务消费者可以利用本地缓存路由实现对现有服务的可靠调用。图 8-1 中也展示了这一设计思路。

Spring Cloud 提供了对微服务架构中服务治理工作的强大支持功能，其整体服务治理方案如图 8-2 所示。

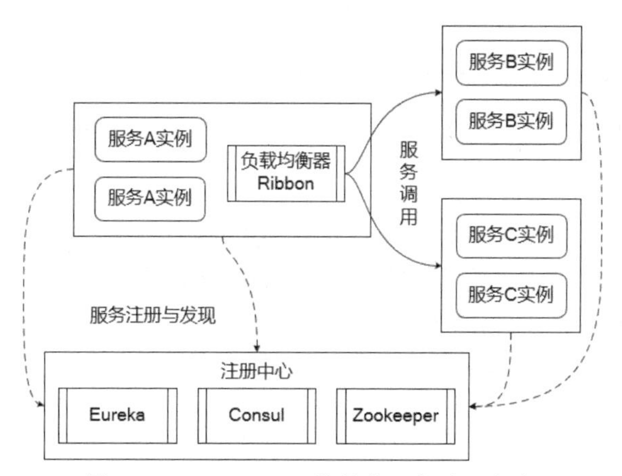


图 8-2 Spring Cloud 的整体服务治理方案

图 8-2 中，Netflix Eureka 工具采用自身特有的一套实现机制，且客户端和服务器都基于 Java 实现。Spring Cloud Netflix Eureka 基于 Netflix Eureka 并做了一定的封装。同时，Spring Cloud Netflix 是 Spring Cloud 较早支持的微服务开发套件。而在 Spring Cloud 的后续发展过程中，关于如何构建注册中心，实现上存在多款可供选择的技术方案，包括图 8-2 中所展示的 Consul 和 Zookeeper。本章将以 Eureka 为例来介绍构建注册中心，关于另外两款工具的介绍不是本书的重点，读者可以参考相关资料做进一步学习。

另外，Spring Cloud 也集成了 Ribbon 组件来实现客户端的负载均衡。Ribbon 组件会从注册中心服务器中获取所有已注册服务的服务列表。一旦获取了服务列表，Ribbon 就能通过各种负载均衡策略实现服务调用。Spring Cloud Netflix Ribbon 在 Ribbon 的基础上封装了多种使用方式，并能与 RestTemplate 无缝整合。

## 8.2 使用 Spring Eureka 构建注册中心

可以使用单个 Eureka 服务器来构建注册中心。但是，单个 Eureka 服务器架构不能保证高可用，因此在生产环境中还需要构建 Eureka 服务器集群。

### 8.2.1 构建 Eureka 服务器集群

为了展示如何构建 Eureka 服务器集群，需在 Spring Boot 项目引入 spring-cloud-starter-eureka-server 依赖，该依赖是 Spring Cloud 中实现 Spring Cloud Netflix Eureka 功能的主体 jar 包：

```
<dependency>
    <groupId>org.springframework.cloud</groupId><artifactId>spring-cloud-starter-
netflix-eureka-server</artifactId>
```

```
</dependency>
```

引入 Maven 依赖之后就可以创建 Spring Boot 的启动类，可把该启动类命名为 EurekaServerApplication，代码如下所示：

```
@SpringBootApplication
@EnableEurekaServer
public class EurekaServerApplication {
    public static void main(String[] args) {

        SpringApplication.run(EurekaServerApplication.class, args);
    }
}
```

请注意，上面代码的启动类上添加了一个@EnableEurekaServer 注解。在 Spring Cloud 中，包含@EnableEurekaServer 注解的服务意味着这是一个 Eureka 服务器组件。

运行这个 EurekaServerApplication 类并访问 http://localhost:8761/，将得到如图 8-3 所示的 Eureka 服务监控页面，这意味着 Eureka 服务器已经启动成功。

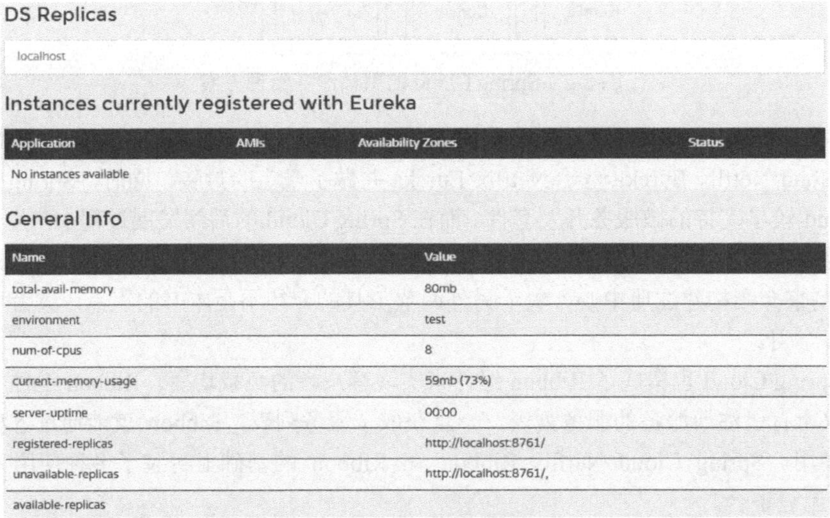

DS Replicas

localhost

Instances currently registered with Eureka

| Application | AMIs | Availability Zones | Status |
|---|---|---|---|
| No instances available | | | |

General Info

| Name | Value |
|---|---|
| total-avail-memory | 80mb |
| environment | test |
| num-of-cpus | 8 |
| current-memory-usage | 59mb (73%) |
| server-uptime | 00:00 |
| registered-replicas | http://localhost:8761/ |
| unavailable-replicas | http://localhost:8761/, |
| available-replicas | |

图 8-3 Eureka 服务监控页面

虽然目前还没有任何一个服务注册到 Eureka 中，但从图 8-3 中还是得到了关于 Eureka 服务器内存、CPU 等的有用信息。

同时，Eureka 也为开发人员提供了一系列的配置项。这些配置项可以分成三大类：一类用于控制 Eureka 服务器行为，以 eureka.server 开头；另一类则是从客户端角度出发考虑配置需求，以 eureka.client 开头；而最后一类则关注注册到 Eureka 的服务实例本身，以 eureka.instance 开头。请注意，Eureka 除了充当服务器组件之外，实际上也可以作为客户端注册到 Eureka 本身，这时它使用的就是客户端配置项。

Eureka 的配置项很多，本小节无意一一展开。在日常开发过程中，使用最多的还是客户端相关的配置，所以这里以客户端配置为例展开讨论。现在，尝试在 eureka-server 工程的 application.yml

文件中添加了如下配置信息：

```
server:
  port: 8761

eureka:
  client:
    registerWithEureka: false
    fetchRegistry: false
    serviceUrl:
      defaultZone: http://localhost:8761
```

在这些配置项中，有 3 个以 eureka.client 开头的客户端配置项，分别是 registerWithEureka、fetchRegistry 和 serviceUrl。从配置项的命名上不难看出，registerWithEureka 用于指定是否把当前的客户端实例注册到 Eureka 服务器中，而 fetchRegistry 则指定是否从 Eureka 服务器上拉取服务注册信息。这两个配置项默认都是 true，但这里都将其设置为 false。因为在微服务体系中，包括 Eureka 服务在内的所有服务对于注册中心来说都可以算作客户端，而 Eureka 服务显然不同于业务服务，我们不希望 Eureka 服务对自身进行注册。最后的 serviceUrl 配置项用于指定服务地址，这个配置项在构建 Eureka 服务器集群时很有用。

与传统的集群构建方式不同，如果把 Eureka 也视为一个服务，那么可以通过 Eureka 服务互相注册的方式来实现高可用的部署，这种方式被称为 Peer Awareness 模式。现在准备两个 Eureka 服务实例 eureka1 和 eureka2。在 Spring Boot 中，分别以 application-eureka1.yml 和 application-eureka2.yml 这两个配置文件来设置相关的配置项。其中 application-eureka1.yml 配置文件的内容如下：

```
server:
  port: 8761

eureka:
  instance:
     hostname: eureka1
  client
     serviceUrl
        defaultZone: http:// eureka2:8762/eureka/
```

对应地，application-eureka2.yml 配置文件的内容如下：

```
server:
  port: 8762

eureka:
  instance:
     hostname: eureka2
  client
     serviceUrl
        defaultZone: http://eureka1:8761/eureka/
```

这里就出现了一个 Eureka 实例类配置项 eureka.instance.hostname，用于指定当前 Eureka 服务的主机名称。可以注意到 application-eureka1.yml 和 application-eureka2.yml 中的配置项几乎完全一致，区别只是调整了端口和引用地址。

构建 Eureka 集群模式的关键点就在于使用客户端配置项 eureka.client.serviceUrl.defaultZone 来指

向集群中的其他 Eureka 服务器。所以 Eureka 集群的构建方式实际上就是将每个 Eureka 实例作为服务并向其他注册中心注册自己，这样就形成了一组互相注册的服务注册中心以实现服务列表的同步。显然，这个场景下 registerWithEureka 和 fetchRegistry 配置项应该都使用其默认的值 true，所以不需要对其进行显式的设置。

如果尝试使用本机搭建集群环境，显然 eureka.instance.hostname 配置项中的 eureka1 和 eureka2 是无法访问的，所以需要在本机 hosts 文件中添加以下信息：

```
127.0.0.1 eureka1
127.0.0.1 eureka2
```

现在启动这两个 Eureka 服务，然后分别打开 http://127.0.0.1:8761/和 http://127.0.0.1:8762/端点，就可以看到各自的服务注册效果。

### 8.2.2　使用 Eureka 客户端注册和发现服务

现在 Eureka 服务器已经构建完成了，接下来讨论如何完成服务的注册和发现。

1. 实现服务注册

使用 Eureka 注册一个基于 Spring Boot 开发的微服务非常简单，主要工作也是通过配置来完成的。在进行配置之前，需要确保在 Maven 工程中添加对 Eureka 客户端组件 spring-cloud-starter- netflix-eureka-client 的依赖，如下所示：

```
<dependency>
<groupId>org.springframework.cloud</groupId>
<artifactId>spring-cloud-starter-netflix-eureka-client</artifactId>
</dependency>
```

然后来看 Bootstrap 类，如下所示：

```
@SpringBootApplication
@EnableEurekaClient
public class UserApplication {
    public static void main(String[] args) {

        SpringApplication.run(UserApplication.class, args);
    }
}
```

这里引入了一个新的注解@EnableEurekaClient，该注解用于表明当前服务是一个 Eureka 客户端，这样该服务就可以自动注册到 Eureka 服务器。

接下来就是最重要的配置工作。服务中的配置内容如下所示：

```
spring:
  application:
    name: userservice

server:
  port: 8081

eureka:
  client:
```

```
    registerWithEureka: true
    fetchRegistry: true
    serviceUrl:
      defaultZone: http://eureka1:8761/eureka/, http://eureka1:8762/eureka/
```

显然，这里包含两段配置内容。其中，第一段配置指定了服务的名称和运行时端口。在上面的示例中，微服务的名称通过“spring.application.name=userservice”进行指定，可以通过这一名称获取该服务在 Eureka 中的各种注册信息。

在 eureka.client 段中，设置 Eureka 客户端行为。8.2.1 小节已经介绍过基于 Peer Awareness 模式构建 Eureka 服务器集群，那么这里的 eureka.client.serviceUrl.defaultZone 配置项的内容就应该是“http://eureka1:8761/ eureka/, http://eureka1:8762/eureka/”，用于指向当前的集群环境。

2. 实现服务发现

当成功创建并启动了前面构建的这个 userservice 之后，你可能会好奇，user-service 在 Eureka 服务器中的注册信息是如何表示的呢？为了获取注册到 Eureka 服务器上具体某一个服务实例的详细信息，可以访问如下地址：

```
http://<eureka-ip-port>:8761/eureka/apps/<APPID>
```

该地址暴露的就是一个普通的 HTTP GET 请求，URL 中的 APPID 就是服务名称。以 user-service 为例，发送 HTTP 请求到 http://localhost:8761/eureka/apps/userservice，可以得到如下信息：

```
<application>
  <name>USERSERVICE</name>
  <instance>
    <instanceId>localhost:userservice:8082</instanceId>
    <hostName>localhost</hostName>
    <app>USERSERVICE</app>
    <ipAddr>192.168.247.1</ipAddr>
    <status>UP</status>
    <overriddenstatus>UNKNOWN</overriddenstatus>
    <port enabled="true">8082</port>
    <securePort enabled="false">443</securePort>
    <countryId>1</countryId>
    <dataCenterInfo class="com.netflix.appinfo.InstanceInfo$DefaultDataCenterInfo">
      <name>MyOwn</name>
    </dataCenterInfo>
    <leaseInfo>
      …
    </leaseInfo>
    <metadata>
      <management.port>8082</management.port>
    </metadata>
    <homePageUrl>http://localhost:8082/</homePageUrl>
    <statusPageUrl>http://localhost:8082/actuator/info</statusPageUrl>
    <healthCheckUrl>http://localhost:8082/actuator/health</healthCheckUrl>
    <vipAddress>userservice</vipAddress>
    …
  </instance>
  <instance>
    …
  </instance>
</application>
```

这里出现了两个<instance>标签，代表存在两个 userservice 服务实例。根据如上代码所示的服务实例详细信息，可以获取该服务的服务名称、IP 地址、端口、是否可用等基本信息，也可以访问 statusPageUrl、healthCheckUrl 等地址查看当前服务的运行状态，更为重要的是可得到 leaseInfo、actionType 等与服务注册过程直接相关的基础数据，这些基础数据有助于我们理解 Eureka 作为注册中心的工作原理。

## 8.3 Ribbon 与客户端负载均衡

在微服务架构中，往往应将客户端负载均衡与注册中心结合在一起讨论，因为执行负载均衡的前提是获取存储在注册中心中的服务实例信息。本节将通过引入 Ribbon 组件来详细阐述 Spring Cloud 中的负载均衡解决方案。

### 8.3.1 理解 Ribbon 与 DiscoveryClient

Ribbon 组件同样来自 Netflix，它的定位是一款用于提供客户端负载均衡的工具软件。Ribbon 会自动基于某种内置的负载均衡算法去连接服务实例，也可以设计并实现自定义的负载均衡算法并嵌入 Ribbon。同时，Ribbon 客户端组件提供了一系列完善的辅助机制来确保服务调用过程的可靠性和容错性，包括连接超时和重试等。Ribbon 是客户端负载均衡机制的典型实现方案，所以需要嵌入服务消费者的内部来使用。

1. Ribbon 的核心功能

因为 Netflix Ribbon 本质上只是一个工具，而不是一套完整的解决方案，所以 Spring Cloud Netflix Ribbon 对 Netflix Ribbon 做了封装和集成，使其可以融入以 Spring Boot 为构建基础的技术体系中。基于 Spring Cloud Netflix Ribbon，通过注解就能简单实现在面向服务的接口调用中自动集成负载均衡功能，使用方式主要包括以下两种。

- 使用@LoadBalanced 注解。

@LoadBalanced 注解用于修饰发起 HTTP 请求的 RestTemplate 工具类，并在该工具类中自动嵌入客户端负载均衡功能。开发人员不需要针对负载均衡做任何特殊的开发或配置。

- 使用@RibbonClient 注解。

Ribbon 还允许使用@RibbonClient 注解来完全控制客户端负载均衡。这在需要定制化负载均衡算法的某些特定场景下非常有用，我们可以使用这个功能实现更细粒度的负载均衡配置。

接下来会对这两种使用方式做详细的展开。事实上，无论使用哪种方法，首先需要明确如何通过 DiscoveryClient 工具类查找注册在注册中心中的服务，这是 Ribbon 实现客户端负载均衡的基础。先来看看如何通过 DiscoveryClient 获取服务信息。

2. 使用 DiscoveryClient 获取服务实例信息

前面已经提到，可以通过 Eureka 提供的 HTTP 端点获取服务的详细信息。基于这一点，假如现在没有 Ribbon 这样的负载均衡工具，也可以通过代码在运行时实时获取注册中心中的服务列表，通过服务定义并结合各种负载均衡策略动态发起服务调用。

接下来演示如何根据服务名称获取 Eureka 中的服务实例信息。通过 DiscoveryClient 可以很容易做到这一点。首先，获取当前注册到 Eureka 中的服务名称全量列表，如下所示：

```
List<String> serviceNames = discoveryClient.getServices();
```

基于这个服务名称列表可以获取所有感兴趣的服务，并进一步获取这些服务的实例信息，如下所示：

```
List<ServiceInstance> serviceInstances = discoveryClient.getInstances(serviceName);
```

ServiceInstance 对象代表服务实例，包含很多有用的信息，定义如下：

```
public interface ServiceInstance {
    //服务实例的唯一性 ID
    String getServiceId();
    //主机
    String getHost();
    //端口
    int getPort();
    //URI
    URI getUri();
    //元数据
    Map<String, String> getMetadata();
    …
}
```

显然，一旦获取了一个 ServiceInstance 列表，就可以基于常见的随机、轮询等算法来实现客户端负载均衡，也可以基于服务的 URI 等信息实现各种定制化的路由机制。如果确定了负载均衡的最终目标服务，就可以使用 HTTP 工具类来根据服务的地址信息发起远程调用。

在 Spring 的世界中，常见的访问 HTTP 端点的方法就是使用 RestTemplate 模板工具类，4.3 节已经详细介绍了 RestTemplate 的使用方法。结合 DiscoveryClient 和 RestTemplate 的示例代码如下：

```
@Autowired
RestTemplate restTemplate;

@Autowired
private DiscoveryClient discoveryClient;

public User getUserByUserName(String userName) {
        List<ServiceInstance> instances = discoveryClient.getInstances("userservice");

    if (instances.size()==0)
        return null;

        String userserviceUri = 
String.format("%s/users/%s",instances.get(0).getUri()
.toString(),userName);

    ResponseEntity<User> user =
        restTemplate.exchange(userserviceUri, HttpMethod.GET, null, User.class, userName);

    return result.getBody();
}
```

可以看到，通过 RestTemplate 工具类就可以使用 ServiceInstance 中的 URL 轻松实现 HTTP 请求。在上面的示例代码中，基于 instances.get(0)方法获取的是服务列表中的第一个服务，然后使用

RestTemplate 的 exchange()方法封装整个 HTTP 请求调用过程并获取结果。

### 8.3.2　通过@LoadBalanced 注解调用服务

如果掌握了 RestTemplate 的使用方法，那么在 Spring Cloud 中基于 Ribbon 来实现负载均衡就显得非常简单，要做的事情就是在 RestTemplate 上添加一个@LoadBalanced 注解，仅此而已。

接下来继续使用前面介绍的 userservice 来进行演示，这里给出该服务中 HTTP 端点的示例代码，如下所示：

```
@RestController
@RequestMapping(value = "users")
public class UserController {

    private static final Logger logger = LoggerFactory.getLogger(UserController.class);

    @Autowired
    private HttpServletRequest request;

    @RequestMapping(value = "/{userName}", method = RequestMethod.GET)
    public User getUserByUserName(@PathVariable("userName") String userName) {

        logger.info("Get user by userName from port : {} of userservice instance", 
request.getServerPort());

        User user = new User();
        user.setId(001L);
        user.setUserCode("mockUser");
        user.setUserName(userName);
        return user;
    }
}
```

因为涉及负载均衡，所以首先需要运行至少两个 userservice 服务实例。另外，为了显示负载均衡环境下的调用结果，可在 UserController 中添加日志以便在运行时观察控制台输出信息。

现在分别使用 8082 和 8083 端口来启动两个 userservice 服务实例，并将它们都注册到 Eureka 中。准备工作已经就绪，现在来构建一个 RestTemplate 实例，如下所示：

```
@LoadBalanced
@Bean
public RestTemplate getRestTemplate(){
    return new RestTemplate();
}
```

可以看到 RestTemplate 上添加了一个@LoadBalanced 注解。请注意，这里的 RestTemplate 已经具备了客户端负载均衡功能。

接下来构建一个 userservice 的消费者 UserServiceClient，示例代码如下：

```
@Component
public class UserServiceClient {

    @Autowired
    RestTemplate restTemplate;
```

```
    public UserMapper getUserByUserName(String userName){

        ResponseEntity<UserMapper> restExchange =
            restTemplate.exchange(
                "http://userservice/users/{userName}",
                HttpMethod.GET,
                null, UserMapper.class, userName);

        UserMapper user = restExchange.getBody();

        return user;
    }
}
```

可以看到以上代码就是通过 RestTemplate 的 exchange()方法对 userservice 进行远程调用。

为了验证客户端负载均衡功能是否已经生效，可基于这个 UserServiceClient 类并使用 getUserByUserName()方法来对远程调用进行测试。如果多次执行这个方法，那么在两个 userservice 的服务实例中将交替看到如下日志，这意味着负载均衡已经发挥作用：

```
    INFO [userservice,,] 6148 --- [nio-8081-exec-5] c.t.p.controllers. UserController :
Get user by userName from 8082 port of userservice instance


    INFO [userservice,,] 6148 --- [nio-8081-exec-5] c.t.p.controllers. UserController:
Get user by userName from 8083 port of userservice instance
```

### 8.3.3 通过@RibbonClient 注解自定义负载均衡策略

前面的示例完全没有让人感觉到 Ribbon 组件的存在。在基于@LoadBalanced 注解执行负载均衡时，采用的是 Ribbon 内置的负载均衡机制。默认情况下，Ribbon 使用的是轮询策略 RoundRobin，而无法控制具体是哪种负载均衡算法生效。但在有些场景下，就需要对负载均衡这一过程进行更加精细化的控制，这时可以用到@RibbonClient 注解。Spring Cloud Netflix Ribbon 提供@RibbonClient 注解的目的在于通过该注解声明自定义配置，从而完全控制客户端负载均衡。@RibbonClient 注解的定义如下：

```
public @interface RibbonClient {
    //同下面的 name 属性
    String value() default "";
    //指定服务名称
    String name() default "";
    //指定负载均衡配置类
    Class<?>[] configuration() default {};
}
```

通常需要指定这里的目标服务名称以及负载均衡配置类。所以，为了使用@RibbonClient 注解，需要创建一个独立的配置类，用来指定具体的负载均衡规则。以下代码演示的就是一个自定义的配置类 SpringLoadBalanceConfig:

```
@Configuration
public class SpringLoadBalanceConfig{
```

```
    @Autowired
    IClientConfig config;

    @Bean
    @ConditionalOnMissingBean
    public IRule springLoadBalanceRule(IClientConfig config) {

        return new RandomRule();
    }
}
```

显然该配置类的作用是使用 RandomRule 算法替换 Ribbon 中的默认负载均衡策略 RoundRobin。事实上，可以根据需要返回任何自定义的 IRule 接口的实现策略。

有了这个 SpringLoadBalanceConfig 之后，就可以在调用特定服务时使用该配置类，从而对客户端负载均衡实现细粒度的控制。在微服务中使用 SpringLoadBalanceConfig 实现对 userservice 访问的示例代码如下：

```
@SpringBootApplication
@EnableEurekaClient
@RibbonClient(name = "userservice", configuration = SpringLoadBalanceConfig.class)
public class ConsumerApplication{

    @Bean
    @LoadBalanced
    public RestTemplate restTemplate(){
        return new RestTemplate();
    }

    public static void main(String[] args) {
        SpringApplication.run(ConsumerApplication.class, args);
    }
}
```

注意@RibbonClient 注解中设置了目标服务名称为 userservice，配置类为 SpringLoadBalanceConfig。现在每次访问 userservice 时将使用 RandomRule 这一随机负载均衡策略。

对比@LoadBalanced 注解和@RibbonClient 注解可以发现，如果使用的是普通的负载均衡场景，那么通常只需要使用@LoadBalanced 注解就能完成客户端负载均衡；如果要对 Ribbon 运行时行为进行定制化处理，就可以使用@RibbonClient 注解。

## 8.4　本章小结

本章讨论的是微服务架构中的注册中心组件。可以看到，基于 Spring Cloud 框架构建一个 Eureka 注册中心所需要做的事情仅仅是添加一个注解。而在使用方法上，同样只需要在 Spring Boot 的启动类中添加一个注解，就可以将服务自身注册到 Eureka 服务器中。

另外，在微服务架构中，每个服务都存在多个运行时实例，所以负载均衡是服务治理的必备组件。Ribbon 是一款典型的客户端负载均衡工具，在与 Eureka 无缝集成的同时，也给开发人员提供了非常友好的使用方式。我们可以使用内嵌了负载均衡机制的@LoadBalanced 注解完成远程调用，也可以使用@RibbonClient 注解实现自定义的负载均衡策略。

# 第 9 章

# Spring Cloud 服务网关

本章讨论 Spring Cloud 中的另一个核心技术组件，即服务网关。先简单介绍服务网关的基本结构，然后给出 Spring Cloud 中关于服务网关的解决方案。Spring Cloud 为开发人员提供了多款具体的服务网关实现工具，包括来自 Netflix 的 Zuul 以及 Spring 自建的 Spring Cloud Gateway。

本章的内容重点是介绍如何使用 Spring Cloud Gateway 这一特定工具来构建服务网关的实现过程。同时，过滤器是实现服务网关功能的主要技术组件，本章也会对 Spring Cloud Gateway 中内置的过滤器进行展开介绍。

## 9.1 服务网关解决方案

在微服务架构中，服务网关（也叫 API 网关）的出现有其必然性。通常，单个微服务提供的服务粒度与客户端请求的粒度不一定完全匹配，多个服务之间通过对细粒度服务的聚合才能满足客户端的要求。更为重要的是，网关能够起到客户端与微服务之间的隔离作用，如图 9-1 所示。随着业务需求的变化和时间的演进，网关背后的各个微服务的划分和实现可能需要做相应的调整和升级，这种调整和升级应该实现对客户端透明。

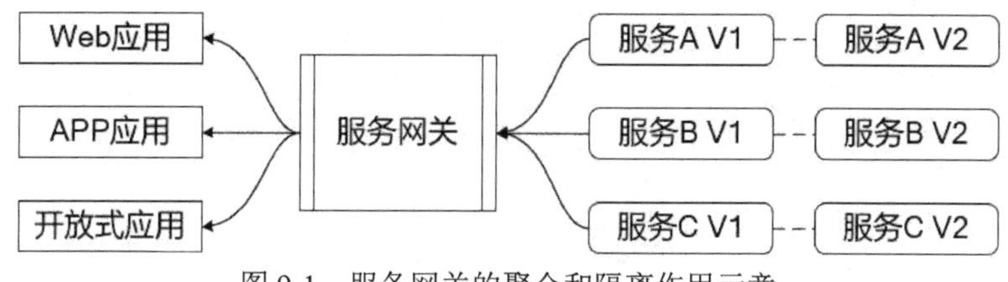


图 9-1　服务网关的聚合和隔离作用示意

当然，一旦我们在服务调用过程中添加了一个网关层，所有的客户端都通过这个统一的网关接入微服务，那么一些非业务功能性需求就可以在网关层进行集中处理，这些需求常见的包括请求监控、安全管理、路由规则、日志记录、访问控制、服务适配等功能。

Spring Cloud 针对服务网关的实现提供了两种解决方案，一种是集成 Netflix 中的 Zuul 网关，一种是自研的 Spring Cloud Gateway。本章将重点介绍 Spring Cloud Gateway。

## 9.2　基于 Spring Cloud Gateway 构建服务网关

要想在微服务系统中引入 Spring Cloud Gateway，同样需要构建一个独立的 Spring Boot 应用程序，并在 Maven 中添加如下依赖项：

```
<dependency>
    <groupId>org.springframework.cloud</groupId>
    <artifactId>spring-cloud-starter-gateway</artifactId>
</dependency>
```

Spring Cloud Gateway 是 Spring 官方开发的一款服务网关，在具体展开之前，还是有必要把它和 Netflix Zuul 做一个简单的对比。Zuul 的实现原理就是对 Servlet 进行一层封装，通信模式上采用的是阻塞式 I/O。而在技术体系上，Spring Cloud Gateway 基于 Spring 5 和 Spring Boot 2，以及用于响应式编程的 Project Reactor 框架，提供的是响应式、非阻塞式 I/O 模型。所以性能上 Spring Cloud Gateway 显然要更胜一筹。

另外，从功能上，Spring Cloud Gateway 也比 Zuul 更为丰富。除了通用的服务路由机制之外，Spring Cloud Gateway 还支持请求限流等面向服务容错方面的功能，同样也能与 Hystrix 等熔断器框架进行良好的集成。

### 9.2.1　Spring Cloud Gateway 与服务路由

在引入 Spring Cloud Gateway 之后，本小节还是先来重点讨论它作为服务网关的核心功能，即服务路由。但在此之前，同样还是必须对 Spring Cloud Gateway 的基本架构进行一定的介绍。

1. Spring Cloud Gateway 基本架构

Spring Cloud Gateway 中的核心概念有两个，一个是过滤器（Filter），一个是谓词（Predicate）。Spring Cloud Gateway 基本架构如图 9-2 所示。

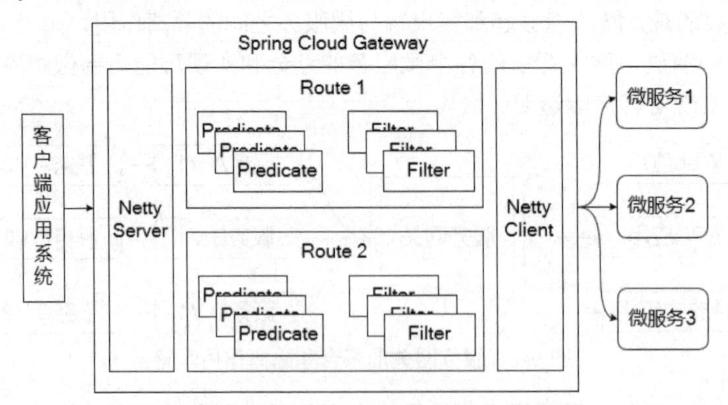


图 9-2　Spring Cloud Gateway 基本架构

Spring Cloud Gateway 中的过滤器和 Zuul 中的过滤器是同一个概念，都可以用于在响应 HTTP 请求之前或之后修改请求本身及对应的响应结果，区别在于两者的类型和实现方式有所不同。Spring

Cloud Gateway 中的过滤器种类非常丰富，在本章后续会有专门的主题对其进行详细的展开。

而所谓的谓词，本质上是一种判断条件，用于将 HTTP 请求与路由进行匹配。Spring Cloud Gateway 内置了大量的谓词组件，可以分别对 HTTP 请求的消息头、请求路径等常见的路由媒介进行自动匹配以便决定路由结果。本小节无意对所有谓词一一展开，读者可以参考官方文档做进一步学习。

事实上，除了指定服务的名称和目标服务地址之外，使用 Spring Cloud Gateway 最主要的开发工作就是配置谓词和过滤器规则。

2. 使用 Spring Cloud Gateway 实现路由

与 Zuul 类似，同样需通过配置项来设置 Spring Cloud Gateway 对 HTTP 请求的路由行为。但与 Zuul 不同，默认情况下，Spring Cloud Gateway 并不支持自动集成服务发现机制。所以，为了启用该功能，我们需要在配置文件中添加如下配置项：

```
spring:
  cloud:
    gateway:
        discovery:
          locator:
            enabled: true
```

然后，我们来看一条完整路由配置的基本结构，如下所示：

```
spring:
  cloud:
   gateway:
      routes:
      - id: testroute
        uri: lb://testservice
        predicates:
        - Path=/test/**
        filters:
        - PrefixPath=/prefix
```

在上述配置中，有几个注意点。首先使用 id 配置项指定了这条路由信息的编号，本例中是“testroute”。而 uri 配置项中的“lb”代表负载均衡 LoadBalance，也就是说在访问 uri 指定的服务名称时需要集成负载均衡机制。请注意“lb”中所指定的服务名称同样需要与保存在 Eureka 中的服务名称完全一致。然后使用了谓词来对请求路径进行匹配，这里的“Path=/test/**”代表所有以“/test”开头的请求都将被路由到这条路径中。

请注意，这里还定义了一个过滤器，这个过滤器的作用是为路径添加前缀（Prefix），这样当请求“/test/”时，最终转发到目标服务的路径将会变为“/prefix/test/”。

要想实现同样的前缀效果，也可以采用如下的实现方式：

```
filters:
    - RewritePath=/prefix/(?<path>.*), /$\{path}
```

这里添加了一个对请求路径进行重写（Rewrite）的过滤器。基于以上配置，通过 Spring Cloud Gateway 暴露它们时在路径上会自动添加“/prefix”前缀。

以上配置项比较常见和通用，我们可以参考并搭建满足自身需求的网关服务。然后，在 Spring Cloud Gateway 的整个功能体系中还有很多值得我们去挖掘的地方，这种扩展性也主要体现在过滤器组件中。

### 9.2.2　剖析 Spring Cloud Gateway 中的过滤器

针对过滤器，Spring Cloud Gateway 提供了全局过滤器（Global Filter）的概念，这个概念的应用对象是路由本身。如果过滤器只针对某一个路由生效，那它就是一个普通的过滤器。反之，那些对所有路由都生效的过滤器就是全局过滤器。Spring Cloud Gateway 内置了一大批过滤器，本小节同样无意对它们一一展开，且每个过滤器在官方文档中都有详细的描述。这里列举几个常见的过滤器使用方法。

首先可以使用全局过滤器来对所有 HTTP 请求进行拦截，具体做法是实现 GlobalFilter 接口，示例代码如下：

```
@Configuration
public class JWTAuthFilter implements GlobalFilter {

    @Override
    public Mono<Void> filter(ServerWebExchange exchange, GatewayFilterChain chain) {
        ServerHttpRequest.Builder builder = exchange.getRequest().mutate();
        builder.header("Authorization","JWTToken");
        chain.filter(exchange.mutate().request(builder.build()).build());
        return chain.filter(exchange.mutate().request(builder.build()).build());
    }
}
```

以上代码展示了如何利用全局过滤器在所有的请求中添加 Header 的实现方法。在这个示例中，对所有经过服务网关的 HTTP 请求添加了一个消息头，用来设置与 JWT 相关的安全认证信息。

注意这里的 filter()方法返回了一个 Mono 对象，你可能会问这个 Mono 对象究竟是什么呢？事实上，这是在响应式编程框架 Project Reactor 中代表单个返回值的流式对象。响应式编程是一个复杂的话题，在本书的第四篇中会有专题进行介绍，现在你只需要掌握如何使用常见的 API 来构建全局过滤器的方法及其效果。

另一方面，针对过滤器的生命周期，Spring Cloud Gateway 与 Zuul 在设计思想上是一致的，也提供了可用于面向请求前置（Pre）和后置（Post）两种阶段的过滤器。很多时候，我们需要根据场景来构建针对这两个阶段的自定义过滤器。

以下代码展示了一个 PostGatewayFilter 的实现方式，首先继承一个 AbstractGatewayFilterFactory 类，然后可以通过重写它的 apply()方法来提供针对 ServerHttpResponse 对象的任何操作：

```
public class PostGatewayFilterFactory extends AbstractGatewayFilterFactory {

    public PostGatewayFilterFactory() {
        super(Config.class);
    }

    public GatewayFilter apply() {
        return apply(o -> {
        });
    }

    @Override
    public GatewayFilter apply(Config config) {
        return (exchange, chain) -> {
          return chain.filter(exchange).then(Mono.fromRunnable(() -> {
              ServerHttpResponse response = exchange.getResponse();
```

```
                //针对 Response 的各种处理
            }));
        };
    }

    public static class Config {
    }
}
```

PreGatewayFilter 的实现方式也类似，只不过处理的目标一般是 ServerHttpRequest 对象。

相比 Zuul，请求限流是 Spring Cloud Gateway 的一项特色功能。为此，该框架专门提供了一个请求限流过滤器 RequestRateLimiter。本章的最后也对这个特殊的过滤器做一些展开。

所谓限流，一般的做法是衡量请求处理的速率并对其进行控制。因此，RequestRateLimiter 抽象了两个参数来完成这一目标。其中，第一个参数是 replenishRate，用于指定在不会丢失任何请求的前提下允许用户每秒处理的请求数；而第二个参数是 burstCapacity，用来设置一秒内允许的最大请求数。如果把请求看作往一个桶里倒水，那么 replenishRate 参数用于控制水流的速度，而 burstCapacity 用于控制桶的大小。请求限流过滤器的完整配置示例如下：

```
spring:
    cloud:
       gateway:
          routes:
          - id: requestratelimiterroute
            uri: lb://testservice
            filters:
          - name: RequestRateLimiter
              args:
                redis-rate-limiter.replenishRate: 50
                   redis-rate-limiter.burstCapacity: 100:
```

请求限流过滤器在实现上依赖于 Redis，所以需要引入 spring-boot-starter-data-redis-reactive 这个支持响应式 Redis 的依赖，如下所示：

```
<dependency>
    <groupId>org.springframework.boot</groupId>
    <artifactId>spring-boot-starter-data-redis-reactive</artifactId>
</dependency>
```

然后针对访问 testservice 这个微服务的访问场景，我们分别设置 replenishRate 和 burstCapacity 值为 50 和 100。可以根据需要在日常开发过程中尝试去调整这些参数。

## 9.3 本章小结

在微服务架构中，使用服务网关的核心作用是实现服务访问的路由。而 Spring Cloud Gateway 由 Spring 家族自己研发，是一款具有代表性的服务网关实现工具。Spring Cloud Gateway 在提供高性能的同时也丰富了服务网关的核心功能。本章重点对 Spring Cloud Gateway 中的基本架构、服务路由以及过滤器机制进行了详细的介绍。

# 第 10 章

# Spring Cloud 服务容错

介绍完服务网关之后，本章讨论微服务架构中的一个核心话题，即服务容错。相较于传统单体系统中的函数级调用，跨进程的远程调用要复杂得多，也容易出错得多。本章将首先关注服务容错的设计理念和相关的架构模式。

Spring Cloud 专门提供了用于实现服务容错的 Spring Cloud Circuit Breaker 框架。Spring Cloud Circuit Breaker 是一个集成的框架，内部整合了 Netflix Hystrix、Resilience4j、Sentinel 和 Spring Retry 这 4 款独立的熔断器组件。由于篇幅有限，本章无意对这 4 款组件都进行详细的展开，而是更多关注 Netflix 旗下的 Hystrix，以及受 Hystrix 启发而诞生的 Resilience4j。

## 10.1 服务容错解决方案

在微服务架构中，服务容错的常见实现模式包括集群容错、服务隔离、服务熔断和服务回退。接下来对这 4 种服务容错模式进行一一展开。

- 集群容错。

第 8 章介绍注册中心时提到了集群和客户端负载均衡。从服务容错的角度讲，负载均衡不失为一种好的容错策略。在设计思想上，容错机制的基本要素就是要做到冗余，即某一个服务应该构建多个实例，这样当一个服务实例出现问题时可以重试其他实例。一个集群中的服务本身就是冗余的，而针对不同的重试方式就诞生了一批集群容错策略，常见的包括失败转移（Failover）、失败通知（Failback）、失败安全（Failsafe）和快速失败（Failfast）等。

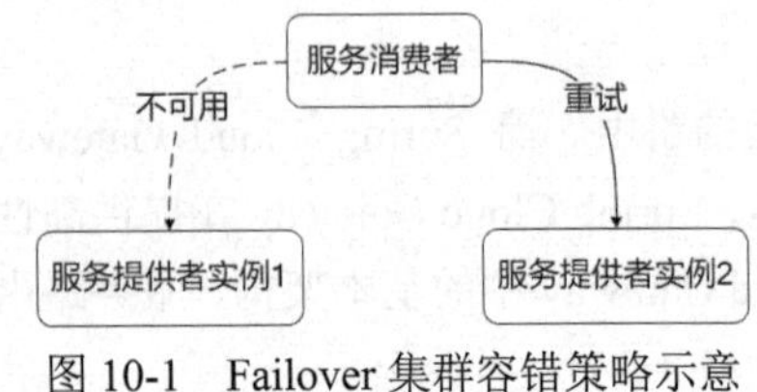

图 10-1　Failover 集群容错策略示意

这里以常见且实用的集群容错策略 Failover 为例展开讨论。Failover 即失败转移，当发生服务调用异常时，重新在集群中查找下一个可用的服务提供者实例，如图 10-1 所示。

为了防止无限重试，如果采用 Failover 机制，通常会对失败重试的最大次数进行限制。

- 服务隔离。

所谓隔离，就是指对资源进行有效的管理，避免因为资源不可用或发生失败导致系统中的其他资源也变得不可用。在日常开发过程中，主要的隔离对象还是线程。要实现线程隔离，简单而主流的做法是使用线程池（Thread Pool）。针对不同的业务场景，可以设计不同的线程池，确保一个线程池资源的消耗不会扩散到其他线程池，从而保证其他服务可用。

服务隔离的概念比较抽象，接下来我们通过一个实例来进一步介绍它的工作场景。假设在一个微服务系统中存在服务 A、服务 B 和服务 C 这 3 个微服务。从资源的角度讲，假设这 3 个服务一共能够使用的线程数是 300 个，其他服务调用这 3 个服务时会共享这 300 个线程，如图 10-2 所示。

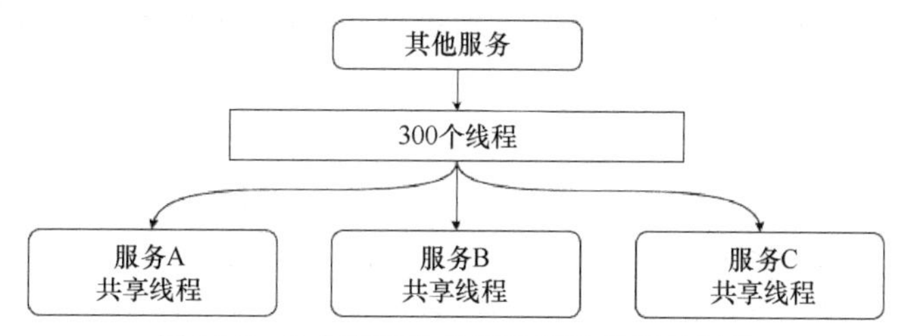

图 10-2 3 个微服务共享线程池的场景示意

在图 10-2 中，如果其中的服务 A 不可用，就会出现线程池里所有线程被这个服务消耗殆尽，从而造成服务“雪崩”，如图 10-3 所示。

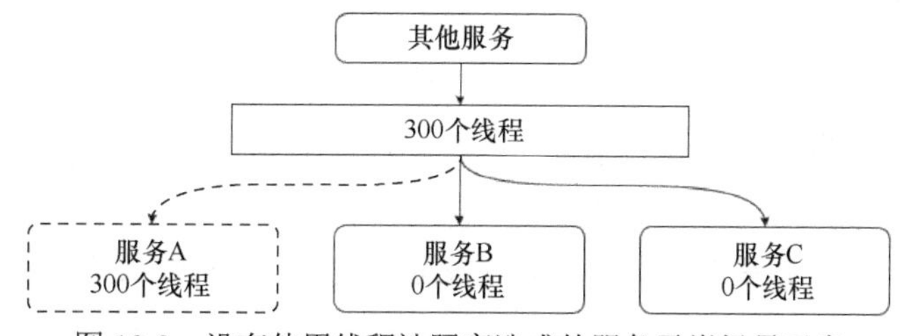

图 10-3 没有使用线程池隔离造成的服务雪崩场景示意

现在，系统中的 300 个线程都被服务 A 所占用，服务 B 和服务 C 已经分不到任何线程来响应请求。

线程隔离机制的实现方法也很简单，就是为每个服务分配独立的线程池以实现资源隔离，例如可以为 3 个服务平均分配各 100 个线程，如图 10-4 所示。

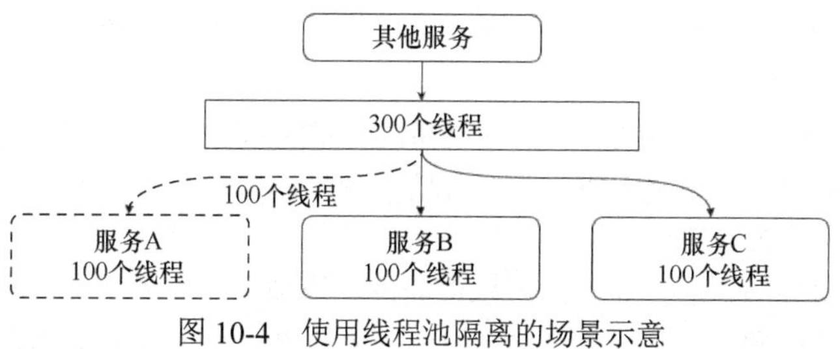

图 10-4 使用线程池隔离的场景示意

在图 10-4 中，当服务 A 不可用时，最差的情况也就只会消耗分配给它的 100 个线程，而其他的线程都还属于各个微服务，不会受它的影响。

从服务隔离的角度讲，线程隔离是一种比较细粒度的处理机制。Spring Cloud Circuit Breaker 对服务隔离提供了不同维度和粒度的支持。

- 服务熔断。

讲完服务隔离，接下来看看服务熔断。服务熔断的概念来源于日常生活中的电路系统，在电路系统中存在一种熔断器（Circuit Breaker），它的作用就是在电流过大时自动切断电路。在微服务架构中，也存在类似电路系统中的这种熔断器，当系统中出现某种异常情况时，能够直接熔断整个服务的请求处理过程，而不是一直等到请求处理完毕或超时。

服务熔断是有状态的，通过对熔断过程进行抽象和提炼，可以得到熔断器的基本结构，如图 10-5 所示。

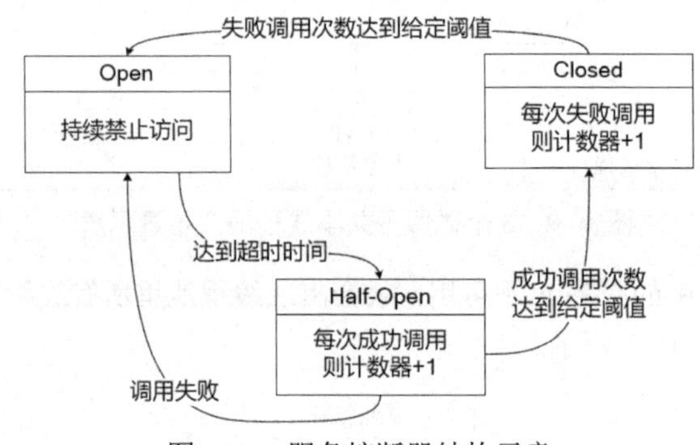


图 10-5 服务熔断器结构示意

可以看到，这个结构给出了熔断器在实现上需要考虑的 3 个状态机，即 Closed、Open 和 Half-Open。

对于熔断器而言，Closed 状态代表熔断器不进行任何熔断处理。尽管这个时候熔断器对于执行流程而言是透明的，但它在背后会对调用失败次数进行累计，当失败次数到达一定阈值或比例时则启动熔断机制。

一旦熔断器打开，这时候对服务的调用将直接返回一个预定的错误，而不执行真正的网络调用。同时，熔断器内置了一个时间间隔，当处理请求达到这个时间间隔时会进入 Half-Open 状态。

在 Half-Open 状态下，熔断器会对通过它的部分请求进行处理，如果对这些请求的成功处理数量达到一定比例则认为服务已恢复正常，就会关闭熔断器，反之就会将熔断器设置为 Open 状态。

Spring Cloud Circuit Breaker 中实现了服务熔断器组件，具备与上图类似的结构和功能。

- 服务回退。

服务回退（Fallback）的概念类似于一种被动的、临时的处理机制。当远程调用发生异常时，服务回退并不是直接抛出异常，而是采用一个另外的处理机制来应对该异常，相当于执行了另一条路径上的代码或返回一个默认处理结果。

在现实环境中，服务回退的实现方式可以很简单，原则上只需要保证异常被捕获并返回一个处理结果即可。但在有些场景下，回退的策略则可以非常复杂，可能会从其他服务或数据中获取相应的处理结果，这需要具体问题具体分析。

Spring Cloud Circuit Breaker 支持服务回退，开发人员只需要提供一个自定义回退方法（Fallback Method），就可以非常方便地使用这一机制来支持服务回退。

# 10.2 使用 Spring Cloud Circuit Breaker 实现服务容错

从前面的内容我们已经知道，Spring Cloud 中专门用于提供服务容错功能的是 Spring Cloud Circuit Breaker 框架。从命名上看，Spring Cloud Circuit Breaker 是对熔断器的一种抽象，支持不同的熔断器实现方案。在 Spring Cloud Circuit Breaker 中，内置了 4 种熔断器，即 Netflix Hystrix、Resilience4j、Sentinel 和 Spring Retry。其中 Netflix Hystrix 显然来自 Netflix OSS，Resilience4j 是受 Hystrix 项目启发所诞生的一款新型的容错库，Sentinel 从定位上讲是一款包含熔断降级功能的高可用流量防护组件，而 Spring Retry 是 Spring 自研的重试和熔断框架。

## 10.2.1 Spring Cloud Circuit Breaker 抽象

从命名上看，Spring Cloud Circuit Breaker 是对熔断器的抽象，内置并集成了不同的熔断器，从而为应用程序提供统一 API。

为了在应用程序中创建一个熔断器，可以使用 Spring Cloud Circuit Breaker 中的工厂类 CircuitBreakerFactory，该工厂类的定义如下所示：

```
    public abstract class CircuitBreakerFactory<CONF, CONFB extends ConfigBuilder<CONF>>
extends AbstractCircuitBreakerFactory<CONF, CONFB> {

        public abstract CircuitBreaker create(String id);
    }
```

可以看到这是一个抽象类，只有一个 create()方法用来创建 CircuitBreaker。CircuitBreaker 是一个接口，约定了熔断器应该具备的功能，该接口定义如下所示：

```
    public interface CircuitBreaker {
         default <T> T run(Supplier<T> toRun) {
              return run(toRun, throwable -> {
                   throw new NoFallbackAvailableException("No fallback available.", throwable);
              });
         };

         <T> T run(Supplier<T> toRun, Function<Throwable, T> fallback);
    }
```

上述代码中用到了函数式编程的一些语法，但从方法定义上还是可以明显看出其中包含 run()方法和 fallback()方法。而这里的 Supplier 包含你希望运行在熔断器中的业务代码，而 Function 则代表着 fallback()方法。

在 Spring Cloud Circuit Breaker 中，分别针对 Hystrix、Resilience4j、Sentinel 和 Spring Retry 这 4 款框架提供了 CircuitBreakerFactory 抽象类的子类。如果想要在应用程序中使用这些工具，首先需要引入相关的 Maven 依赖。以 Resilience4j 为例，对应的 Maven 依赖如下所示：

```
<dependency>
    <groupId>org.springframework.cloud</groupId>
    <artifactId>spring-cloud-starter-circuitbreaker-resilience4j
    </artifactId>
</dependency>
```

不过有一点需要注意，Hystrix 对应的 Maven 依赖名称并不像其他 3 个框架是在“spring-cloud-starter-circuitbreaker-”之后添加具体的框架名称，而是使用如下所示的依赖关系：

```
<dependency>
    <groupId>org.springframework.cloud</groupId>
    <artifactId>spring-cloud-starter-netflix-hystrix</artifactId>
</dependency>
```

一旦在代码工程的类路径中添加了对应的 starter，系统就会自动创建 CircuitBreaker。也就是说 CircuitBreakerFactory.create()方法会实例化对应框架的一个 CircuitBreaker 实例。

在引入具体的开发框架之后，下一步工作就是对它们进行配置。在 CircuitBreakerFactory 的父类 AbstractCircuitBreakerFactory 中，有如下两个抽象方法：

```
//针对某一个 ID 创建配置构造器
protected abstract CONFB configBuilder(String id);

//为熔断器配置默认属性
public abstract void configureDefault(Function<String, CONF> defaultConfiguration);
```

这里用到了大量的泛型定义，我们可以猜想，在这两个抽象方法的背后，Spring Cloud Circuit Breaker 会针对不同的第三方框架提供不同的配置实现过程。后续内容会基于具体的框架对这一过程做展开讨论，首先要讨论的是 Hystrix 框架。

### 10.2.2　使用 Spring Cloud Circuit Breaker 集成 Hystrix

Hystrix 是一款非常经典而完善的服务容错开发框架，同时支持上文中所提到的服务隔离、服务熔断和服务回退机制。

在 Hystrix 中，最核心的莫过于 HystrixCommand 类。HystrixCommand 是一个抽象类，包含如下所示的 run()方法：

```
protected abstract R run() throws Exception;
```

显然，这个方法是让开发人员实现服务容错所需要处理的业务逻辑。在微服务架构中，通常在这个 run()方法中添加对远程服务的访问代码。

同时，在 HystrixCommand 类中还有另一个很有用的方法 getFallback()，这个方法用于在 HystrixCommand 子类中设置服务回退的具体实现，如下所示：

```
protected R getFallback() {

    throw new UnsupportedOperationException("No fallback available.");
}
```

接下来看看在 Spring Cloud Circuit Breaker 如何使用统一编程模式集成 Hystrix。

1. 理解 HystrixCircuitBreakerFactory 和 HystrixCircuitBreaker

首先关注实现了 CircuitBreaker 接口的 HystrixCircuitBreaker 类，如下所示：

```
public class HystrixCircuitBreaker implements CircuitBreaker {

    private HystrixCommand.Setter setter;

    public HystrixCircuitBreaker(HystrixCommand.Setter setter) {
        this.setter = setter;
    }

    @Override
    public <T> T run(Supplier<T> toRun, Function<Throwable, T> fallback) {

        HystrixCommand<T> command = new HystrixCommand<T>(setter) {
            @Override
            protected T run() throws Exception {
                return toRun.get();
            }

            @Override
            protected T getFallback() {
                return fallback.apply(getExecutionException());
            }
        };
        return command.execute();
    }
}
```

不难想象，这里应该构建了一个 HystrixCommand 对象，并在该对象原有的 run()和 getFallback()方法中封装了 CircuitBreaker 中的统一方法调用，而最终实现熔断操作的还是 Hystrix 原生的 HystrixCommand。

然后来看 HystrixCircuitBreakerFactory，这个类的实现过程也简洁明了，如下所示：

```
public class HystrixCircuitBreakerFactory extends
        CircuitBreakerFactory<HystrixCommand.Setter, HystrixCircuitBreakerFactory.
HystrixConfigBuilder> {

    //实现默认配置
    private Function<String, HystrixCommand.Setter> defaultConfiguration = id ->
HystrixCommand.Setter
            .withGroupKey(
                    HystrixCommandGroupKey.Factory.asKey(getClass().getSimpleName()))
            .andCommandKey(HystrixCommandKey.Factory.asKey(id));

    public void configureDefault(
            Function<String, HystrixCommand.Setter> defaultConfiguration) {
        this.defaultConfiguration = defaultConfiguration;
    }

    public HystrixConfigBuilder configBuilder(String id) {
        return new HystrixConfigBuilder(id);
    }

    //创建熔断器
```

```
    public HystrixCircuitBreaker create(String id) {
        Assert.hasText(id, "A CircuitBreaker must have an id.");
        HystrixCommand.Setter setter = getConfigurations().computeIfAbsent(id,
                defaultConfiguration);
        return new HystrixCircuitBreaker(setter);
    }

    //创建配置构造器
    public static class HystrixConfigBuilder
            extends AbstractHystrixConfigBuilder<HystrixCommand.Setter> {

        public HystrixConfigBuilder(String id) {
            super(id);
        }

        @Override
        public HystrixCommand.Setter build() {
            return HystrixCommand.Setter.withGroupKey(getGroupKey())
                    .andCommandKey(getCommandKey())
                    .andCommandPropertiesDefaults(getCommandPropertiesSetter());
        }
    }
}
```

上述代码基本就是对原有 HystrixCommand 中关于服务分组等属性的简单封装。

2. 使用 HystrixCircuitBreakerFactory 设置默认属性

在应用程序中为熔断器创建默认配置，我们可以使用 Spring Cloud Circuit Breaker 提供的 Customizer 工具类。通过传入一个 HystrixCircuitBreakerFactory 对象，然后调用它的 configureDefault() 方法就可以构建一个 Customizer 实例。示例代码如下：

```
    @Bean
    public Customizer<HystrixCircuitBreakerFactory> defaultConfig() {
        return factory -> factory.configureDefault(id -> HystrixCommand.Setter .
withGroupKey(HystrixCommandGroupKey.Factory.asKey(id))
                .andCommandPropertiesDefaults(HystrixCommandProperties.Setter().
withExecutionTimeoutInMilliseconds(3000)));
    }
```

这段代码比较容易理解，可以看到 Hystrix 所提供的服务分组键 GroupKey，以及 Hystrix 命令属性 CommandProperties。这里通过 HystrixCommandProperties 的 withExecutionTimeoutInMilliseconds()方法将默认超时时间设置为 3000ms。

以上方法一般推荐放置在 Spring Boot 的启动类中，这样相当于对 HystrixCircuitBreakerFactory 进行了初始化，接下来就可以使用它来完成服务熔断操作了。

3. 使用 Hystrix 实现服务熔断

使用 HystrixCircuitBreakerFactory 实现服务熔断的开发流程比较固化。首先需要通过 HystrixCircuitBreakerFactory 创建一个 CircuitBreaker 实例，然后实现具体的业务逻辑并提供一个回退函数，最后执行 CircuitBreaker 的 run()方法。示例代码如下：

```
//创建 CircuitBreaker
CircuitBreaker hystrixCircuitBreaker = circuitBreakerFactory.create("spring");
```

```
//封装业务逻辑
Supplier<UserMapper> supplier = () -> {
    return userClient.getUserByUserName(userName);
};

//初始化回退函数
Function<Throwable, UserMapper> fallback = t -> {
    UserMapper fallbackUser= new UserMapper(0L,"no_user","not_existed_user");

    return fallbackUser;
};

//执行业务逻辑
hystrixCircuitBreaker.run(supplier, fallback);
```

我们可以把上述示例代码进行调整并嵌入各种业务场景。

### 10.2.3 使用 Spring Cloud Circuit Breaker 集成 Resilience4j

介绍完 Hystrix，接下来再来看另一个非常主流的熔断器实现工具 Resilience4j。

1. Resilience4j 基础

Resilience4j 是一款轻量级的服务容错库，其设计灵感正是来自 Hystrix，先来看一下 Resilience4j 中定义的几个核心组件。

当使用 Resilience4j 时，同样需要对熔断器进行配置。这些配置信息同样分为两部分，一部分是默认配置，另一部分是专属于某一个服务的特定配置。典型的 Resilience4j 配置项如下所示：

```
resilience4j:
  circuitbreaker:
    configs:
      default:
        ringBufferSizeInClosedState: 5 // 熔断器关闭时的缓冲区大小
        ringBufferSizeInHalfOpenState: 2 // 熔断器半开时的缓冲区大小
        waitDurationInOpenState: 10000 // 熔断器从打开到半开需要的时间
        failureRateThreshold: 60 // 熔断器打开的失败阈值
        eventConsumerBufferSize: 10 // 事件缓冲区大小
        recordExceptions: // 记录的异常
          - com.example.resilience4j.exceptions.BusinessBException
          - com.example.resilience4j.exceptions.BusinessAException
        ignoreExceptions: // 忽略的异常
          - com.example.resilience4j.exceptions.BusinessAException
    instances:
      userCircuitBreaker:
        baseConfig: default
      orderCircuitBreaker:
        baseConfig: default
        waitDurationInOpenState: 5000
        failureRateThreshold: 20
```

可以看到这里首先对全局熔断器设置了一系列的默认配置。针对不同的业务服务，我们可以配置多个熔断器实例，并对这些实例使用不同的配置或者直接覆盖默认配置。在上述配置项中，我们初始化了两个服务级的 CircuitBreaker 实例 userCircuitBreaker 和 orderCircuitBreaker。其中，userCircuitBreaker 完全使用的是默认配置，而 orderCircuitBreaker 对 waitDurationInOpenState 和

failureRateThreshold 这两个配置项做了覆盖。

在 Resilience4j 中，存在一个熔断器注册器 CircuitBreakerRegistry。上述配置项会帮我们把 userCircuitBreaker 和 orderCircuitBreaker 自动注册到这个 CircuitBreakerRegistry 中。而在应用程序中，通过指定熔断器名称就可以从 CircuitBreakerRegistry 中获取熔断器，如下所示：

```
CircuitBreaker circuitBreaker = CircuitBreakerRegistry.circuitBreaker("userCircuitBreaker");
```

一旦获取了 CircuitBreaker 对象，接下来就是通过该对象所提供的 executeSupplier()方法或 executeCheckedSupplier()方法来执行业务代码，如下所示：

```
circuitBreaker.executeCheckedSupplier(userClient::getUser);
```

如果需要对业务代码执行回退，在 Resilience4j 中的实现过程会相对复杂一些。我们需要使用包装器方法 decorateCheckedSupplier()，然后使用 Try.of().recover()方法进行降级处理，代码示例如下：

```
CircuitBreaker circuitBreaker = CircuitBreakerRegistry.circuitBreaker("userCircuitBreaker");

CheckedFunction0<UserMapper> checkedSupplier = CircuitBreaker.
decorateCheckedSupplier(circuitBreaker, userClient::getUser);

Try<UserMapper> result = Try.of(checkedSupplier).
.recover(throwable -> {
    UserMapper fallbackUser= new UserMapper(0L,"no_user","not_existed_user");
    return fallbackUser;
});
return result.get();
```

至此演示了基于 Java 代码的方式来使用 Resilience4j，但 Resilience4j 也提供了@CircuitBreaker 注解，使用方式如下所示：

```
@CircuitBreaker(name = "userCircuitBreaker", fallbackMethod = "getUserFallback")
```

可以看到，该注解类似 Hystrix 中的@HystrixCommand 注解。使用方式也比较简单，一般只需要指定熔断器的名称以及回退方法即可。

2. 使用 Resilience4j 实现服务熔断

现在回到 Spring Cloud Circuit Breaker，看看该框架如何对 Resilience4j 的使用过程进行封装和集成。

首先，同样需要构建一个 Customizer 实例来初始化对 Resilience4j 的配置，如下所示：

```
@Bean
public Customizer<Resilience4JCircuitBreakerFactory> defaultCustomizer() {
    return factory -> factory.configureDefault(id -> new Resilience4JConfigBuilder(id).
circuitBreakerConfig(CircuitBreakerConfig.ofDefaults()).build());
}
```

上述代码似曾相似，但这里的 Customizer 中包装的是 Resilience4JCircuitBreakerFactory 工厂类。同时，这里也构建了一个 Resilience4JConfigBuilder 用来完成与 Resilience4j 相关配置的构建工作。

而针对 Resilience4JCircuitBreakerFactory 的使用方法，可以发现其与 HystrixCircuitBreakerFactory 的是完全一致的。它也需先通过 Resilience4JCircuitBreakerFactory 创建 CircuitBreaker，然后封装业务

逻辑并初始化回调函数，最后通过 CircuitBreaker 的 run()方法执行业务逻辑。相关代码不再重复展开，这种实现方式也是 Spring Cloud Circuit Breaker 作为一个平台化框架提供统一 API 的价值所在。

## 10.3 本章小结

服务容错是微服务架构中值得深入探讨的一个核心话题，本章关注于服务容错的一些理论知识，包括服务容错的设计思想以及相关的实现模式。本章详细探讨了 4 种服务容错的实现模式。

同时，针对这些实现模式，本章结合 Spring Cloud 中的 Spring Cloud Circuit Breaker 框架给出了对应的解决方案，并基于该框架讲解了 Hystrix 和 Resilience4j 这两款主流框架的使用方法。作为对几款主流熔断器的统一抽象和封装，Spring Cloud Circuit Breaker 的设计和实现过程值得我们借鉴。

# 第 11 章

# Spring Cloud 配置中心

本章讨论配置中心。在微服务架构中，面对分散在各个服务、各个环境中的各种配置信息，配置中心是必备组件之一。就组成结构而言，配置中心有两个核心组件，一个是配置服务器，另一个是配置仓库。

针对配置中心，业界也存在一些常用的实现工具。Spring Cloud 也专门提供了 Spring Cloud Config 框架来实现分布式配置中心，并提供配置服务器和多种配置仓库实现方案。本章将详细介绍 Spring Cloud Config 为开发人员提供的服务器和客户端组件，并结合 Spring Boot 中的配置体系讲解配置中心的应用方式。

## 11.1 配置中心解决方案

在微服务架构中，对配置中心的需求来自服务的数量以及配置信息的分散性。可以想象，在一个微服务系统中，势必存在多个服务，而这些服务一般都会存在于开发、测试、预发布、生产等多套环境中。针对不同的环境，都会采用一套不同的配置体系。那么如何保证多个环境中的配置信息在各个服务实例中进行实时的同步更新呢？这就需要引入集中式配置管理的设计思想，如图 11-1 所示。

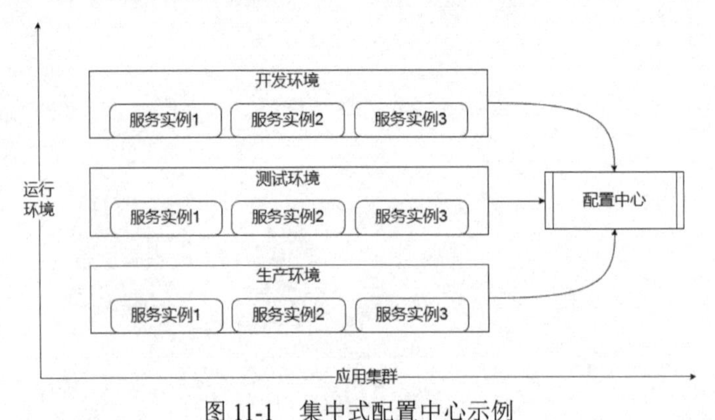


图 11-1 集中式配置中心示例

在图 11-1 中，可以看到不同环境的配置信息统一保存在一个配置中心中。而每个环境都构成了一个分布式集群，因此也需要保证每个集群中所有服务内部保存的配置信息能够得到同步的更新。

考虑到服务的数量和配置信息的分散性，一般都需要引入配置中心的设计思想和相关工具。每一个微服务系统都应该有一个配置中心，而所有微服务中使用的配置信息都应该在配置中心维护。对于配置中心的组成结构，可以做一层抽象，如图 11-2 所示。

可以看到，对于一个典型的配置中心而言，存在两个组成部分，即配置服务器和配置仓库。

配置服务器的核心作用就是对接来自各个微服务的配置信息请求，这些微服务会通过配置服务器提供的统一接口获取存储在配置中心中的所需配置信息。因此，配置服务器也是作为独立的微服务而存在的。

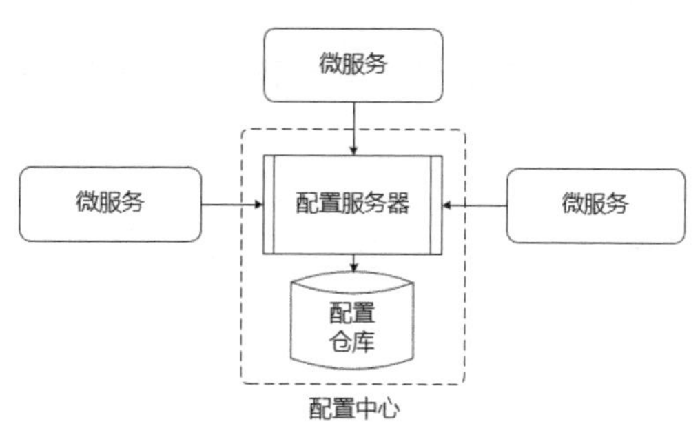

图 11-2 配置中心组成结构

对于配置服务器而言，一方面需要确保对配置中心中所存储的各种配置信息进行统一维护；另一方面也需要提供一种通知机制，确保配置信息变化之后能够告知各个微服务，以便各个微服务及时更新本地服务中的配置数据。

配置服务器可以独立完成配置信息的存储和维护工作，但也可以把这部分工作剥离出来放到一个单独的媒介中，这个媒介就是配置仓库。请注意，配置仓库并不是必需的，完全可以依托配置服务器自身的文件系统来实现配置信息的存储。但构建独立配置仓库的主要优势在于能够把配置存储过程进行抽象，从而支持 SVN、Git 等具备版本控制功能的多种第三方工具，以及自建一个具有持久化或内存存储功能的存储媒介。

显然，不同的工具具有不同的设计原理和实现方式，本章后续内容会基于 Spring Cloud Config 讨论配置中心应用方式。

## 11.2 基于 Spring Cloud Config 构建配置中心

在 Spring Cloud 中，有一个自研的 Spring Cloud Config 框架用于构建配置中心，并提供配置服务器和多种配置仓库实现方案。接下来先来看如何基于 Spring Cloud Config 构建配置服务器，并分别基于本地文件系统和第三方仓库来实现配置仓库。

### 11.2.1 基于 Spring Cloud Config 构建配置中心

使用 Spring Cloud Config 构建配置中心的第一步是搭建配置服务器。有了配置服务器就可以分别使用本地文件系统以及第三方仓库来实现具体的配置方案。

1. 基于 Spring Cloud Config 构建配置服务器

基于 Spring Cloud Config 构建配置服务器，需要创建一个新的独立服务并导入两个组件，分别是 spring-cloud-config-server 和 spring-cloud-starter-config，其中前者包含用于构建配置服务器的各种组件，相应的 Maven 依赖如下所示。

```
<dependency>
    <groupId>org.springframework.cloud</groupId>
    <artifactId>spring-cloud-config-server</artifactId>
</dependency>

<dependency>
    <groupId>org.springframework.cloud</groupId>
    <artifactId>spring-cloud-starter-config</artifactId>
</dependency>
```

接下来在新建的代码工程中添加一个 Bootstrap 类 ConfigServerApplication，如下所示：

```
@SpringCloudApplication
@EnableConfigServer
public class ConfigServerApplication {

    public static void main(String[] args) {
        SpringApplication.run(ConfigServerApplication.class, args);
    }
}
```

除了熟悉的@SpringCloudApplication 注解，还可以看到这里添加了一个崭新的注解@EnableConfigServer。有了这个注解，配置服务器就可以将所存储的配置信息转化为 RESTful 接口数据供各个业务微服务在分布式环境下进行使用。

2. 实现基于本地文件系统的配置方案

Spring Cloud Config 中提供了多种配置仓库的实现方案，常见的就是基于本地文件系统的配置方案和基于 Git 的配置方案。先来看基于本地文件系统的配置方案。在这种配置方案中，配置仓库相当于位于配置服务器的内部。

```
src/main/resources
  springhealthconfig
    deviceservice
      deviceservice-prod.yml
      deviceservice-test.yml
      deviceservice.yml
    interventionservice
      interventionservice-prod.yml
      interventionservice-test.yml
      interventionservice.yml
    userservice
      userservice-prod.yml
      userservice-test.yml
      userservice.yml
  application.yml
  bootstrap.yml
```

图 11-3　本地配置文件方案下的代码工程结构

现在，假设一个微服务系统中存在 3 个微服务，服务名称分别是 deviceservice、interventionservice 和 userservice。那么，基于本地文件系统配置方案的一种典型代码工程结构如图 11-3 所示。

可以看到，在 src/main/resources 目录下创建了一个 springhealthconfig 文件夹，再在这个文件夹下分别创建 deviceservice、interventionservice 和 userservice 这 3 个子文件夹，请注意这 3 个子文件夹的名称必须与各个服务自身的名称完全一致。然后可以看到这 3 个子文件夹下都存放着以服务名称命名的针对不同运行环境的.yml 配置文件。

接下来在 application.yml 文件中添加如下配置项，通过 searchLocations 指向各个配置文件的路径：

```
server:
  port: 8888

spring:
  cloud:
    config:
      server:
        native:
```

```
            searchLocations:
              classpath: springhealthconfig/,
              classpath: springhealthconfig/userservice,
              classpath: springhealthconfig/deviceservice,
              classpath: springhealthconfig/interventionservice
```

现在可以在 springhealthconfig/userservice/userservice.yml 配置文件中添加如下所示的配置信息。显然这些配置信息用于设置 MySQL 数据库访问的各项参数。

```
spring:
  jpa:
    database: MYSQL
  datasource:
    platform: mysql
    url: jdbc:mysql://127.0.0.1:3306/springhealth_user
driver-class-name: com.mysql.jdbc.Driver
    username: root
    password: root
```

Spring Cloud Config 提供了强大的集成入口，配置服务器可以将存放在本地文件系统中的配置文件信息自动转化为 RESTful 风格的接口数据。当启动配置服务器，并访问 http://localhost:8888/userservice/default 端点时，可以得到如下信息：

```
{
    "name": "userservice",
    "profiles": [
        "default"
    ],
    "label": master,
    "version": null,
    "state": null,
    "propertySources": [
        {
            "name": "classpath:springhealthconfig/userservice/userservice.yml",
            "source": {
                "spring.jpa.database": "MYSQL",
                "spring.datasource.platform": "mysql",
                "spring.datasource.url": "jdbc:mysql://119.3.52.175:3306/springhealth_user",
                "spring.datasource.username": "root",
                "spring.datasource.password": "1qazxsw2#edc",
                "spring.datasource.driver-class-name": "com.mysql.jdbc.Driver"
            }
        }
    ]
}
```

因为访问的是 http://localhost:8888/userservice/default 端点，相当于获取的是 userservice.yml 文件中的配置信息，所以这里的 profiles 值为 default，意味着配置文件的 Profile 是默认环境。而 label 的值是 master，实际上也是代表着一种默认版本信息。最后的 propertySources 展示了配置文件的路径以及具体内容。

如果想要访问的是 test 环境的配置信息应该怎么做呢？很简单，将对应的端点变成 http://localhost:8888/userservice/test 即可，你可以尝试进行访问；其他环境也以此类推。

3. 实现基于第三方仓库的配置方案

对于 Spring Cloud Config，也可以将配置信息存放在 Git 等具有版本控制机制的远程仓库中。假如把配置信息放在 Git 仓库中，通常的做法是把所有的配置文件放到自建或公共的 Git 系统中。例如在上面的示例中，可以把各个服务所依赖的配置文件统一存放到 GitHub 上进行托管。

因为改变了配置仓库的实现方式，所以同样需要修改 application.yml 中关于配置仓库的配置信息，调整后的配置内容示例如下：

```
server:
  port: 8888

spring:
  cloud:
    config:
      discovery:
        enabled: true
      server:
        encrypt.enabled: false
        git:
        uri:*****://github.***/tianyilan/springcloud-demo/config-repository/
          searchPaths: userservice,deviceservice,interventionservice
          username: jianxiang
          password: jianxiang_pwd
```

可以看到，在 spring.cloud.config.server.git 配置段中指定了 GitHub 相关的各项信息，其中 searchPaths 用于指向各个配置文件所在的目录名称。

事实上，基于 Git 的配置方案的最终结果也是将位于 Git 仓库中的远程配置文件加载到本地。一旦配置文件加载到本地，那么对这些配置文件的处理方式以及处理效果与前面介绍的本地文件系统是完全一样的。

### 11.2.2 访问 Config Server 中的配置项

要想获取配置服务器中的配置信息，首先需要初始化客户端，也就是将各个业务微服务与 Spring Cloud Config 服务器进行集成。初始化客户端的第一步是引入 Spring Cloud Config 的客户端组件 spring-cloud-config-client，如下所示。

```
<dependency>
     <groupId>org.springframework.cloud</groupId>
     <artifactId>spring-cloud-config-client</artifactId>
</dependency>
```

然后需要在配置文件 application.yml 中指定配置服务器的访问地址，如下所示：

```
spring:
  application:
    name: userservice
   profiles:
     active:
       prod

  cloud:
    config:
```

```
        enabled: true
        uri: http://localhost:8888
```

以上配置信息中有几个地方值得注意。首先，这个 Spring Boot 应用程序的名称为 userservice，该名称必须与前面在配置服务器上创建的文件目录名称保持一致，如果两者不一致则访问配置信息会发生失败。其次，profile 值为 prod，意味着会使用生产环境的配置信息，也就是会获取配置服务器上 userservice-prod.yml 配置文件中的内容。最后，需要指定配置服务器所在的地址，也就是上面的 uri:http://localhost:8888。

一旦引入了 Spring Cloud Config 的客户端组件，就相当于在各个微服务中自动集成了访问配置服务器中 HTTP 端点的功能。也就是说，访问配置服务器的过程对于各个微服务而言是透明的，即微服务不需要考虑如何从远程服务器获取配置信息，而只需要考虑如何在 Spring Boot 应用程序中使用这些配置信息。接下来就来讨论使用配置信息的方法。

那么，应用程序如何获取各个配置项的内容呢？通常有两种方法，一种是使用@Value 注解注入配置信息，另一种则是使用@ConfigurationProperties 注解。这部分内容可以参考本书第 2 章中关于 Spring Boot 配置体系的相关内容，这里不再展开。

## 11.3　本章小结

配置中心是微服务架构中的一个基础组件，而业界关于如何实现配置中心也有一些基本的模型和工具。本章针对配置中心实现需求梳理了设计一款配置中心所必须要考虑的数据存储、变更通知等核心问题，并结合业界主流的开源框架做了对比和分析，最终选择了 Spring Cloud 家族中的 Spring Cloud Config 来介绍配置中心实现方案。

基于 Spring Cloud Config，本章关注如何使用该框架来完成配置中心服务器的构建过程，以及如何使用 Spring Cloud Config Client 组件来访问位于配置服务器中的配置信息。关于配置中心的具体使用方式可以结合 Spring Boot 中的配置体系进行理解和掌握。

# 第 12 章

# Spring Cloud 消息通信

Spring Cloud 专门提供了 Spring Cloud Stream 框架来实现事件驱动架构，并完成与主流消息中间件的集成。同时，Spring Cloud Stream 也整合了 Spring 家族中的消息处理和消息总线方面的几个框架，可以说是 Spring Cloud 中整合程度最高的一个开发框架。

Spring Cloud Stream 内部集成 Kafka、RabbitMQ 等多款主流的消息中间件，为开发人员提供了一个平台型解决方案，从而屏蔽各个消息中间件在技术实现上的差异。本章将系统阐述 Spring Cloud Stream 的基本架构，并介绍消息发布者和消费者的构建。

## 12.1 Spring 消息通信解决方案

第 5 章已经介绍了消息通信模型以及具有代表性的消息中间件，而 Spring Cloud 家族专门针对消息通信解决方案提供了 Spring Cloud Stream 组件。Spring Cloud Stream 集成了 RabbitMQ 和 Kafka，它的核心价值是为开发人员屏蔽各种消息中间件在使用上的差异性。Spring Cloud Stream 是一个整合型的开发框架。想要掌握该框架的整体架构，需要先理解 Spring 中针对这些消息通信所提供的技术解决方案。

在 Spring 家族中，与消息处理机制相关的框架有 3 个。事实上，本章要介绍的 Spring Cloud Stream 是基于 Spring Integration 做了一层封装，从而实现了消息发布和消费机制，很多关于消息发布和消费的概念和实现方法本质上都依赖于 Spring Integration。而 Spring Integration 则依赖于 Spring Messaging 组件来实现消息处理机制的基础设施。这 3 个框架之间的依赖关系如图 12-1 所示。

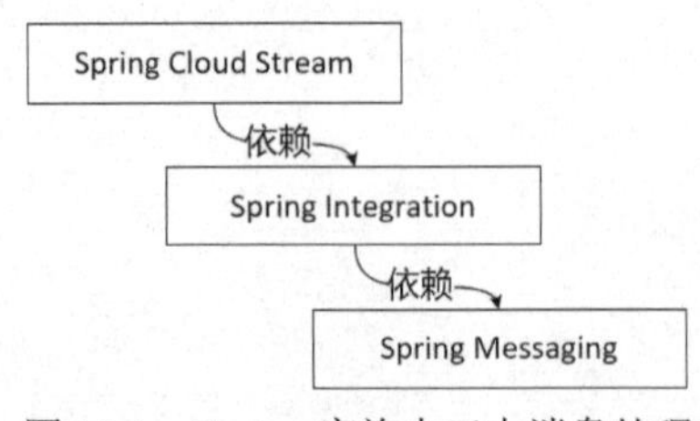

图 12-1 Spring 家族中三大消息处理框架关系

接下来展开位于底层的 Spring Messaging 和 Spring Integration 框架，方便你在使用 Spring Cloud Stream 时对其背后的实现原理有更好的理解。

Spring Messaging 是 Spring 框架中的一个底层模块，用于提供统一的消息编程模型。例如，消息这个数据单元在 Spring

Messaging 中统一定义为如下所示的 Message 接口，包括一个消息头 Header 和一个消息体 Payload：

```
public interface Message<T> {
    T getPayload();
    MessageHeaders getHeaders();
}
```

而消息通道 MessageChannel 的定义也比较简单，可以调用 send()方法将消息发送至该消息通道中，MessageChannel 接口定义如下所示：

```
public interface MessageChannel {
    long INDEFINITE_TIMEOUT = -1;
    default boolean send(Message<?> message) {
        return send(message, INDEFINITE_TIMEOUT);
    }
    boolean send(Message<?> message, long timeout);
}
```

消息通道的概念比较抽象，可以简单把它理解为对队列的一种抽象。通道的名称对应队列的名称，但是作为一种抽象和封装，各个消息通信系统所特有的队列概念并不会直接暴露在业务代码中，而是通过通道来对队列进行配置。

Spring Messaging 把通道抽象成如下所示的两种基本表现形式，即支持轮询的 PollableChannel 和实现发布-订阅模式的 SubscribableChannel，这两个通道都继承自具有消息发送功能的 MessageChannel：

```
public interface PollableChannel extends MessageChannel {
    Message<?> receive();
    Message<?> receive(long timeout);
}

public interface SubscribableChannel extends MessageChannel {
    boolean subscribe(MessageHandler handler);
    boolean unsubscribe(MessageHandler handler);
}
```

可以注意到有 PollableChannel 才有 receive()方法，代表这是通过轮询操作主动获取消息的过程。而 SubscribableChannel 则通过注册回调函数 MessageHandler 来实现事件响应。MessageHandler 接口定义如下：

```
public interface MessageHandler {
     void handleMessage(Message<?> message) throws MessagingException;
}
```

对 Spring Messaging 有了一定了解之后，我们再来看 Spring Integration。Spring Integration 是对 Spring Messaging 的扩展，提供了对系统集成领域经典著作《企业集成模式：设计构建及部署消息传递解决方案》中所描述的各种企业集成模式的支持，通常被认为是一种 ESB（Enterprise Service Bus，企业服务总线）框架。

Spring Integration 的设计目标是系统集成，因此内部提供了大量的集成化端点方便应用程序直接使用。当各个异构系统进行相互集成时，该如何屏蔽各种技术体系所带来的差异性呢？Spring Integration 为我们提供了解决方案。通过通道之间的消息传递，我们可以在消息的入口和出口使用通道适配器和消息网关这两种典型的端点对消息进行同构化处理。Spring Integration 提供的常见集成端点包括 File、FTP、TCP/UDP、HTTP、JDBC、JMS、AMQP、JPA、Mail、MongoDB、Redis、RMI、Web Services 等。

Spring Integration 的功能非常强大，这里无意对所有这些功能做过多阐述。12.2 节在介绍 Spring Cloud Stream 的基本架构时会对 Spring Integration 做进一步介绍。

## 12.2　引入 Spring Cloud Stream

可以使用诸如 RabbitMQ、Kafka 等消息中间件来实现消息通信，这种解决方案的主要问题在于需要开发人员考虑不同框架的使用方式以及框架之间存在的功能差异性，正如我们在本书第 5 章中所看到的那样。而 Spring Cloud Stream 则不同，它在内部整合了多款主流的消息中间件，为开发人员提供了一个平台型解决方案，从而屏蔽各个消息中间件在技术实现上的差异。本节将介绍 Spring Cloud Stream 的基本架构，并给出它与目前主流的各种消息中间件之间的集成机制。

### 12.2.1　Spring Cloud Stream 基本架构

Spring Cloud Stream 对整个消息发布和消费过程做了高度抽象，并提供了一系列核心组件。本小节先介绍通过 Spring Cloud Stream 构建消息通信机制的基本工作流程。区别于直接使用 RabbitMQ、Kafka 等消息中间件，Spring Cloud Stream 在消息生产者和消费者之间构建了一种桥梁机制，所有的消息都将通过 Spring Cloud Stream 进行发送和接收，如图 12-2 所示。

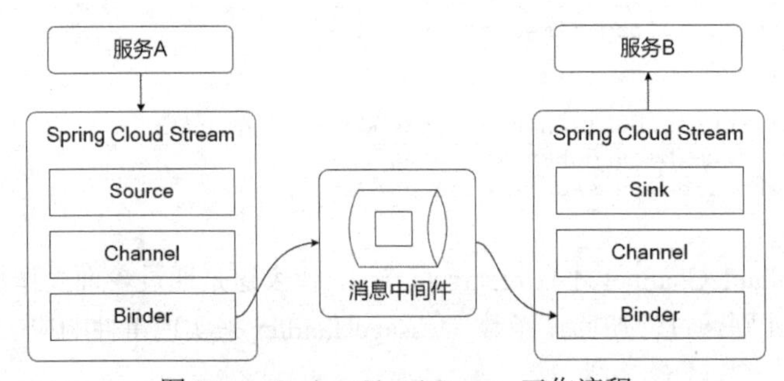


图 12-2　Spring Cloud Stream 工作流程

在图 12-2 中，不难看出 Spring Cloud Stream 具备 4 个核心组件，分别是 Binder、Channel、Source 和 Sink，其中 Binder 和 Channel 成对出现，而 Source 和 Sink 分别面向消息的发布者和消费者。

- Source 和 Sink。

在 Spring Cloud Stream 中，Source 组件是真正生成消息的组件，相当于一个输出（Output）组件。而 Sink 则是真正消费消息的组件，相当于一个输入（Input）组件。根据事件驱动架构可知，对于同一个 Source 组件而言，不同的微服务可能会实现不同的 Sink 组件，分别根据自身需求进行业务上的处理。

在 Spring Cloud Stream 中，Source 组件使用一个普通的 POJO 对象来充当需要发布的消息，通过将该对象序列化（默认的序列化方式是 JSON）然后发布到 Channel 中。另一方面，Sink 组件监听 Channel 并等待消息的到来，一旦有可用消息，Sink 将该消息反序列化为一个 POJO 对象并用于处理业务逻辑。

- Channel。

Channel 的概念比较容易理解，就是常见的通道，是对队列的一种抽象。在消息通信系统中，队列是实现存储转发机制的媒介，消息生产者所生成的消息都将保存在队列中并由消息消费者进行消费。通道的名称对应的往往就是队列的名称。

- Binder。

Spring Cloud Stream 中一个非常重要的概念就是 Binder。所谓 Binder，顾名思义就是一种黏合剂，将业务服务与消息通信系统黏合在一起。通过 Binder，可以很方便地连接消息中间件，可以动态地改变消息的目标地址、发送方式而不需要了解其背后的各种消息中间件在实现上的差异。

### 12.2.2 Spring Cloud Stream 集成 Spring 消息处理机制

结合 12.1 节中了解到的关于 Spring Messaging 和 Spring Integration 的相关概念，我们就不难理解 Spring Cloud Stream 中关于 Source 和 Sink 的定义。Source 和 Sink 都是接口，其中 Source 接口的定义如下：

```
import org.springframework.cloud.stream.annotation.Output;
import org.springframework.messaging.MessageChannel;

public interface Source {

    String OUTPUT = "output";

    @Output(Source.OUTPUT)
    MessageChannel output();
}
```

注意这里通过 MessageChannel 来发送消息，而 MessageChannel 类来自 Spring Messaging 组件。在 MessageChannel 上有一个@Output 注解，该注解定义了一个输出通道。

类似地，Sink 接口定义如下：

```
import org.springframework.cloud.stream.annotation.Input;
import org.springframework.messaging.SubscribableChannel;

public interface Sink{

    String INPUT = "input";

    @Input(Sink.INPUT)
    SubscribableChannel input();
}
```

同样，这里通过 Spring Messaging 中的 SubscribableChannel 来实现消息接收，而@Input 注解定义了一个输入通道。

注意@Input 和@Output 注解使用通道名称作为参数，如果没有名称，会使用带注解的方法名字作为参数，也就是默认情况下分别使用“input”和“output”作为通道名称。从这个角度讲，一个 Spring Cloud Stream 应用程序中的 Input 和 Output 通道数量和名称都是可以任意设置的，只需要在这些通道的定义上添加@Input 和@Output 注解即可。例如如下所示的代码定义了一个 SpringHealthChannel 接口并声明了一个 Input 通道和两个 Output 通道，说明使用该通道的服务会从外部的一个通道中获取消息并向外部的两个通道发送消息：

```
public interface SpringHealthChannel {
    @Input
    SubscribableChannel input1();

    @Output
    MessageChannel output1();

    @Output
    MessageChannel output2();
}
```

可以看到上述接口定义中同时使用到了 Spring Messaging 中的 SubscribableChannel 和 MessageChannel。Spring Cloud Stream 对 Spring Messaging 和 Spring Integration 提供了原生支持。在常规情况下，一般不需要使用这些框架中提供的 API 就能满足常见的开发需求。但如果确实有需要，也可以使用更为底层的 API 直接操控消息发布和接收过程。

### 12.2.3　Spring Cloud Stream 集成消息中间件

对于 Spring Cloud Stream，最核心的无疑是 Binder 组件。Binder 组件是服务与消息中间件之间的一层抽象，但各种消息中间件在消息通信机制的设计和实现上存在一定的差异，那么 Spring Cloud Stream 如何屏蔽这些差异从而打造自身的消息模型呢？本小节将梳理 Spring Cloud Stream 中的消息通信模型，并给出 Binder 与消息中间件如何进行整合的过程。

Spring Cloud Stream 将消息发布和消费抽象成如下 3 个核心概念，并结合一些目前主流的消息中间件对这些概念提供统一的实现方式。

- 发布-订阅模型。

点对点模型和发布-订阅模型是传统消息通信系统的两大基本模型，其中点对点模型实际上可以被视为发布-订阅模型在订阅者数量为 1 时的一种特例。因此，在 Spring Cloud Stream 中，统一通过发布-订阅模型完成消息的发布和消费。

- 消费者组。

设计消费者组的目的是应对集群环境下的多服务实例问题。显然，如果采用发布-订阅模型会导致一个服务的不同实例都消费了同一条消息。为了解决这个问题，Spring Cloud Stream 中提供了消费者组的概念。一旦使用了消费组，一条消息就只能被同一个组中的某一个服务实例所消费。消费者组的基本结构如图 12-3 所示（其中虚线表示不会发生的消费场景）。

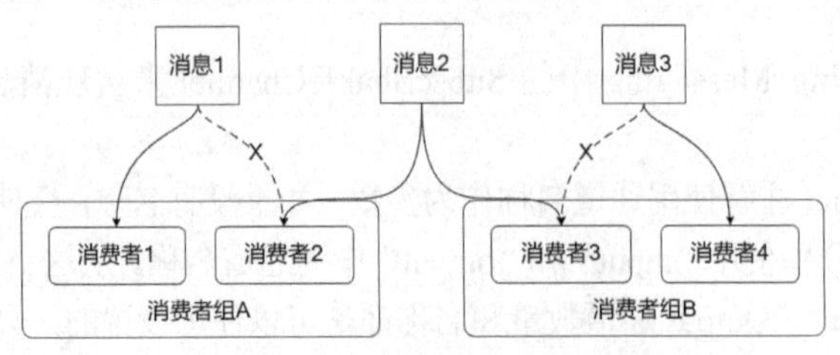


图 12-3　消费者组的基本结构

- 消息分区。

假如我们希望相同的消息都被同一个微服务实例来处理，但又有多个服务实例组成了负载均衡结构，那么通过上述的消费者组概念仍然不能满足要求。针对这一场景，Spring Cloud Stream 又引入了消息分区的概念。引入分区概念的意义在于，同一分区中的消息能够确保始终是由同一个消费者实例进行消费的。尽管消息分区的应用场景并没有那么广泛，但如果想要达到类似的效果，Spring Cloud Stream 也提供了一种简单的实现方案，消息分区的基本结构如图 12-4 所示。

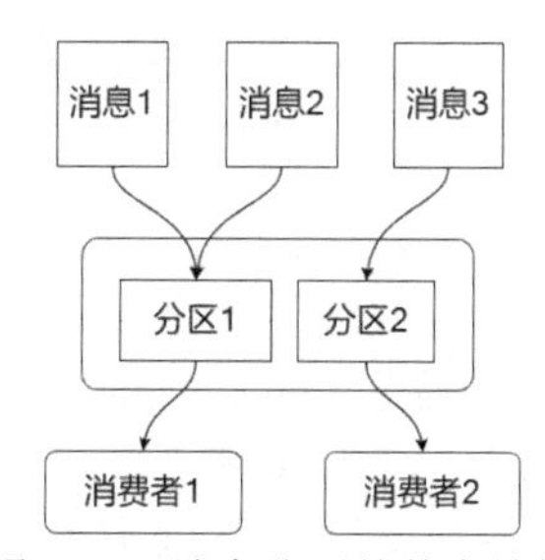

图 12-4 消息分区的基本结构

## 12.3 使用 Spring Cloud Stream 实现消息通信

和使用普通的消息中间件类似，使用 Spring Cloud Stream 同样需要分别实现消息发布者和消息消费者，也就是 Source 和 Sink 组件。本节将给出创建这两个组件的实现过程。

### 12.3.1 实现消息发布者

从消息处理的角度看，实现消息发布流程并不复杂，主要的实现过程是如何使用 Spring Cloud Stream 完成 Source 组件的创建以及 Binder 组件的配置。

1. 使用@EnableBinding 注解

无论是消息发布者还是消息消费者，首先都需要引入 spring-cloud-stream 依赖，如下所示：

```
<dependency>
     <groupId>org.springframework.cloud</groupId>
     <artifactId>spring-cloud-stream</artifactId>
</dependency>
```

如果使用 Kafka 作为消息中间件系统，那么也需要引入 spring-cloud-starter-stream-kafka 依赖，如下所示：

```
<dependency>
     <groupId>org.springframework.cloud</groupId>
     <artifactId>spring-cloud-starter-stream-kafka</artifactId>
</dependency>
```

对应地，RabbitMQ 就需要引入 spring-cloud-starter-stream-rabbit 依赖，如下所示：

```
<dependency>
     <groupId>org.springframework.cloud</groupId>
     <artifactId>spring-cloud-starter-stream-rabbit</artifactId>
</dependency>
```

对于消息发布者而言，它在 Spring Cloud Stream 体系中扮演着 Source 的角色，所以需要在 Bootstrap 类中标明这个 Spring Boot 应用程序是一个 Source 组件，示例代码如下：

```
@SpringCloudApplication
@EnableBinding(Source.class)
public class SourceApplication {
```

```
    public static void main(String[] args) {
        SpringApplication.run(SourceApplication.class, args);
    }
}
```

可以看到，在原有 SourceApplication 类上添加了一个@EnableBinding(Source.class)注解，该注解的作用就是告诉 Spring Cloud Stream 这个 Spring Boot 应用程序是一个消息发布者，需要绑定到消息中间件，实现两者之间的连接。

可以使用一个或者多个接口作为@EnableBinding 注解的参数。上面的代码使用了 Source 接口，表示与消息中间件绑定的是一个消息发布者。12.3.2 小节在介绍消息消费者时同样也会使用这个@EnableBinding 注解。

2. 创建 Source

在 Spring Cloud Stream 中，Source 是一个接口，包含一个发送消息的 MessageChannel。使用这个接口的方式也很简单，只需要在业务代码中直接进行注入即可，就像使用一个普通的 Java Bean 一样。Source 类的代码结构如下所示：

```
import org.springframework.cloud.stream.messaging.Source;
import org.springframework.messaging.support.MessageBuilder;
…

@Component
public class UserSource {
    private Source source;

    @Autowired
    public UserSource(Source source){
        this.source = source;
    }

    private void publishEvent(UserEvent event){
        //使用 Source 执行消息发送逻辑
        source.output().send(MessageBuilder.withPayload(event).build());
    }
}
```

可以看到在这里使用了 Spring Messaging 模块所提供的 MessageBuilder 工具类将代表事件的 UserEvent 对象转换为消息中间件所能发送的 Message 对象。然后调用 Source 接口的 output()方法将事件发送出去，这里的 output()方法使用的就是一个具体的 MessageChannel。

3. 配置 Binder

为了通过 Source 组件将消息发送到正确的地址，我们需要在 application.yml 配置文件中配置 Binder 信息。Binder 信息中存在一些通用的配置项，例如如果要想把消息发布到消息中间件，就需要知道消息所发送的通道或者说目的地（Destination），以及序列化方式，如下所示：

```
spring:
  cloud:
    stream:
      bindings:
        output:
```

```
          destination:  userTopic
          content-type: application/json
```

另一方面，因为 Binder 完成了与具体消息中间件的整合，所以需要针对特定的消息中间件来提供专门的配置项。先来看在使用 Kafka 的场景下 Binder 的配置方法，相关配置项如下所示：

```
spring:
  cloud:
    stream:
      bindings:
        output:
          destination: userTopic
          content-type: application/json
      kafka:
        binder:
          zk-nodes: localhost
          brokers: localhost
```

在以上配置项中，因为 Kafka 的运行依赖于 Zookeeper，所以除了前面介绍的通用配置项之外，“kafka”配置段使用 Kafka 作为消息中间件平台，并将 Zookeeper 地址以及 Kafka 自身的地址都指向了本地。

相比 Kafka，RabbitMQ 的配置显得稍微复杂一些，如下所示：

```
spring:
  cloud:
    stream:
      bindings:
        default:
          content-type: application/json
          binder: rabbitmq
        output:
          destination: userExchange
          contentType: application/json
      binders:
        rabbitmq:
          type: rabbit
          environment:
            spring:
              rabbitmq:
                host: 127.0.0.1
                port: 5672
                username: guest
                password: guest
```

在以上配置项中，设置 destination 为 userExchange 后会在 RabbitMQ 中创建一个同名的交换器，并把 Spring Cloud Stream 的消息输出通道绑定到该交换器。同时，bindings 配置段中指定了一个 default 子配置段，用于指定默认使用的 binder。在这个示例中将这个默认 binder 命名为 rabbitmq，并在 binders 配置段中指定了运行 RabbitMQ 的相关参数。请注意 RabbitMQ 和 Kafka 这两款消息中间件在各个配置项的层级以及内容上的差别。

### 12.3.2 实现消息消费者

针对消费者组件的实现过程，本小节采用与介绍消息发布者相同的方式进行展开。首先还是要使用@EnableBinding 注解。

1. 使用@EnableBinding 注解

与初始化消息发布环境类似，同样需要在 Spring Boot 代码工程中引入 spring-cloud-stream、spring-cloud-starter-stream-kafka 或 spring-cloud-starter-stream-rabbit 这几个 Maven 依赖，并构建 Bootstrap 类，其代码如下所示：

```
@SpringCloudApplication
@EnableBinding(Sink.class)
public class SinkApplication{

    public static void main(String[] args) {
        SpringApplication.run(SinkApplication.class, args);
    }
}
```

显然，对于作为消息消费者的 Bootstrap 类而言，@EnableBinding 注解所绑定的应该是 Sink 接口。

2. 创建 Sink

对应地，构建一个 UserSink 组件负责处理具体的消息消费逻辑，代码如下所示：

```
import org.springframework.cloud.stream.annotation.EnableBinding;
import org.springframework.cloud.stream.annotation.StreamListener;
...

public class UserSink {

    @StreamListener("input")
    public void handleEvent(UserEvent event) {
        //添加消息消费逻辑
    }
}
```

这里引入了一个新的注解@StreamListener，将该注解添加到某个方法上就可以使之接收事件流。在上面的例子中，@StreamListener 注解添加在了 handleEvent()方法上并指向了 input 通道，这意味着所有流经 input 通道的消息都会交由这个方法进行处理。

3. 配置 Binder

对于消息消费者而言，配置 Binder 的方式和消息发布者非常类似。如果使用默认的消息通道，那么只需要把用于发送的 output 通道改为接收的 input 通道就可以了。这里以 Kafka 为例，给出 Binder 的配置信息，如下所示：

```
spring:
  cloud:
    stream:
      bindings:
        input:
          destination: userTopic
          content-type: application/json
      kafka:
        binder:
          zk-nodes: localhost
          brokers: localhost
```

# 12.4 Spring Cloud Stream 高级主题

在分别介绍完消息发布者和消费者的基本实现过程之后，本节将在此基础上讨论 Spring Cloud Stream 的高级主题，包括自定义消息通道、使用消费者组以及使用消息分区。

## 12.4.1 自定义消息通道

在前面的示例中，无论是消息发布还是消息消费，都使用了 Spring Cloud Stream 中默认提供的通道名 output 和 input。显然，在有些场景下，为了更好地管理系统中存在的所有通道，为通道命名是一项最佳实践，这对于消息消费的场景尤为重要。在接下来的内容中，针对消息消费的场景，将不使用 Sink 组件默认提供的 input 通道，而是尝试通过自定义通道的方式来实现消息消费。

在 Spring Cloud Stream 中，实现一个面向消息消费场景的自定义通道的方法也非常简单，只需要定义一个新的接口，并在该接口中通过@Input 注解声明一个新的 Channel 即可。例如，可以定义一个新的 UserChannel 接口，然后通过@Input 注解就可以声明一个 userChannel 通道，代码如下所示：

```
import org.springframework.cloud.stream.annotation.Input;
import org.springframework.messaging.SubscribableChannel;

public interface UserChannel{

    String USER_INFO = "userChannel";

    @Input(CustomChannel.USER_INFO)
    SubscribableChannel userChannel();
}
```

注意该通道的类型为 Spring Intergration 中用于消费消息的 SubscribableChannel。同时，注意这个 UserChannel 的代码风格与 Spring Cloud Stream 自带的 Sink 接口完全一致。

一旦完成了自定义消息通道，就可以在@StreamListener 注解中设置这个通道。以前面介绍的 UserSink 为例，添加了自定义通道之后的重构代码结构如下所示：

```
@EnableBinding(UserChannel.class)
public class UserSink{

     @StreamListener(UserChannel.USER_INFO)
     public void handleEvent(UserEvent event) {
          …
     }
}
```

可以看到，这里继续使用@EnableBinding 注解绑定了自定义的 UserSink。因为 UserSink 中通过@StreamListener 注解提供了 userChannel 通道，所以这种用法实际上和@EnableBinding(Sink.class)是完全一致的。因此，对于 Binder 的配置而言，要做的也只是调整通道的名称。再次以 Kafka 为例，重构后的 Binder 配置信息如下所示：

```
spring:
```

```
  cloud:
    stream:
      bindings:
        userChannel:
          destination: userTopic
          content-type: application/json
      kafka:
        binder:
          zk-nodes: localhost
          brokers: localhost
```

请注意，上述配置项中使用 userChannel 替换了默认的 input。

### 12.4.2 使用消费者分组

要想实现如图 12-3 所示的消息消费者分组效果，唯一要做的事情也是重构 Binder 配置，即在配置 Binder 时指定消费者分组信息即可，如下所示：

```
spring:
  cloud:
    stream:
      bindings:
        userChannel:
          destination: userTopic
          content-type: application/json
      group: userGroup
      kafka:
        binder:
          zk-nodes: localhost
          brokers: localhost
```

以上基于 Kafka 的配置信息中，设置了 group 为 userGroup。

### 12.4.3 使用消息分区

最后一项 Spring Cloud Stream 使用上的高级主题是消费分区。同样是在集群环境下，假设存在两个 userservice 实例，希望用户信息中 ID 为单号的 UserEvent 始终由第一个 userservice 实例进行消费，而 ID 为双号的 UserEvent 则始终由第二个 userservice 实例进行消费。基于类似这样的需求，就可以构建消息分区，如图 12-5 所示。

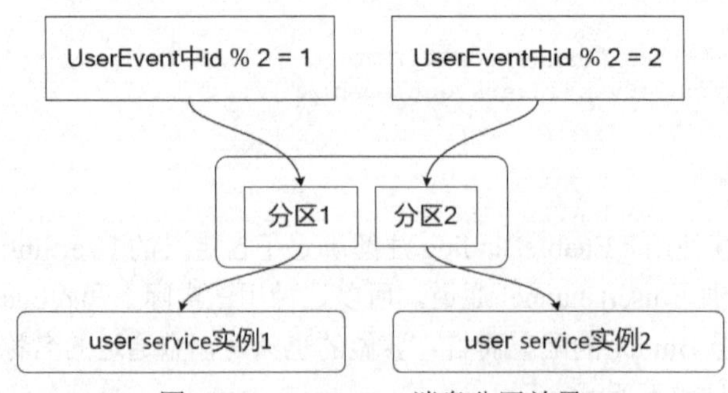


图 12-5　userservice 消息分区效果

要想实现图 12-5 所示的消息分区效果，唯一要做的事情还是重构 Binder 配置。这次以 RabbitMQ

为例给出示例配置，如下所示：

```
spring:
  cloud:
    stream:
      bindings:
        default:
          content-type: application/json
          binder: rabbitmq
        output:
          destination: userExchange
          group: userGroup
          producer:
            partitionKeyExpression: payload.user.id % 2
            partitionCount: 2
      binders:
        rabbitmq:
          type: rabbit
          environment:
            spring:
              rabbitmq:
                host: 127.0.0.1
                port: 5672
                username: guest
                password: guest
```

首先，明确上述配置项针对的是消息发布者 Source 组件，因为出现了 output 配置项。注意其中指定了交换器和消费者分组分别为 userExchange 和 userGroup。同时，这里还出现了两个新的配置项 partitionKeyExpression 和 partitionCount，这两个配置项就与消息分区有关。指定了 partitionKeyExpression 为 payload.user.id，意味着 Spring Cloud Stream 会根据传入的 UserEvent 中 User 对象的 ID 对 2 进行取模操作。如果取模值为 1 表示只有分区 ID 为 1 的 userservice 能接收到该信息，如果取模值为 0 则表示只有分区 ID 为 2 的 userservice 能接收到该信息。显然，通过这样的分区策略，分区的数量 partitionCount 应该为 2。

对应地，作为消息消费者的 Sink 组件的配置项如下所示：

```
spring:
  cloud:
    stream:
      bindings:
        default:
          content-type: application/json
          binder: rabbitmq
        input:
          destination: userExchange
          group: userGroup
          consumer:
            partitioned: true
            instanceIndex: 0
            instanceCount: 2
      binders:
        rabbitmq:
          type: rabbit
          environment:
```

```
spring:
  rabbitmq:
    host: 127.0.0.1
    port: 5672
    username: guest
    password: guest
```

上述配置中同样包含分区信息，其中 partitioned 为 true 表示启用消息分区功能，instanceCount 为 2 表示消息分区的消费者节点数量为 2。特别要注意的是，这里的 instanceIndex 参数用来设置当前消费者实例的索引号。因为 instanceIndex 是从 0 开始的，在这里就把当前服务实例的索引号设置为 0。显然在另外一个 userservice 实例中需要将 instanceIndex 设置为 1。

## 12.5 本章小结

Spring Cloud Stream 是 Spring Cloud 中针对消息处理的一款平台型框架，该框架的核心优势在于在内部集成了 RabbitMQ、Kafka 等主流消息中间件，而对外则提供了统一的 API 接入层。通过对本章内容的学习，我们知道 Spring Cloud Stream 通过 Binder 实现了这一目标。同时，针对消息处理场景下的消费者分组、消息分区等需求，该框架也内置了抽象层并完成与不同消息中间件的整合。

从框架使用的角度讲，本章介绍了使用 Spring Cloud Stream 来完成对系统中消息发布消费流程的建模，并提供了针对消息发布者和消息消费者的实现过程。可以看到，只要理解了 Spring Cloud Stream 的基本架构，开发人员使用该框架发送和接收消息需要更关注的是配置工作。这正是 Spring Cloud Stream 的优势所在。

# 第 13 章

# Spring Cloud 服务监控

本章将讨论一个在微服务架构中非常重要的话题，即服务监控。本章将简要分析服务监控的基本原理，这是理解服务监控相关工具和框架的基础。同时，作为 Spring Cloud 中用于实现服务监控的专用工具，Spring Cloud Sleuth 为实现这些基本原理提供了完整而强大的解决方案。

Spring Cloud Sleuth 的强大之处实际上并不是体现在独立的服务跟踪和日志处理能力上，而是体现在框架整合能力上。Spring Cloud Sleuth 在框架整合上可以很方便地引入 Zipkin 等工具实现可视化的服务调用链路。

另外，虽然内置的日志埋点和采集功能已经能够满足日常开发的大多数场景需要，但如果想要在系统中重点监控某些业务操作时，也需要创建自定义的 Span 并纳入可视化监控机制。开发人员可以通过 Spring Cloud Sleuth 底层的 Brave 框架实现自定义跨度（Span），从而打造定制化的服务访问链路。

## 13.1 服务监控解决方案

在微服务架构中，可基于业务划分服务并对外暴露服务访问接口。试想这样一个场景，如果我们发现某一个业务接口在访问过程中发生了错误，一般的处理过程就是快速定位到问题所发生的服务并进行解决。但在图 13-1 所示的中大型系统中，一个业务接口背后可能会调用一批其他业务体系中的服务接口或基础设施类的底层接口，这时候如何能够做到快速定位问题呢？

传统的做法是通过查阅服务器的日志来定位问题，但在中大型系统中，这种做法的可操作性并不强，主要原因是很难快速定位到包含错误日志的服务器。一方面，开发人员可能都不知道整个服务调用链路中具体涉及几个服务，也就无法找到是哪个服务发生了错误。就算找到了目标服务，在分布式集群的环境下，也不建议直接通过访问某台服务器来定位问题。分布式服务监控的需求就应运而生。

分布式服务跟踪和监控的运行原理上实际上并不复杂，此处首先需要引入两个基本概念，即 SpanId 和 TraceId。

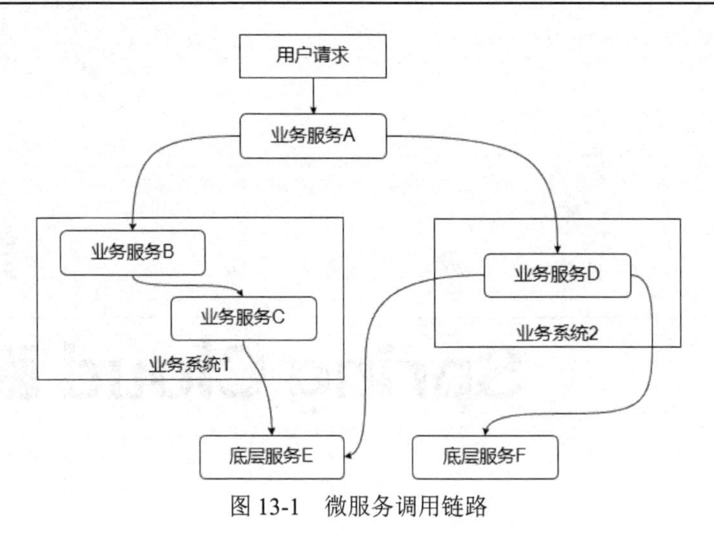


图 13-1　微服务调用链路

- SpanId。

SpanId 一般被称为跨度 ID。在图 13-1 中，针对服务 A 的访问请求，可通过 SpanId 来标识该请求到达和返回的具体过程。显然，对于这个 Span 而言，势必需要明确 Span 的开始时间和结束时间，这两个时间之间的差值就是服务 A 对这个请求的处理时间。

- TraceId。

除了 SpanId 外，还需要 TraceId，也就是跟踪 ID。同样是在图 13-1 中，要想监控整个链路，不光需要关注服务 A 中的 Span，更重要的是需要把请求通过所有服务的 Span 都串联起来。这时候就需要为这个请求生成一个全局的唯一性 ID，通过这个 ID 可以串联起如图 13-1 所示的从服务 A 到服务 F 的整个调用过程，这个唯一性 ID 就是 TraceId。

关于 Span，业界一般使用 4 种关键事件记录每个服务的客户端请求和服务器响应过程。可以基于这 4 种关键事件来剖析一个 Span 中的时间表示方式，如图 13-2 所示。

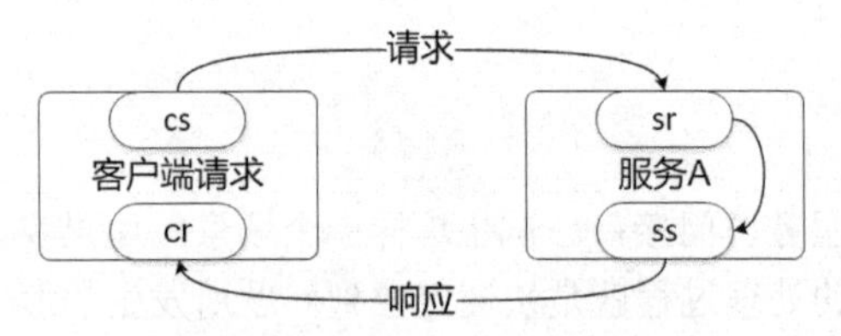


图 13-2　Span 中的 4 种关键事件

在图 13-2 中，cs 表示 Client Send，也就是客户端向服务 A 发起了一个请求，代表了一个 Span 的开始。sr 代表 Server Receive，表示服务端接收客户端的请求并开始处理它。一旦请求到达了服务器，服务器对请求进行处理并返回结果给客户端，这时候就会记录 ss 事件，也就是 Server Send。cr 表示 Client Receive，表示客户端接收到了服务器返回的结果，代表着一个 Span 的完成。

我们可以通过计算这 4 个关键事件发生时间之间的差值来获取 Span 中的时间信息。显然，sr−cs 值等于请求的网络延迟，ss−sr 值表示服务端处理请求的时间，而 cr−sr 值则代表客户端接收服务端数据的时间。

通过这些关键事件可以发现服务调用链路中存在的问题，目前主流的服务监控实现工具都对这些关键事件做了支持和封装。Spring Cloud 提供了一个专门的组件用来构建服务调用链路，这个组件就是 Spring Cloud Sleuth。在 Spring Cloud Sleuth 中，也把上述 4 个关键事件称为注解（Annotation），请注意名称上的不同叫法。

## 13.2 引入 Spring Cloud Sleuth

Spring Cloud Sleuth 是 Spring Cloud 的组成部分之一，对于分布式环境下的服务调用链路，可以通过该框架来完成服务监控和跟踪方面的各种需求。

当将 Spring Cloud Sleuth 依赖包添加到系统的类路径时，该框架便会自动建立日志收集渠道，不仅包括常见的通过 RestTemplate 发出的请求，同时也能无缝支持通过服务网关以及 Spring Cloud Stream 所发送的请求。

接下来引入 Spring Cloud Sleuth 框架。借助于 Spring Cloud Sleuth 中即插即用的服务调用链路构建过程，想要在某个微服务中添加服务监控功能，要做的事情只有一件，即把 spring-cloud-starter-sleuth 组件添加到 Maven 依赖中即可，如下所示：

```
<dependency>
     <groupId>org.springframework.cloud</groupId>
     <artifactId>spring-cloud-starter-sleuth</artifactId>
</dependency>
```

初始化工作完成之后，接下来就来看一下引入 Spring Cloud Sleuth 之后所带来的变化，切入点是控制台日志分析。现在，假设有一个 userservice，那么通过 Spring Cloud Sleuth 会生成类似这样的日志信息：

```
INFO [userservice,81d66b6e43e71faa,6df220755223fb6e,true] 18100 --- [nio-8082-exec-8] c.s.
user.controller.UserController       : Get user by userName from 8082 port of userservice instance
```

上述日志信息中的斜体部分内容，包括 4 段内容，即服务名称、TraceId、SpanId 和 Zipkin 标志位，它的格式如下所示：

```
[服务名称, TraceId, SpanId, Zipkin 标志位]
```

显然，userservice 代表着该服务的名称，使用的就是在配置文件中通过 spring.application.name 配置项指定的服务名称。考虑到服务跟踪的需求，为服务指定一个统一而友好的名称是一项最佳实践。

TraceId 代表一次完整请求的唯一编号，示例中的 81d66b6e43e71faa 就是该次请求的唯一编号。在 Zipkin 等可视化工具中，可以通过 TraceId 查看完整的服务调用链路。

在一个完整的服务调用链路中，每一个服务的调用过程都可以通过 SpanId 进行唯一标识，例如上例中的 6df220755223fb6e。所以 TraceId 和 SpanId 是一对多的关系，即一个 TraceId 一般都会对应多个 SpanId，每一个 SpanId 都从属于特定的 TraceId。当然，也可以通过 SpanId 查看某一个服务调用过程的详细信息。

Zipkin 标志位用于识别是否将服务跟踪信息同步到 Zipkin。关于 Zipkin 的详细介绍请参考 13.3 节内容。

如果没有将 Spring Cloud Sleuth 添加到服务的类路径中，会发现日志显示效果为[userservice,,,]，也就说默认请求下 TraceId、SpanId 和 Zipkin 标志位都为空，这些内容都是在引入 Spring Cloud Sleuth 之后被自动添加到每一次服务调用中的。

现在，假设有另一个消费者服务 consumerservice 调用了 userservice，那么在这个服务的控制台中，同样可以看到如下所示的日志信息：

```
INFO [consumerservice,81d66b6e43e71faa,e1dffdb86c81cc3c,true] 18656 --- [nio-8081-
exec-2] c.s.consumer.controller.ConsumerController    : Call consumer service from port: 8081
```

请注意，以上两段日志中的 TraceId 都是 81d66b6e43e71faa，也就是它们属于同一个服务调用链路，而不同的 SpanId 代表着整个链路中的具体某一个服务调用。基于这两个服务以及 TraceId、SpanId 所生成的服务调用时序链路效果如图 13-3 所示。

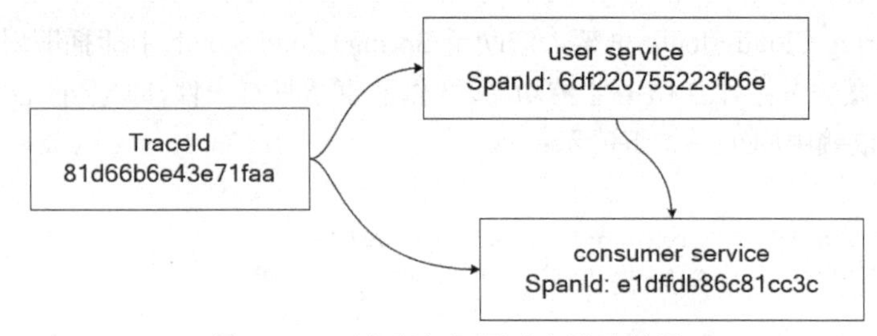


图 13-3　两个服务调用时序链路效果

## 13.3　整合 Spring Cloud Sleuth 与 Zipkin 实现可视化监控

现在介绍通过引入 Spring Cloud Sleuth 框架为微服务系统访问链路自动添加 TraceId 和 SpanId。针对监控数据的管理，Spring Cloud Sleuth 可以设置常见的日志格式来输出 TraceId 和 SpanId，也可以利用 Logstash 等日志发布组件将日志发布到 ELK 等日志分析工具中进行处理。同时，Spring Cloud Sleuth 也兼容 Zipkin、HTrace 等第三方工具的应用和集成。本节将基于 Zipkin 来讨论如何构建链路的可视化效果，以及如何获取更详细的调用链路数据信息。

### 13.3.1　集成 Spring Cloud Sleuth 与 Zipkin

在完成 Spring Cloud Sleuth 与 Zipkin 的整合之前，有必要先对 Zipkin 的基本结构做一些介绍。

1. Zipkin 简介

Zipkin 是一款开源的分布式跟踪系统，每个服务向 Zipkin 上报运行时数据，Zipkin 会根据调用关系通过 Zipkin UI 对整个调用链路中的数据实现可视化。在结构上 Zipkin 包含几个核心的组件，如图 13-4 所示。

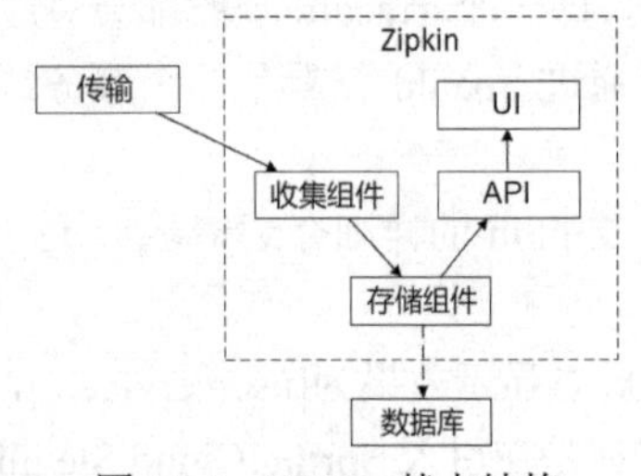


图 13-4　Zipkin 基本结构

在图 13-4 中，首先看到的是日志的收集组件 Collector，该组件接收来自外部传输（Transport）的数据，将这些数据转换为 Zipkin 内部处理的 Span 格式，相当于兼顾数据收集和格式化的功能。这些收集的数据通过存储组件 Storage 进行存储，当前支持 Cassandra、Redis、HBase、MySQL、PostgreSQL、SQLite 等工具，默认存储在内存中。然后，所存储数据可以通过 RESTful API 对外暴露查询接口。更有用的是，Zipkin 还提供了一套简单的 Web 界面，基于 API 组件的上层应用，我们可以方便而直观地查询和分析跟踪信息。

在运行过程中，可以通过 Zipkin 获取如图 13-5 所示的服务调用链路分析效果，Zipkin 提供了强大的可视化管理功能。

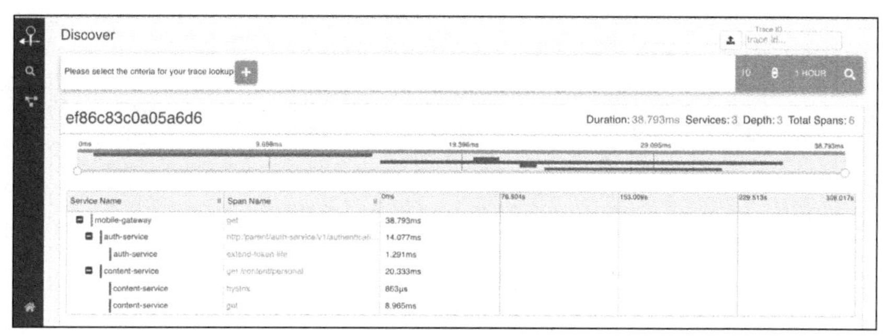


图 13-5 Zipkin 服务调用链路分析效果（来自 Zipkin 官网）

在 Spring Cloud Sleuth 中整合 Zipkin 也非常简单，只需要启动 Zipkin 服务器，并为各个微服务配置集成 Zipkin 服务即可。

Zipkin 服务器本身不需要开发人员构建，可以直接从 Zipkin 的官网上下载。下载的是一个可以通过 java -jar 命令直接启动的可执行 jar 包，如 zipkin-server-2.21.7-exec.jar。

2. 集成 Zipkin 服务器

为了集成 Zipkin 服务器，在各个微服务中，需要确保添加了对 Spring Cloud Sleuth 和 Zipkin 的 Maven 依赖，如下所示。

```
<dependency>
     <groupId>org.springframework.cloud</groupId>
     <artifactId>spring-cloud-starter-sleuth</artifactId>
</dependency>

<dependency>
     <groupId>org.springframework.cloud</groupId>
     <artifactId>spring-cloud-sleuth-zipkin</artifactId>
</dependency>
```

然后需要在配置文件中添加对 Zipkin 服务器的引用，配置内容如下所示：

```
spring:
  zipkin:
     baseUrl: http://localhost:9411
```

至此，Zipkin 环境已经搭建完毕，可以通过访问 http://localhost:9411 来获取 Zipkin 所提供的所有可视化结果。接下来将介绍如何使用 Zipkin 可视化服务调用链路。

## 13.3.2 使用 Zipkin 可视化服务调用链路

本小节将介绍 Zipkin 可视化服务调用链路的构建包含两大维度，即可视化服务调用时序和可视化服务调用数据。

1. 可视化服务调用时序

可视化服务调用时序是 Zipkin 最重要的功能。对于服务监控而言，针对服务调用数据收集、分析和管理的目的是发现服务调用过程的问题并采取相应的优化措施。图 13-6 展示了 Zipkin 可视化服务调用时序的主界面。

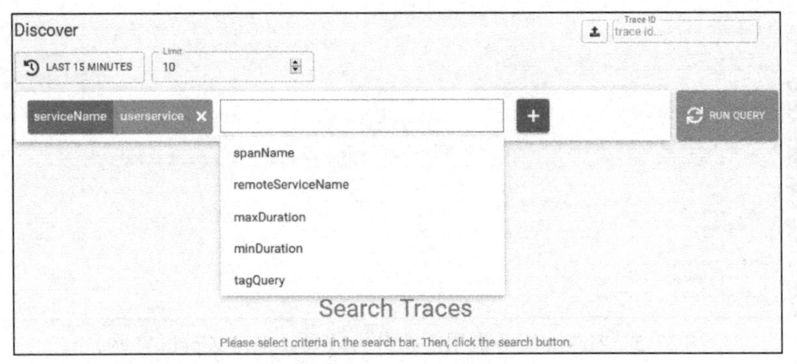


图 13-6　Zipkin 可视化服务调用时序的主界面

图 13-6 所展示的主界面主体是一个面向查询的操作界面，其中需要关注服务名称和端点，因为服务调用链路中的所有服务都会出现在服务名称列表中。针对每个服务，也可以选择感兴趣的端点信息。同时，还有多个用于灵活查询的过滤器，它们可用于过滤 TraceId、SpanName、访问时间、调用时长以及标签等。

当然，最应该关注的是查询结果。针对某个服务，Zipkin 的查询结果展示了包含该服务的所有调用链路。Zipkin 服务调用链路明细界面如图 13-7 所示。

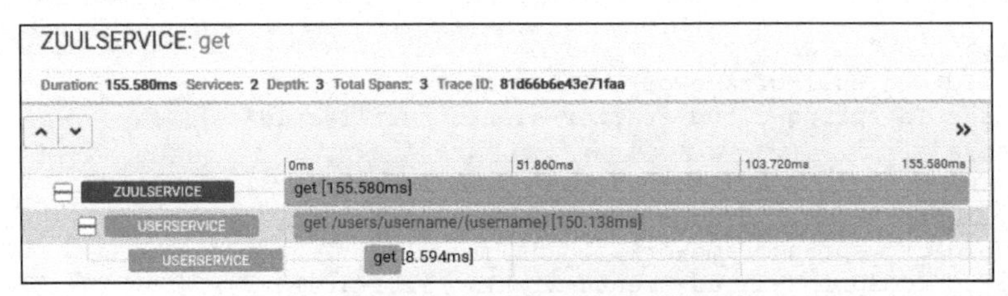


图 13-7　Zipkin 服务调用链路明细界面

图 13-7 中最重要的就是各个 Span 信息。一个服务调用链路被分解成若干个 Span，每个 Span 代表完整调用链路中的一个可以衡量的部分。通过可视化的界面，我们可以看到整个访问链路的整体时长以及各个 Span 所花费的时间。每个 Span 的时延都已经被量化，并通过背景颜色的深浅来表示时延的大小。

2. 可视化服务调用数据

在图 13-7 中，单击任何一个感兴趣的 Span 就可以获取该 Span 对应的各项服务调用数据明细。例如，单击“get /users/username/{username}”这个 Span，可以得到如图 13-8 所示的事件明细信息。

图 13-8 展示了 4 个关键事件数据（基于 Zipkin）。请注意，这里的 Client Start 相当于 cs 事件、Server Start 相当于 sr 事件，Client Finish 相当于 cr 事件，而 Server Finish 则相当于 ss 事件。对于这个 Span 而言，zuulservice 相当于 userservice 的客户端，所以 zuulservice 触发了 cs 事件，然后通过 (17.160−2.102)ms 到达了 userservice，以此类推。从这些关键事件数据中可以得出一个结论，即该请求的整个服务响应时间主要取决于 userservice 自身的处理时间。

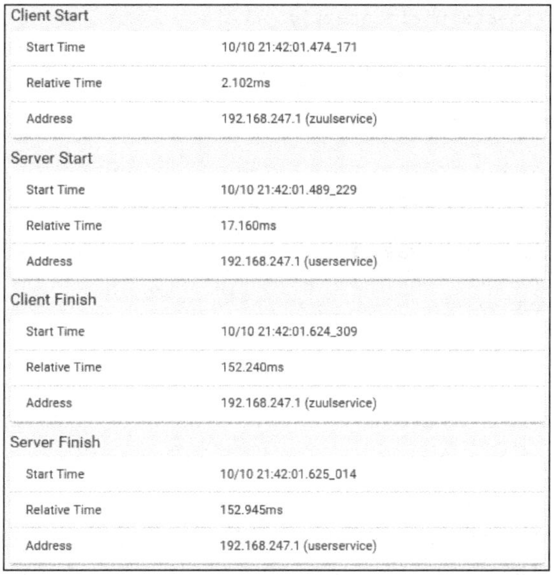

| Client Start | |
| --- | --- |
| Start Time | 10/10 21:42:01.474_171 |
| Relative Time | 2.102ms |
| Address | 192.168.247.1 (zuulservice) |
| **Server Start** | |
| Start Time | 10/10 21:42:01.489_229 |
| Relative Time | 17.160ms |
| Address | 192.168.247.1 (userservice) |
| **Client Finish** | |
| Start Time | 10/10 21:42:01.624_309 |
| Relative Time | 152.240ms |
| Address | 192.168.247.1 (zuulservice) |
| **Server Finish** | |
| Start Time | 10/10 21:42:01.625_014 |
| Relative Time | 152.945ms |
| Address | 192.168.247.1 (userservice) |

图 13-8 Zipkin 中 Span 对应的 4 个关键事件数据界面

最后，作为数据管理和展示的统一平台，Zipkin 还实现了更为底层的数据表现形式，也就是通过 JSON 数据提供对调用过程的详细描述。开发人员可以根据需要获取所需的各项信息。

## 13.4 创建自定义 Span

从 2.x 版本开始，Spring Cloud Sleuth 全面使用 Brave 作为其底层的服务跟踪实现框架。原本在 1.x 版本中通过 Spring Cloud Sleuth 自带的 org.springframework.cloud.sleuth.Tracer 接口创建和管理自定义 Span 的方法将不再有效。因此，想要在访问链路中创建自定义的 Span，需要对 Brave 框架所提供的功能有足够的了解。

### 13.4.1 Brave 框架简介

事实上，Brave 是 Java 版的 Zipkin 客户端，它将收集的跟踪信息以 Span 的形式上报给 Zipkin 系统。首先来关注 Brave 中的 Span 类。注意 Span 是一个抽象类，在 Brave 中，该抽象类的子类就是 RealSpan。RealSpan 分别提供了一组 start()和 finish()方法来启动和关闭 Span。同时，RealSpan 中还存在一个非常有用的 annotate()方法，如下所示：

```
@Override
public Span annotate(long timestamp, String value) {
    if ("cs".equals(value)) {
      synchronized (state) {
        state.kind(Span.Kind.CLIENT);
        state.startTimestamp(timestamp);
      }
    } else if ("sr".equals(value)) {
      synchronized (state) {
        state.kind(Span.Kind.SERVER);
```

```
        state.startTimestamp(timestamp);
      }
    } else if ("cr".equals(value)) {
      synchronized (state) {
        state.kind(Span.Kind.CLIENT);
      }
      finish(timestamp);
    } else if ("ss".equals(value)) {
      synchronized (state) {
        state.kind(Span.Kind.SERVER);
      }
      finish(timestamp);
    } else {
      synchronized (state) {
        state.annotate(timestamp, value);
      }
    }
    return this;
}
```

回顾 13.1 节介绍的 4 种监控事件，不难理解上述代码的作用就是为这些事件指定类型以及时间，从而为构建监控链路提供基础。

RealSpan 中还有一个值得介绍的方法是如下所示的 tag()方法：

```
@Override
public Span tag(String key, String value) {
    synchronized (state) {
      state.tag(key, value);
    }
    return this;
}
```

该方法为 Span 打上一个标签，其中两个参数分别代表标签的键和值，开发人员可以根据需要对任何一个 Span 添加自定义的标签体系。

了解了 Span 的定义之后，可以来讨论在业务代码中创建 Span 的两种方法。一种是使用 Brave 中的 Tracer 类，一种是使用注解。

### 13.4.2 通过 Tracer 类创建 Span

Tracer 是一个工具类，提供了一批方法用于完成与 Span 相关的各种属性和操作。本小节同样挑选几个常见的方法进行展开。

首先来看如何通过 Tracer 创建一个新的根 Span，可以通过如下所示的 newTrace()方法进行实现：

```
public Span newTrace() {
    return _toSpan(newRootContext());
}
```

这里的 newRootContext()方法会创建一个用于保存跟踪信息的 TraceContext 上下文对象，对于根 Span 而言，这个 TraceContext 就是全新的上下文，没有父 Span。而这里的_toSpan()方法则最终构建了一个前面提到的 RealSpan 对象。

一旦创建了根 Span，就可以在这个 Span 上执行 nextSpan()方法来添加新的 Span，如下所示：

```java
public Span nextSpan() {
    TraceContext parent = currentTraceContext.get();
    return parent != null ? newChild(parent) : newTrace();
}
```

这里获取当前 TraceContext，如果该上下文不存在，就通过 newTrace()方法来创建一个新的根 Span；如果存在，则基于这个上下文并调用 newChild()方法来创建一个子 Span。当然，在很多场景下，首先需要获取当前的 Span，这时候就可以使用 Tracer 类所提供的 currentSpan()方法。

基于 Tracer 提供的这些常见方法，可以梳理在业务代码中添加一个自定义 Span 的模板代码，如下所示：

```java
@Service
public class MyService {

   @Autowired
    private Tracer tracer;

   public void perform() {

        Span newSpan = tracer.nextSpan().name("spanName").start();

        try {
            //执行业务逻辑
        } finally{
          newSpan.tag("key", "value");
          newSpan.annotate("myannotation");
          newSpan.finish();
        }
   }
}
```

上述代码注入了一个 Tracer 对象，然后通过 nextSpan().name("spanName").start()方法创建并启动了一个新的 Span。这是在业务代码中嵌入自定义 Span 的一种方法。当执行完各种业务逻辑之后，可以分别通过 tag()和 annotate()方法添加标签和定义事件，最后通过 finish()方法关闭 Span。这段模版代码可以直接引入日常的开发过程。

### 13.4.3 使用注解创建 Span

在 Brave 中，除了使用代码对创建 Span 的过程进行控制之外，还可以使用另一种更为简单的方法来创建 Span，这种方法就是使用注解。

先来看@NewSpan 注解，这个注解可以自动创建一个新的 Span，使用方法如下所示：

```java
@NewSpan
void myMethod();
```

当然，也可以把@NewSpan 注解和@SpanTag 注解结合在一起使用，@SpanTag 注解用于自动为通过@NewSpan 注解所创建的 Span 添加标签，如下所示：

```java
@NewSpan(name = "myspan")
void myMethod(@SpanTag("mykey") String param);
```

上述示例代码定义了一个名为“myspan”的新 Span，并在 myMethod()方法中注入了一个标签并定义了标签的键，而该标签的值就是方法的输入参数 param。如果执行这个方法，那么将生成一个键为“mykey”、值为“param”的新标签。

现在，我们已经掌握了创建自定义 Span 的常见方法，让我们把这些方法都串联起来，把它应用到日常开发中常见的自定义 Span 的业务场景，并集成 Zipkin 来实现自定义的可视化跟踪效果。

## 13.5 本章小结

构建服务监控和链路跟踪在微服务架构开发过程中是一项基础设施类工作，而我们可以借助于 Spring Cloud Sleuth 来轻松完成这项工作。Spring Cloud Sleuth 内置了日志采集和分析机制，能够帮助我们自动化建立 TraceId 和 SpanId 之间的关联关系。

同时本章引入了 Zipkin 这款优秀的开源框架，并介绍了其与 Spring Cloud Sleuth 的无缝集成。基于 Zipkin，可以实现可视化服务调用时序和可视化服务调用数据等多个维度的可视化监控功能。

另外，自定义 Span 是日常开发过程中经常使用的一项工程实践，通过在业务系统中嵌入各种 Span 能够帮助开发人员找到系统中的性能瓶颈点，从而为系统重构和优化提供抓手。在 Spring Cloud Sleuth 中，Brave 框架可以用来创建自定义的 Span，而 Zipkin 框架也可以对这些自定义 Span 实现可视化。本章对如何实现这些功能进行了详细的展开。

# 第 14 章

# SpringHealth：Spring Cloud 案例实战

案例分析是掌握一个框架应用方式的最好途径。介绍完了 Spring Cloud 所提供的各项核心功能之后，本章将引出本书第二个完整的案例系统。该案例系统描述了大健康领域中使用穿戴式设备上传健康数据的应用场景。本章将基于上述应用场景，通过构建一个精简但又完整的系统来展示微服务架构相关的设计理念和各项技术组件，这个案例系统称为 SpringHealth。同样，该案例系统的目的在于演示技术实现过程，不在于介绍具体业务逻辑。所以本章对案例的业务流程做了高度的简化，但所涉及的各项技术都可以直接应用到日常开发过程中。

## 14.1 SpringHealth 案例设计

在物联网和智能穿戴式设备日益发达的当下，试想一下这样的场景：患者通过智能手环、便携式脉诊仪等智能穿戴式设备检测自身的各项健康信息，然后把这些健康信息实时上报到云平台；云平台在检测到用户健康信息中的异常情况时会通过人工或自动的方式进行一定的健康干预，从而确保用户健康。这是大健康领域非常典型的一个业务场景，也是 SpringHealth 案例的来源。

### 14.1.1 微服务业务建模

微服务架构设计首要的切入点在于服务建模，因为微服务架构与传统 SOA 等技术体系的本质区别就是其服务的粒度和服务本身的面向业务和组件化特性。针对服务建模，首先需要梳理服务的类别以及服务与业务之间的关系，尽可能明确领域的边界。

针对服务建模，推荐使用领域驱动设计（Domain Driven Design，DDD）方法，通过识别领域中的各个子域、判断这些子域是否独立、考虑子域与子域的交互关系，从而明确各个界限上下文（Boundary Context）的边界。

对于领域的划分，业界主流的分类方法认为，系统中的各个子域可以分成核心子域、支撑子域和通用子域这 3 种类型，其中系统中的核心业务属于核心子域，专注于业务某一方面的子域称为支撑子域，可以作为某种基础设施的功能可以归到通用子域。图 14-1 所示的为一个典型的领域划分示例，来自电商系统。

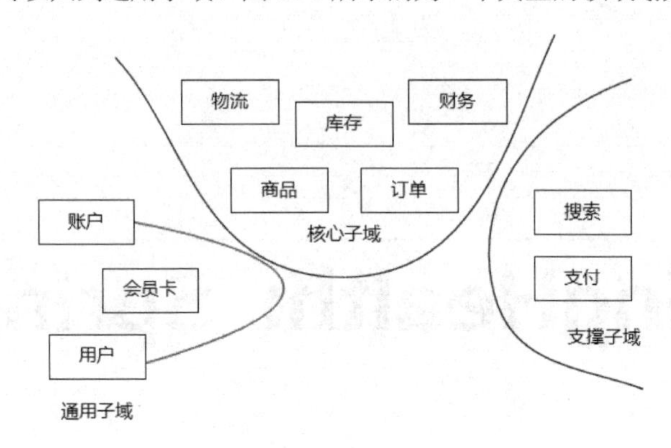


图 14-1 电商系统的典型领域划分示意

另外，服务建模本质上是一个为了满足业务需求，通过技术手段将这些业务需求转换为可实现服务的过程。服务围绕业务能力建模，而业务能力往往体现的是一种分层结构。可以把业务体系中的服务分成如下几种类型：基础服务、通用服务、定制服务和其他服务等。每个行业、每个公司具有不同的业务体系和产品形态，本书无意对业务建模的应用场景做过多展开。但在后续内容中，本书会基于 DDD 方法来介绍如何完成对 SpringHealth 系统的业务建模。

### 14.1.2 SpringHealth 业务模型和服务

SpringHealth 案例系统包含的业务场景比较简单，用户佩戴着各种穿戴式设备，云平台中的医护人员可以根据这些设备上报的健康信息生成健康干预。而在生成健康干预的过程中，需要对设备本身以及用户信息进行验证。从领域建模的角度进行分析，可以把该系统分成如下 3 个子域。

- 用户（User）子域。

用户管理，用户可以通过注册成为系统用户，同时也可以修改或删除用户信息，用户子域对外提供了用户信息有效性验证的入口。

- 设备（Device）子域。

设备管理，医护人员可以查询某个用户的某款穿戴式设备以便获取设备的详细信息，同时基于设备获取当前的健康信息。

- 健康干预（Intervention）子域。

健康干预管理，医护人员可以根据用户当前的健康信息生成对应的健康干预。当然，也可以查询自己所提交健康干预的当前状态。

从子域的分类上讲，用户子域比较明确，显然应该作为一种通用子域。而健康干预子域是 SpringHealth 的核心业务，所以应该是核心子域。至于设备子域，在这里比较倾向于将之归为支撑子域，如图 14-2 所示。

为了演示起见，这里对每个子域所包含的内容尽量做了简化。所以，我们对每一个子域都只提取一个微服务作为示例。基于以上分析，可以把 SpringHealth 划分成 3 个微服务，即 user-service、device-service

和 intervention-service。图 14-3 展示了 SpringHealth 的基本架构。在图 14-3 中，intervention-service 需要基于 RESTful 风格完成与 user-service 和 device-service 服务之间的远程交互。

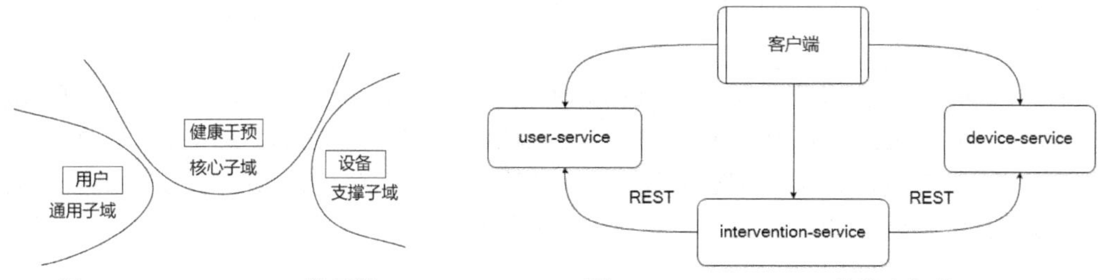


图 14-2　SpringHealth 的子域　　图 14-3　SpringHealth 的基本架构

上述 3 个服务构成了 SpringHealth 的业务主体，属于业务微服务。而围绕构建一个完整的微服务系统，还需要引入其他很多服务，这些服务从不同的角度为实现微服务架构提供支持。让我们继续来提炼 SpringHealth 中的其他服务。

当采用 Spring Cloud 构建完整的微服务技术解决方案时，部分技术组件需要通过独立服务的形式进行运作，具体包括如下服务。

- 注册中心服务。

在本章中，我们将采用 Spring Cloud Netflix 中的 Eureka 来构建用于服务发现和服务注册的注册中心。Eureka 同时具备服务器组件和客户端组件，其中客户端组件内嵌在各个业务微服务中，而服务器组件则是独立的，所以需要构建一个 Eureka 服务。我们将这个服务命名为 eureka-server。

- 配置中心服务。

与 Eureka 类似，基于 Spring Cloud Config 构建的配置中心同样存在服务器组件和客户端组件，其中的服务器组件也需要构建一个独立的配置服务。我们将这个服务命名为 config-server。

- 服务网关服务。

对于网关服务而言，无论是使用 Spring Cloud Netflix 中的 Zuul 还是 Spring 自建的 Spring Cloud Gateway，都需要构建一个独立的服务来承接各种服务路由功能。本章采用的是 Spring Cloud Gateway，所以将构建一个 gateway-server 服务。

回到案例，这样整个 SpringHealth 的所有服务如表 14-1 所示。对于基础设施类服务，命名上我们统一以-server 来结尾；而对于业务服务，则使用-service 来结尾。

**表 14-1　SpringHealth 服务**

| 服务名称 | 服务描述 | 服务类型 |
| --- | --- | --- |
| eureka-server | 服务注册中心服务器 | 基础设施服务 |
| config-server | 分布式配置中心服务器 | 基础设施服务 |
| gateway-server | Spring Cloud Gateway 服务器 | 基础设施服务 |
| user-service | 用户服务 | 业务服务 |
| device-service | 设备服务 | 业务服务 |
| intervention-service | 健康干预服务 | 业务服务 |

虽然案例中的各个服务在物理上都是独立的微服务，但对整个系统而言，需要相互协作构成一个完整的微服务系统。也就是说，服务运行时的状态存在一定的依赖性。我们结合系统架构对 SpringHealth 的运行方式进行梳理，梳理的基本方法就是按照服务列表构建独立服务，并基于注册中心来管理它们之间的依赖关系。

在介绍案例的具体代码实现之前，我们也先对所使用的框架工具和对应的版本进行一定的约定。在本章中，使用的 Spring Cloud 是 Hoxton 系列版本。我们将统一使用 Maven 来组织每个工程的代码结构和依赖管理。本案例的代码可从异步社区下载。关于如何基于 Spring Cloud 构建微服务架构的各项核心技术都会在这个案例中得到详细的体现。

## 14.2 实现案例技术组件

本节将介绍实现 SpringHealth 案例中的各个技术组件，包括微服务基础设施服务、服务调用和容错机制、消息通信以及自定义的服务跟踪。

### 14.2.1 实现微服务基础设施服务

SpringHealth 案例中的基础设施服务包括注册中心 eureka-server、服务网关 gateway-server 和配置中心 config-server。这些服务的构建方式分别在第 8 章、第 9 章和第 11 章介绍过，这里不再展开。

### 14.2.2 实现服务调用和容错

在 SpringHealth 案例中，intervention-service 需要调用 user-service 和 device-service 来生成健康干预记录。可在 intervention-service 中创建一个 InterventionService，该操作的代码流程如下所示：

```
@Service
public class InterventionService {

    @Autowired
    private InterventionRepository interventionRepository;

    public Intervention generateIntervention(String userName, String deviceCode) {
        logger.debug("Generate intervention record with user: {} from device: {}",
userName, deviceCode);

        Intervention intervention = new Intervention();

        //获取远程User信息
        UserMapper user = getUser(userName);
        if (user == null) {
            return intervention;
        }
        logger.debug("Get remote user: {} is successful", userName);

        //获取远程Device信息
        DeviceMapper device = getDevice(deviceCode);
        if (device == null) {
            return intervention;
        }
```

```
        logger.debug("Get remote device: {} is successful", deviceCode);

        //创建并保存 Intervention 信息
        intervention.setUserId(user.getId());
        intervention.setDeviceId(device.getId());
        intervention.setHealthData(device.getHealthData());
        intervention.setIntervention("InterventionForDemo");
        intervention.setCreateTime(new Date());

        interventionRepository.save(intervention);

        return intervention;
    }
}
```

显然，上述代码中 getUser()方法和 getDevice()方法都会涉及微服务之间的相互依赖和调用，代码如下所示：

```
@Autowired
private UserServiceClient userClient;

@Autowired
private DeviceServiceClient deviceClient;

private UserMapper getUser(String userName) {
    return userClient.getUserByUserName(userName);
}

private DeviceMapper getDevice(String deviceCode) {
    return deviceClient.getDevice(deviceCode);
}
```

这里通过注入 UserServiceClient 和 DeviceServiceClient 两个工具类来实现远程调用。以 DeviceServiceClient 为例给出它的实现过程，如下所示：

```
@Component
public class DeviceServiceClient {

    @Autowired
    RestTemplate restTemplate;

    private static final Logger logger = LoggerFactory.getLogger(DeviceServiceClient.
class);

    public DeviceMapper getDeviceByDeviceCode(String deviceCode){

    logger.debug("Get device: {}", deviceCode);

        ResponseEntity<DeviceMapper> restExchange =
                restTemplate.exchange(
                        "http://gatewayservice:5555/springhealth/device/devices/
{deviceCode}",
                        HttpMethod.GET,
                        null, DeviceMapper.class, deviceCode);
```

```
        DeviceMapper device = restExchange.getBody();

        return device;
    }
}
```

可以看到，这里使用了 Ribbon 和 RestTemplate 来实现调用过程的客户端负载均衡。

在微服务环境下，使用 UserServiceClient 和 DeviceServiceClient 的调用过程可能会出现响应超时等问题，这个时候 intervention-service 作为服务消费者需要做到服务容错。本章以 Hystrix 为例演示如何实现服务容错。要嵌入 Hystrix 提供的熔断机制，只需要在这两个类的远程调用方法上添加 @HystrixCommand 注解即可。

现在来模拟一下远程调用超时的场景，调整 getDevice()方法的代码，通过 Thread.sleep(2000)来模拟响应时间过长的场景，如下所示：

```
@HystrixCommand
private DeviceMapper getDevice(String deviceCode) {

    try {
        Thread.sleep(2000);
    } catch (InterruptedException e) {
        e.printStackTrace();
    }

    return deviceClient.getDevice(deviceCode);
}
```

现在在 intervention-service 中创建一个 InterventionController，并暴露用于创建健康干预的 HTTP 端点，如下所示：

```
@RestController
@RequestMapping(value="interventions")
public class InterventionController {

    @Autowired
    private InterventionService interventionService;

    @RequestMapping(value = "/{userName}/{deviceCode}", method = RequestMethod.POST)
    public Intervention generateIntervention(@PathVariable("userName") String userName,
@PathVariable("deviceCode") String deviceCode) {

        Intervention intervention = interventionService.generateIntervention(userName,
deviceCode);

        return intervention;
    }
}
```

显然，这个端点用来访问 InterventionService 并生成 Intervention 记录。现在来访问这个端点：

```
http://localhost:8083/interventions/springhealth_user1/device_blood
```

首先，在 intervention-service 的控制台中会看到“java.lang.InterruptedException: sleep interrupted”异常，而抛出该异常的来源正是 Hystrix。

然后，来查看端点调用的返回值，如下所示：

```
{
    "timestamp":"1601881721343",
    "status":500,
    "error":"Internal Server Error",
    "exception":"com.netflix.hystrix.exception.HystrixRuntimeException",
    "message":"generateIntervention time-out and fallback failed.",
    "path":"/interventionsorders/springhealth_user1/device_blood"
}
```

在这里，可以发现 HTTP 响应状态为 500，而抛出的异常为 HystrixRuntimeException，从异常信息上可以看出引起该异常的原因是超时。事实上，默认情况下，添加了@HystrixCommand 注解的方法调用超过了 1000ms 就会触发超时异常，显然上例中设置的 2000ms 满足触发条件。

和设置线程池属性类似，在 HystrixCommand 中也可以对熔断的超时时间、失败率等各项阈值进行设置。例如可以在 getDevice()方法上添加如下配置项以改变 Hystrix 的默认行为：

```
@HystrixCommand(commandProperties = {
    @HystrixProperty(name = "execution.isolation.thread.timeoutInMilliseconds", value
= "3000")
})
private DeviceMapper getDevice(String deviceCode)
```

上述示例中的 execution.isolation.thread.timeoutInMilliseconds 配置项就是用来设置 Hystrix 的超时时间的，现在把它设置成 3000ms。再次访问 http://localhost:8083/interventions/springhealth_user1/device_blood 端点，就会发现请求会正常返回。

Hystrix 在服务调用失败时都可以执行服务回退逻辑。在开发过程上，只需要提供一个 Fallback()方法并进行配置即可。例如，在 SpringHealth 案例系统中，对于 intervention-service 中访问 user-service 和 device-service 这两个远程服务场景，都可以实现 Fallback()方法。Fallback()方法的实现也非常方便，唯一需要注意的就是该方法的参数和返回值必须与真实的方法完全一致。如下所示的就是访问 user-service 时实现 Fallback()方法的一个示例：

```
private UserMapper getUserFallback(String userName) {

    UserMapper fallbackUser = new UserMapper(0L,"no_user","not_existed_user");

    return fallbackUser;
}
```

通过构建一个不存在的 User 信息来返回结果。有了这个 Fallback()方法，剩下要做的就是在@HystrixCommand 注解中设置“fallbackMethod”配置项。重构后的 getUser()方法如下所示：

```
@HystrixCommand(threadPoolKey = "springHealthGroup",
     threadPoolProperties =
         {
                @HystrixProperty(name="coreSize",value="2"),
                @HystrixProperty(name="maxQueueSize",value="10")
```

```
        },
        fallbackMethod = "getUserFallback"
)
private UserMapper getUser(String userName) {

    return userClient.getUserByUserName(userName);
}
```

现在我们就可以模拟远程方法调用的各种异常情况，并观察这个 Fallback()方法是否已经生效。

### 14.2.3　实现消息通信

接下来继续围绕 SpringHealth 系统，讨论消息通信的应用场景。在案例中存在健康干预相关的业务场景，常见的健康干预涉及用户、设备和健康干预自身信息维护等功能，而 SpringHealth 分别提取了 user-service、device-service 和 intervention-service 这 3 个微服务。显然，这 3 个服务之间需要进行调用和协调从而完成业务闭环。如果在不久的将来，SpringHealth 需要引入其他服务才能形成完整的业务流程，那么这个业务闭环背后的交互模式就需要进行相应的调整。

一般而言，类似 SpringHealth 这样的系统中的用户信息变动并不会太频繁，所以很多时候我们会想到通过缓存来存放用户信息，并在健康干预处理过程中直接从缓存中获取所需的用户信息。在这样的设计和实现方式下，试想一旦某个用户信息发生变化，我们应该如何正确且高效地应对这一场景？

考虑到系统扩展性，显然在 intervention-service 中直接通过访问 user-service 实时获取用户信息的服务交互模式并不是一个好的选择，因为用户信息更新的时机无法让人事先预知，而事件驱动架构提供了一种更好的实现方案。当用户信息变更时，user-service 可以发送一个事件，该事件表明了某个用户信息已经发生了变化，并将传递到所有对该事件感兴趣的微服务，这些微服务会根据自身的业务逻辑来消费这一事件。通过这种方式，某个特定服务就可以获取用户信息变更事件从而更新位于自身服务内部的缓存信息。基于这种设计思想，该场景下的交互如图 14-4 所示。

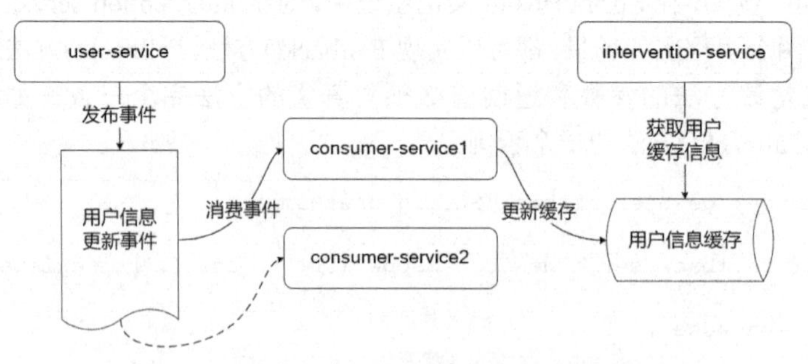


图 14-4　用户信息更新场景中的事件驱动架构

图 14-4 中有 consumer-service1 和 consumer-service2 这两个消费者服务，事件处理架构的优势就在于当系统中需要添加新的用户信息变更事件处理逻辑来完成整个流程时，我们只需要对该事件添加一个新的 consumer-service2 即可，而不需要对原有的 consumer-service1 中的处理流程做任何修改。这在应对系统扩展性上有很大的优势。

1. 实现 SpringHealth 中的消息发布场景

一般而言，事件在命名上通常采用过去时态以表示该事件所代表的动作已经发生。所以，我们把这里的用户信息变更事件命名为 UserInfoChangedEvent。通常，我们也会建议使用一个独立的事件消费者来订阅这个事件，就像图 14-4 中的 consumer-service1 一样。但为了保持 SpringHealth 系统的简单性，我们不想再单独构建一个微服务，而是选择把事件订阅和消费的相关功能同样放在 intervention-service 中，如图 14-5 所示。

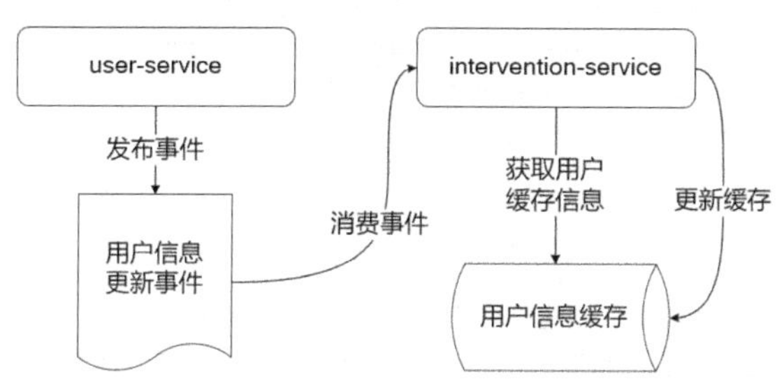


图 14-5　简化之后的用户信息更新场景处理流程

接下来关注图 14-5 中的事件发布者 user-service。在 user-service 中需要设计并实现使用 Spring Cloud Stream 发布消息的各个组件，包括 Source、Channel 和 Binder。围绕 UserInfoChangedEvent 事件可给出 user-service 消息发布的整个实现流程，如图 14-6 所示。

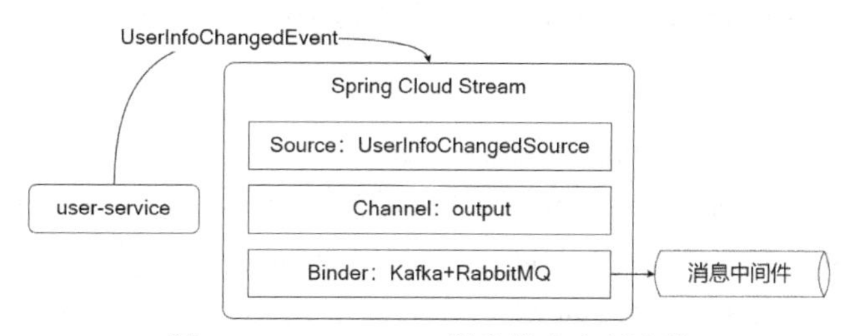


图 14-6　user-service 消息发布实现流程

在 user-service 中，势必会存在一个针对用户信息的修改操作，这个修改操作会触发图 14-6 中的 UserInfoChangedEvent 事件，然后该事件将被构建成一个消息并通过 UserInfoChangedSource 进行发送。UserInfoChangedSource 就是 Spring Cloud Stream 中的一个具体 Source 实现。UserInfoChangedSource 使用默认的名为“output”的 Channel 进行消息发布。本案例将同时演示 Kafka 和 RabbitMQ，所以 Binder 组件分别封装了这两个消息中间件。UserInfoChangedSource 的实现过程如下所示：

```
import org.springframework.cloud.stream.messaging.Source;
import org.springframework.messaging.support.MessageBuilder;
…

@Component
public class UserInfoChangedSource {
    private Source source;

    private static final Logger logger = LoggerFactory.getLogger(UserInfoChangedSource.class);
```

```
    @Autowired
    public UserInfoChangedSource(Source source){
        this.source = source;
    }

    private void publishUserInfoChangedEvent(UserInfoOperation operation, User user){

       logger.debug("Sending message for UserId: {}", user.getId());

        UserInfoChangedEvent change =  new UserInfoChangedEvent(
            UserInfoChangedEvent.class.getTypeName(),
            operation.toString(),
            user);
        source.output().send(MessageBuilder.withPayload(change).build());
    }

    public void publishUserInfoAddedEvent(User user) {
         publishUserInfoChangedEvent(UserInfoOperation.ADD, user);
    }

    public void publishUserInfoUpdatedEvent(User user) {
         publishUserInfoChangedEvent(UserInfoOperation.UPDATE, user);
    }

    public void publishUserInfoDeletedEvent(User user) {
         publishUserInfoChangedEvent(UserInfoOperation.DELETE, user);
    }
}
```

可以看到其中实现了一个 publishUserInfoChangedEvent()方法。该方法首先构建了 UserInfo ChangedEvent 事件并通过 Spring Messaging 模块所提供的 MessageBuilder 工具类将它转换为消息中间件所能发送的 Message 对象。然后，调用 Source 接口的 output()方法将事件发送出去，这里的 output()方法使用的就是一个具体的 MessageChannel。

最后，在 user-service 中集成消息发布功能。在原有 UserService 类的基础之上，添加对 UserInfoChanged Source 的使用过程，如下所示：

```
@Service
public class UserService {

    @Autowired
    private UserRepository userRepository;

    @Autowired
    private UserInfoChangedSource userInfoChangedSource;

    public User getUserById(Long userId) {

        return userRepository.findById(userId).orElse(null);
    }

    public User getUserByUserName(String userName) {
```

```
        return userRepository.findUserByUserName(userName);
    }

    public void addUser(User user){
        userRepository.save(user);

        userInfoChangedSource.publishUserInfoAddedEvent(user);
    }

    public void updateUser(User user){
        userRepository.save(user);

        userInfoChangedSource.publishUserInfoUpdatedEvent(user);
    }

    public void deleteUser(User user){
        userRepository.delete(user);

        userInfoChangedSource.publishUserInfoDeletedEvent(user);
    }
}
```

可以看到，在增加、修改和删除用户操作时都添加了发布用户信息变更事件的机制。注意，在 UserService 中并没有构建具体的 UserInfoChangedEvent 事件，而是把这部分操作放在 UserInfo ChangedSource 中，目的也是降低各个层次之间的依赖关系，并封装对事件的统一操作。

2. 实现 SpringHealth 中的消息消费场景

在 SpringHealth 案例中，根据整个消息交互流程，intervention-service 就是 UserInfoChangedEvent 事件的消费者。作为该事件的消费者，intervention-service 需要把变更后的用户信息更新到缓存中。

在 Spring Cloud Stream 中，负责消费消息的是 Sink 组件，因此，同样可围绕 UserInfoChangedEvent 事件给出 intervention-service 消息消费的整个实现流程，如图 14-7 所示。

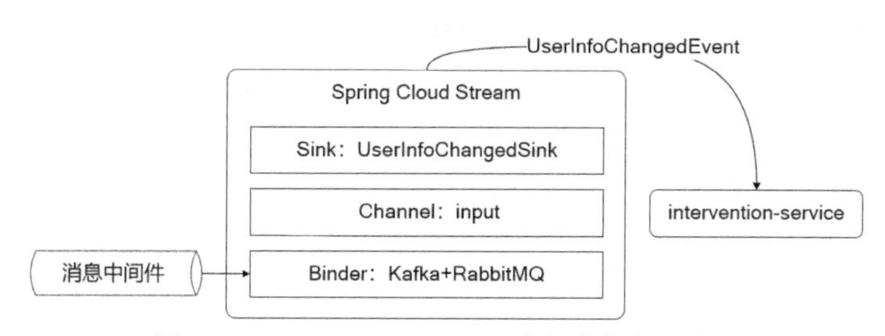


图 14-7 intervention-service 消息消费实现流程

在图 14-7 中，UserInfoChangedEvent 事件通过消息中间件被发送到 Spring Cloud Stream 中，Spring Cloud Stream 获取消息并交由 UserInfoChangedSink 实现具体的消费逻辑。可以想象在这个 UserInfoChangedSink 中会负责实现缓存相关的处理逻辑。UserInfoChangedSink 代码如下所示：

```
import org.springframework.cloud.stream.annotation.EnableBinding;
import org.springframework.cloud.stream.annotation.StreamListener;
...
```

```
public class UserInfoChangedSink {

    @Autowired
    private UserInfoRedisRepository userInfoRedisRepository;

    private static final Logger logger = LoggerFactory.getLogger(UserInfoChangedSink.
class);

    @StreamListener("input")
    public void handleChangedUserInfo(UserInfoChangedEventMapper userInfoChanged
EventMapper) {

        logger.debug("Received a message of type " + userInfoChangedEventMapper.getType());
        logger.debug("Received a {} event from the user-service for user name {}",
userInfoChangedEventMapper.getOperation(),  userInfoChangedEventMapper.getUser().getUserName());

        if(userInfoChangedEventMapper.getOperation().equals("ADD")) {
            userInfoRedisRepository.saveUser(userInfoChangedEventMapper.getUser());
        } else if(userInfoChangedEventMapper.getOperation().equals("UPDATE")) {
        userInfoRedisRepository.updateUser(userInfoChangedEventMapper.getUser());
        } else if(userInfoChangedEventMapper.getOperation().equals("DELETE")) {
        userInfoRedisRepository.deleteUser(userInfoChangedEventMapper.getUser().
getUserName());
        } else {
            logger.error("Received an UNKNOWN event from the user-service of type {}",
userInfoChangedEventMapper.getType());
        }
    }
}
```

可以看到，handleChangedUserInfo()方法调用 UserInfoRedisRepository 类完成各种缓存相关的处理。UserInfoRedisRepository 的实现代码参考如下：

```
@Repository
public class UserInfoRedisRepositoryImpl implements UserInfoRedisRepository {
    private static final String HASH_NAME = "user";

    private RedisTemplate<String, UserMapper> redisTemplate;
    private HashOperations<String, String, UserMapper> hashOperations;

    public UserInfoRedisRepositoryImpl() {
        super();
    }

    @Autowired
    private UserInfoRedisRepositoryImpl(RedisTemplate<String, UserMapper> redisTemplate) {
        this.redisTemplate = redisTemplate;
    }

    @PostConstruct
    private void init() {
        hashOperations = redisTemplate.opsForHash();
    }

    @Override
```

```
    public void saveUser(UserMapper user) {
        hashOperations.put(HASH_NAME, user.getUserName(), user);
    }

    @Override
    public void updateUser(UserMapper user) {
        hashOperations.put(HASH_NAME, user.getUserName(), user);
    }

    @Override
    public void deleteUser(String userName) {
        hashOperations.delete(HASH_NAME, userName);
    }

    @Override
    public UserMapper findUserByUserName(String userName) {
        return (UserMapper) hashOperations.get(HASH_NAME, userName);
    }
}
```

这里使用了 Spring Data 提供的 RedisTemplate 和 HashOperations 工具类来封装对 Redis 的数据操作。关于 Spring Data 的使用方法可以回顾第 3 章内容。

让我们把消息消费过程与 intervention-service 中的业务流程串联起来。在 intervention-service 中存在 UserServiceClient 类，其核心方法 getUserByUserName()如下所示：

```
@Component
public class UserServiceClient {

    @Autowired
    RestTemplate restTemplate;

    public UserMapper getUserByUserName(String userName){

        ResponseEntity<UserMapper> restExchange =
                restTemplate.exchange(
                        "http://gatewayservice:5555/springhealth/user/users/username/
{userName}", HttpMethod.GET, null, UserMapper.class, userName);

        UserMapper user = restExchange.getBody();

        return user;
    }
}
```

这里直接通过调用 user-service 服务远程获取 User 信息。用户账户信息变更是一个低频事件，而每次通过 UserServiceClient 实现远程调用的成本很高且没有必要。现在可以通过 Spring Cloud Stream 获取用户信息更新的消息，UserServiceClient 就有了优化的空间。基本思路就是缓存用户信息，并通过消息触发缓存更新，然后我们先从缓存中获取用户信息，只有在缓存中找不到对应的用户信息时才会发起远程调用。重构之后的 UserServiceClient 类如下所示：

```
@Component
public class UserServiceClient {
```

```
    @Autowired
    RestTemplate restTemplate;

    @Autowired
    UserInfoRedisRepository userInfoRedisRepository;

    //从缓存中获取用户信息
    private UserMapper getUserFromCache(String userName) {
        try {
            return userInfoRedisRepository.findUserByUserName(userName);
        }
        catch (Exception ex){
            return null;
        }
    }

    //把用户信息存放到缓存中
    private void putUserIntoCache(UserMapper user) {
        try {
        userInfoRedisRepository.saveUser(user);
        }catch (Exception ex){
        }
    }

    public UserMapper getUserByUserName(String userName){

        UserMapper user = getUserFromCache(userName);
        if (user != null){
            return user;
        }

        ResponseEntity<UserMapper> restExchange =
                restTemplate.exchange(
                        "http://gatewayservice:5555/springhealth/user/users/{userName}",
HttpMethod.GET, null, UserMapper.class, userName);

        user = restExchange.getBody();

        if (user != null) {
           putUserIntoCache(user);
        }

        return user;
    }
}
```

作为总结，图 14-8 展示了采用这一消息通信思想之后的流程。

在图 14-8 中，user-service 和 intervention-service 之间通过消息通信机制实现了解耦，通过 UserInfo ChangedSink 消费了 UserInfoChangedEvent 事件并将之添加到缓存中以供 intervention-service 使用。

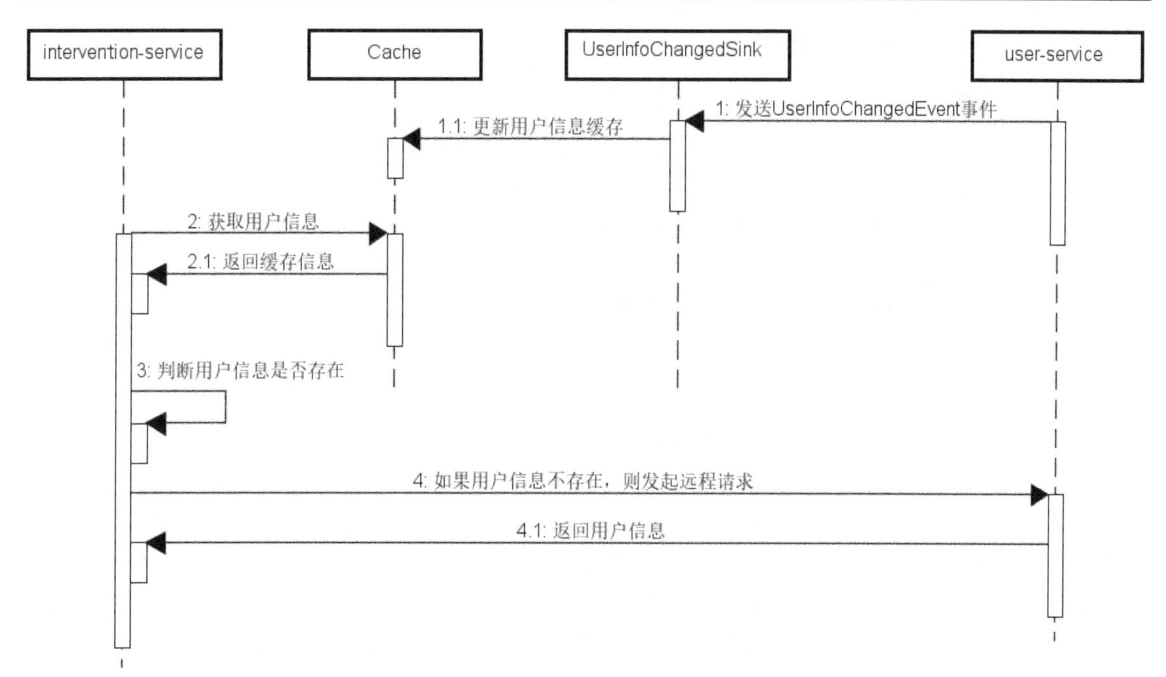


图 14-8 基于消息通信的用户账户更新流程

### 14.2.4 实现自定义服务跟踪

在第 10 章中，我们都是基于几个微服务之间的调用关系来讨论 Zipkin 在服务监控可视化过程中发挥的作用的，其中完整服务调用链路中的各个 Span 都采用默认的服务调用结果。在大多数情况下，通过这些 Span 就可以分析和排查服务调用链路中可能存在的问题。但在 SpringHealth 案例中，我们希望在这些 Span 的基础上能够实现一些定制化的数据收集和展示方式。

考虑如下场景，假设在服务调用链路中，某一个方法调用时间比较长，但通过默认所创建的基于该方法的 Span，通常无法判断响应时间过长的原因。那么可能出现一个需求，即通过添加一系列的自定义 Span 的方式进一步对长时间的服务调用进行拆分，针对该请求中所涉及的多种操作分别创建 Span，然后找到最影响性能的 Span 并进行优化，这也是服务监控系统实现过程中的一项最佳实践，如图 14-9 所示。

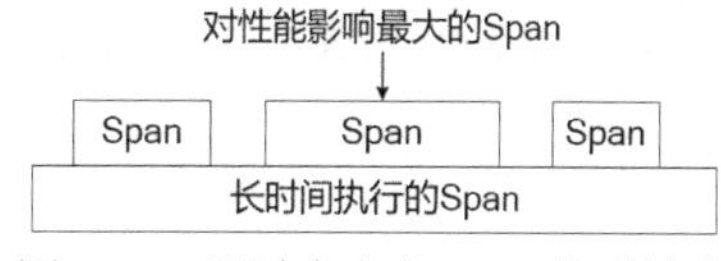


图 14-9 通过自定义 Span 找到性能瓶颈点示意

可以通过 Brave 的 Tracer 工具类创建 Span 并把该 Span 相关信息推送给 Zipkin。现在，让我们回到 SpringHealth 案例系统。在 DeviceService 的调用过程中添加一个新的 Span 以帮助 device-service 诊断响应时间过长问题，示例代码如下：

```
@Service
public class DeviceService {

    @Autowired
    private DeviceRepository deviceRepository;

    @Autowired
```

```
    private Tracer tracer;

      public Device getDeviceByCode(String deviceCode) {

          Span newSpan = tracer.nextSpan().name("findByDeviceCode").start();

            try {
                 return deviceRepository.findByDeviceCode(deviceCode);
          }
          finally{
            newSpan.tag("device", "dababase");
            newSpan.annotate("deviceInfoObtained");
            newSpan.finish();
          }
      }
}
```

在上述示例中，我们看到通过几个简单的方法调用就可以实现一个自定义 Span。这里基于 13.4 节介绍的自定义 Span 的模板方法完成了 Span 的创建过程。首先，使用 newTrace()方法创建一个自定义的 Span，并将该 Span 命名为“findByDeviceCode”。然后创建了一个键为“device”的标签，并把标签值设置为“dababase”指明该标签与数据库操作相关。接着通过 annotate()方法记录代表设备信息已经被获取的“deviceInfoObtained”事件。最后，执行 finish()方法，在具体操作结束之后必须调用此方法，否则 Span 数据不会被发送到 Zipkin 中。

现在重新启动 device-service，再次访问 HTTP 端点。在得到的可视化效果图中，可以看到在原有默认可视化效果的基础上又多了一个名为“findByDeviceCode”的自定义 Span，以及对应的“deviceObtained”自定义事件。在这个场景中，不难发现 device-service 处理请求的时间实际上大部分消耗在访问数据库以获取设备数据的过程中。同样，也可以在其他服务中添加不同的 Span 以实现对服务调用过程更加精细化的管理。

## 14.3　本章小结

本章基于一个精简而又完整的案例 SpringHealth，给出 Spring Cloud 中各个技术组件的具体应用方式和过程，涉及注册中心、配置中心、服务网关、服务容错、消息通信和服务监控等。整个 SpringHealth 案例涉及分布式环境下多个微服务之间的相互交互，并集成了缓存、消息中间件等第三方工具。本章针对各个技术组件给出了详细的示例代码，并提供了能够直接应用于日常开发所需的实战技巧。

# 第四篇

# 响应式 Spring 篇

本篇共有 5 章，全面介绍响应式 Spring 框架所具备的功能体系。在互联网应用系统开发过程中，即时响应是可用性和实用性的基石。如何使得系统在出现失败时依然能够保持即时响应性是一项挑战。分布式系统具有的服务容错、限流和降级等传统技术体系是应对这一挑战的主要手段，但这些更多是从系统的架构和部署方面入手，而不在于编程的模型和技术。响应式编程代表的是一种全新的编程模型，开发者可以在编程工具和代码实现层面就考虑到服务的弹性问题。本篇包括第 15～19 章。

# 第 15 章

# 响应式编程基础

响应式编程是一种新的编程技术，其目的是构建响应式系统。对于响应式系统，任何时候都需要确保具备即时响应性，这是大多数日常业务场景所需要的，但却是一项非常复杂且有挑战性的任务，需要开发人员对相关技术体系有深入的了解，包括响应式流规范以及响应式编程所包含的一些底层核心组件。

在现实中，通常不会直接使用这些底层组件来开发应用程序，而是借助于特定的开发框架。Spring 就是这样一款支持响应式编程的开发框架。本章将介绍响应式编程的技术体系，并梳理 Spring 框架中的响应式编程技术栈。

## 15.1 响应式编程技术体系

本节先从传统的开发模式讲起，并引入异步编程的相关技术，异步代码执行是响应式技术体系的基础。在此基础上，将详细阐述响应式编程的各项技术特点。

### 15.1.1 从传统开发模式到异步执行技术

在现实的开发过程中，普遍采用同步阻塞式的开发模式来实现业务系统，在这种模式下开发、调试和维护都很简单。本小节先以 Web 系统中常见的 HTTP 请求为例，来分析其背后的 I/O 模型，从而让你对传统开发模式有进一步的理解。

1. Web 请求与 I/O 模型

如果你使用 Spring 框架开发过 Web 应用程序，那么你一定对下面这段代码非常熟悉：

```
RestTemplate restTemplate = new RestTemplate();
ResponseEntity<User> restExchange = restTemplate.exchange(
  "http://localhost:8080/users/{userName}", HttpMethod.GET, null, User.class, userName);
User result = restExchange.getBody();
process(result);
…
```

这里描述了查询用户信息的应用场景，即传入用户名 UserName 调用远程服务获取一个 User 对象。在技术上使用了 Spring MVC 中的 RestTemplate 模板工具类，通过该类所提供的 exchange()方法对远程 Web 服务所暴露的 HTTP 端点发起了请求，并对所获取的响应结果进行进一步处理。这是日常开发过程中非常具有代表性的一种场景，整个过程很常见也很自然。

那么，这个实现过程背后有没有一些可以改进的地方呢？为了更好地分析整个调用过程，我们假设服务的提供者为服务 A，而服务的消费者为服务 B，那么这两个服务的交互过程应该如图 15-1 所示。

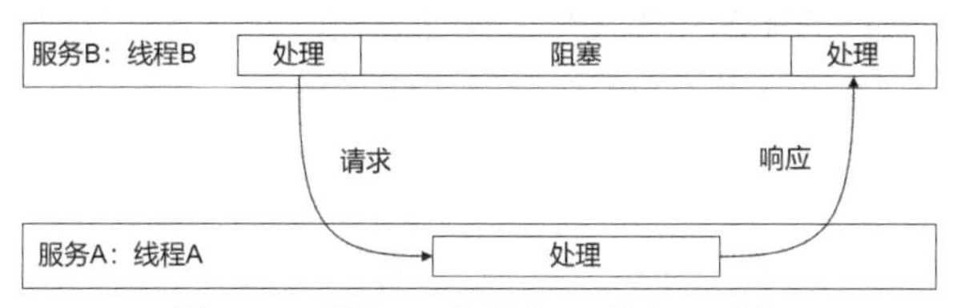


图 15-1 服务 A 和服务 B 的交互过程

可以看到，当服务 B 向服务 A 发送 HTTP 请求时，线程 B 只有在发起请求和处理响应结果的一小部分时间内在有效使用 CPU，而更多的时间则只是在阻塞式地等待来自服务 A 中线程 A 的处理结果。显然，整个过程的 CPU 利用效率是很低的，很多时间线程被浪费在了 I/O 阻塞上，无法执行其他的处理过程。

更进一步，我们继续分析服务 A 中的处理过程。如果采用典型的 Web 服务分层架构，那么沿着 Web 服务层→业务逻辑层→数据访问层整个调用链路中，每一步的操作过程都存在着前面描述的线程等待问题。也就是说，整个技术栈中的每一个环节都可能是同步阻塞的。

2. 异步调用的实现技术

针对同步阻塞问题，我们也可以引入一些异步化实现技术来将同步调用转化为异步调用。在 Java 世界中，为了实现异步非阻塞，一般会采用回调和 Future 这两种机制，但这两种机制都存在一定局限性。

参考图 15-2，回调的含义很明确，就是服务 B 的 methodB()方法调用服务 A 的 methodA()方法，然后服务 A 的 methodA ()方法执行完毕后会再主动调用服务 B 的 callback()方法。

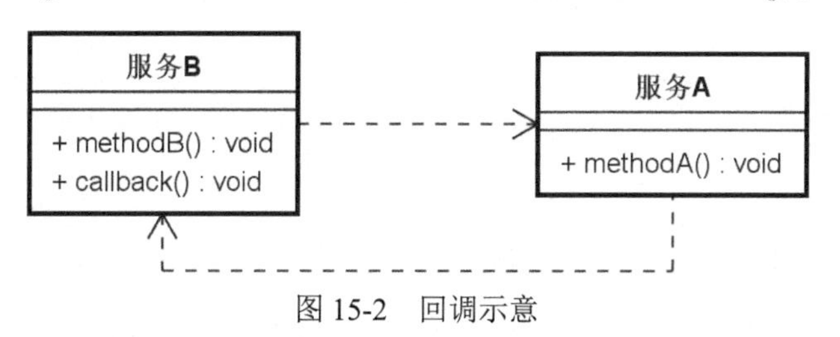


图 15-2 回调示意

回调体现的是一种双向的调用方式，实现了服务 A 和服务 B 之间的解耦。在这个 callback()回调方法中，回调的执行是由任务的结果来触发的，所以我们就可以异步来执行某项任务，从而使得调用链路不发生任何的阻塞。回调的最大问题是复杂性，一旦在执行流程中包含多层的异步执行和回调，就会形成一种嵌套结构，给代码的开发和调试带来很大的挑战。所以回调很难大规模地组合起来使用，因为很快就会导致代码难以理解和维护，从而导致所谓的“回调地狱”（Callback

Hell）问题。

讲完回调，现在来看 Future。可以把 Future 模式简单理解为这样一种处理方式：我们把一个任务提交到 Future，Future 就会在一定时间内完成这个任务，而在这段时间内我们可以去做其他事情。开发人员可以通过对任务进行灵活的控制和判断来达到一定的异步执行效果。

但从本质上讲，Future 以及由 Future 所衍生出来的 CompletableFuture 等各种优化方案就是多线程技术。多线程技术假设一些线程可以共享一个 CPU，而针对 CPU 时间能在多个线程之间共享这一点，技术上引入了上下文切换的概念。如果想要恢复线程，就需要涉及加载和保存寄存器等一系列计算密集型的操作。因此，大量线程之间的相互协作同样会导致资源利用效率低下。

## 15.1.2　响应式编程实现方法

通过引入响应式编程技术，就可以很好地解决这种类型的问题。响应式编程采用全新的响应式数据流（Stream）来实现异步非阻塞式的网络通信和数据访问机制，能够减少不必要的资源等待时间。

1．观察者模式和发布-订阅模式

在引入响应式编程技术之前，先来回顾一个我们都知道的设计模式，即观察者模式。观察者模式拥有一个主题（Subject），其中包含它的依赖者列表，这些依赖者被称为观察者（Observer）。主题可以通过一定的机制将任何状态变化通知到观察者。针对前面介绍的用户信息查询操作，我们同样可以应用观察者模式，如图 15-3 所示。

如果系统中存在一批类似图 15-3 中的用户信息获取场景，针对每个场景都实现一套观察者模式显然是不合适的。更好的方法是使用发布-订阅模式，该模式可以被认为是对观察者模式的一种改进。在这一模式中，发布者和订阅者之间可以没有直接的交互，而是通过发送事件到事件处理平台的方式来完成整合，如图 15-4 所示。

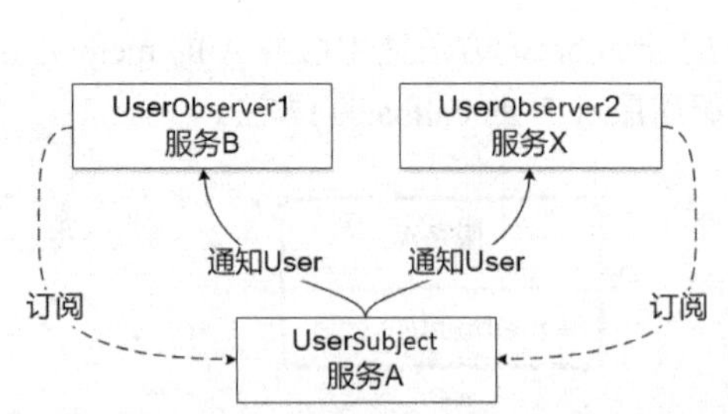


图 15-3　观察者模式下的用户信息获取过程

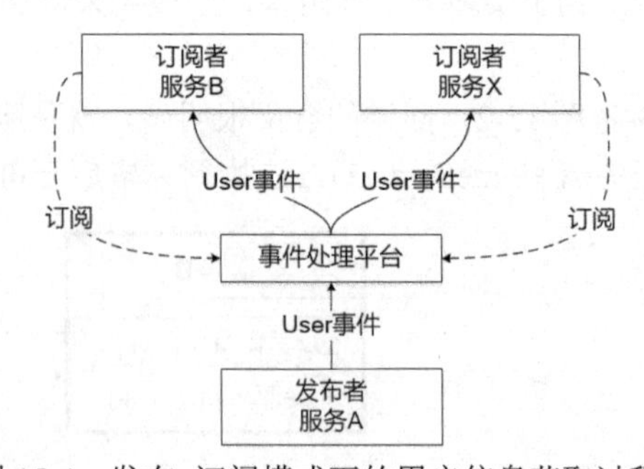


图 15-4　发布-订阅模式下的用户信息获取过程

显然，通过发布-订阅模式，我们可以基于同一套事件发布机制和事件处理平台来应对多种业务场景，不同的场景发送不同的事件即可。

同样，如果我们聚焦于服务 A 的内部，那么从 Web 服务层到数据访问层再到数据库的整个调用链路同样可以采用发布-订阅模式进行重构。这时候，我们希望当数据库中的数据一有变化就通知到上游组件，而不是上游组件通过主动拉取数据的方式来获取数据。图 15-5 展示了这一过程。

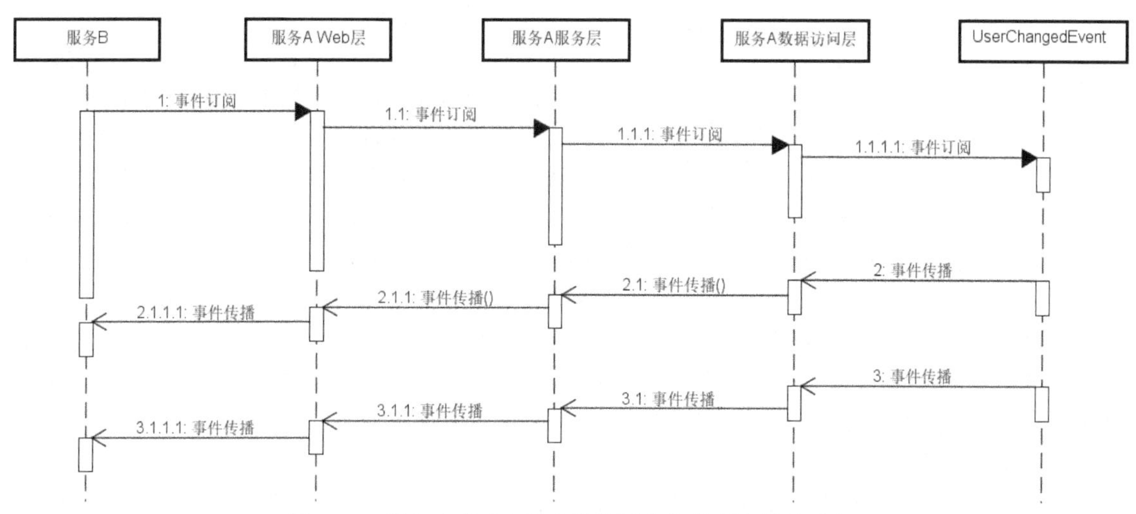


图 15-5 基于响应式实现方法的用户信息查询场景时序

显然，现在我们的处理方式发生了本质性的变化。图 15-5 中，我们没有通过同步执行的方式来获取数据，而是订阅了一个 UserChangedEvent 事件。UserChangedEvent 事件会根据用户信息是否发生变化而进行触发，并在 Web 应用程序的各个层之间进行传播。如果我们在这些层上都对这个事件进行了订阅，那么可以对其分别进行处理，并最终将处理结果从服务 A 传播到服务 B 中。

2. 数据流与响应式

接下来，我们扩大讨论范围，来想象系统中可能存在着很多类似 UserChangedEvent 这样的事件。每一种事件会基于用户的操作或者系统自身的行为而被触发，并形成一个事件的集合。针对事件的集合，我们可以把它们看作一串串连起来的数据流，而系统的响应能力就体现在对这些数据流的即时响应过程上。

数据流对于技术栈而言是一个全流程的概念。也就是说，无论是从底层数据库向上到达服务层，最后到 Web 服务层，抑或是在这个流程中所包含的任意中间层组件，整个数据传递链路都应该采用事件驱动的方式来进行运作。这样，我们就可以不采用传统的同步调用方式来处理数据，而是由位于数据库上游的各层组件自动来执行事件。这就是响应式编程的核心特点。

相较传统开发所普遍采用的拉模式，响应式编程基于事件的触发和订阅机制，这就形成了一种类似推模式的工作方式。这种工作方式的优势就在于，生成事件和消费事件的过程是异步执行的，所以线程的生命周期都很短，也就意味着资源竞争关系较少，服务器的响应能力也就越高。

### 15.1.3 响应式宣言和响应式系统

讲到这里，在理论和实践的结合下，你可能已经意识到，所谓的“响应式”并不是一件颠覆式的事情，而只是一种新型的编程模式。它不局限于某种开发框架，也并非解决分布式环境下所有问题的“银弹”，而是随着技术的发展自然而然诞生的一种技术体系。关于响应式，业界也存在一个著名的响应式宣言，图 15-6 来自响应式宣言的官方网站，给出了这一宣言的图形化描述。

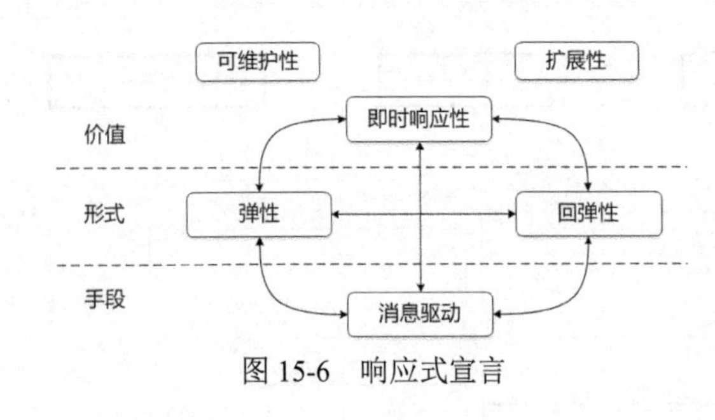

图 15-6　响应式宣言

可以看到，即时响应性（Responsiveness）、回弹性（Resilience）、弹性（Elasticity）以及消息驱动（Message Driven）构成了响应式宣言的主体内容。响应式宣言认为，具备图 15-6 中各个特性的系统，就可以称之为响应式系统。而这些特性又可以分为 3 个层次，其中即时响应性、可维护性（Maintainability）和可扩展性（Extensibility）体现的是价值，回弹性和弹性是表现形式，而消息驱动则是实现手段。

从设计理念上讲，即时响应性指的就是无论在任何时候，系统都会即时做出响应，并对那些出现的问题进行快速检测和处理，这是可用性的基石。而这里的回弹性和弹性比较容易混用，所谓回弹性指的是系统在出现失败时依然能够保持即时响应性，而弹性则指的是系统在各种请求压力之下都能保持即时响应性。

消息驱动指的是响应式系统需要构建异步消息通信机制，可以把这里的消息等同于前面提到的事件。通过使用消息通信，可以在系统中实现连续的数据流，从而达到对流量进行控制的管理目标。消息通信是非阻塞的，非阻塞的通信使得只有在消息到来时才需要资源的投入，从而可避免很多同步等待导致的资源浪费。

## 15.2　响应式流与背压

在响应式系统中，通过对数据流中每个事件进行处理来提高系统的即时响应性。本节将先从流的概念出发，并引入响应式流程规范，从而分析响应式编程中所包含的各个核心组件。

### 15.2.1　流与背压

简单来讲，所谓的流就是由生产者生产并由一个或多个消费者消费的元素序列。这种生产者-消费者模型也可以被称为发布者-订阅者模型，15.1 节已经介绍过这个模型。而关于流的介绍，本节将从两方面入手，首先明确流的分类，然后讨论如何进行流量控制。流量控制是讨论数据流的核心话题。

1. 流的处理模型

关于流的处理，存在两种基本的实现机制。一种就是传统开发模式下的拉模式，即消费者主动从生产者拉取元素。而另一种就是前面已经分析过的推模式，在这种模式下，生产者将元素推送给消费者。相较拉模式，推模式下的数据处理的资源利用率更好，图 15-7 所示的就是一种典型的推模式处理流程。

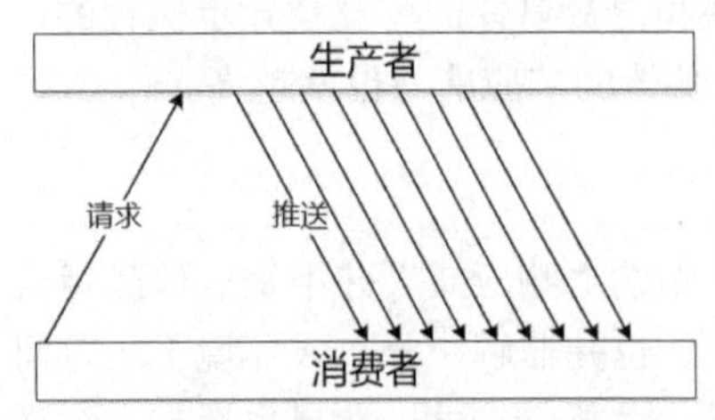

图 15-7　推模式下的数据流处理方式示意

在图 15-7 中，数据流的生产者会持续地生成数据并推送给消费者。这里就引出了流量控制问题，即如果数据的生产者和消费者处理数据的速度是不一致的，我们应该如何确保系统的稳定性呢？

2. 流量控制和背压机制

我们先来看第一种场景，即生产者生产数据的速率小于消费者的场景。在这种情况下，因为消费者消费数据没有任何压力，也就不需要进行流量的控制。

现实中，更多的是生产者生产数据的速率大于消费者消费数据的场景。这种情况比较复杂，因为消费者可能因为无法处理过多的数据而发生崩溃。针对这种情况的一种常见解决方案是在生产者和消费者之间添加一种类似于消息队列的机制。队列具有存储并转发的功能，所以可以用它来进行一定的流量控制，效果如图 15-8 所示。

生产者
队列
消费者

图 15-8 添加队列机制之后的生产者-消费者场景示意

现在，问题的关键就转变为如何设计一种合适的队列。通常，我们可以选择 3 种不同类型的队列来分别支持不同的功能特性。

- 无界队列。

第一种最容易想到的队列就是无界队列（Unbounded Queue），这种队列理论上拥有无限大小的容量，可以存放所有生产者所生产的消息，如图 15-9 所示。

显然，无界队列的优势就是确保了所有消息都能得到消费，但显然会减低系统的回弹性，因为没有一个系统拥有无限的资源。一旦内存等资源被耗尽，系统可能就崩溃了。

- 有界丢弃队列。

与无界队列相对的，更合适的方案是选择一种有界队列。为了避免内存溢出，我们可以使用这样一个队列，一般队列的容量满了，就忽略后续传入的消息，如图 15-10 所示。

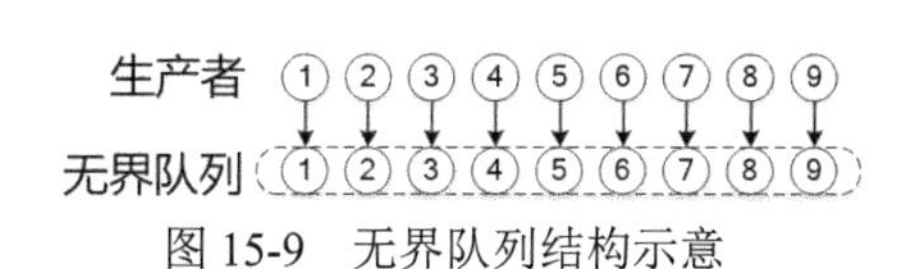

图 15-9 无界队列结构示意

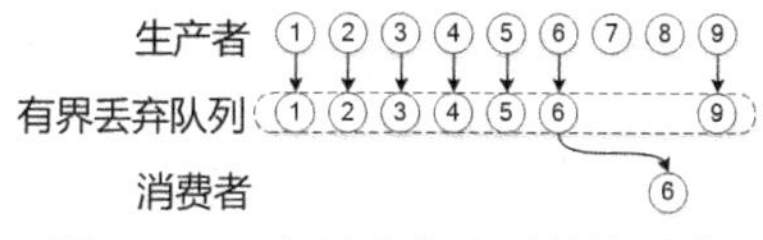

图 15-10 有界丢弃队列结构示意

从图 15-10 可以看出这个有界队列的容量为 6，所以第 7 和第 8 个元素被丢弃了。然后当消费者消费了一部分消息之后，队列出现了新的空闲位置，后续的消息就又被填充到队列中。当然，这里可以设置一些丢弃元素的策略，比方说按照优先级或者先进先出等。有界丢弃队列考虑了资源的限制，比较适合用于允许丢弃消息的业务场景，但在消息重要性很高的场景显然不适合采取这种队列。

- 有界阻塞队列。

如果需要确保消息不丢失，则需要引入有界阻塞队列。在这种队列中，我们会在队列中消息数量达到上限后阻塞生产者，而不是直接丢弃消息，如图 15-11 所示。

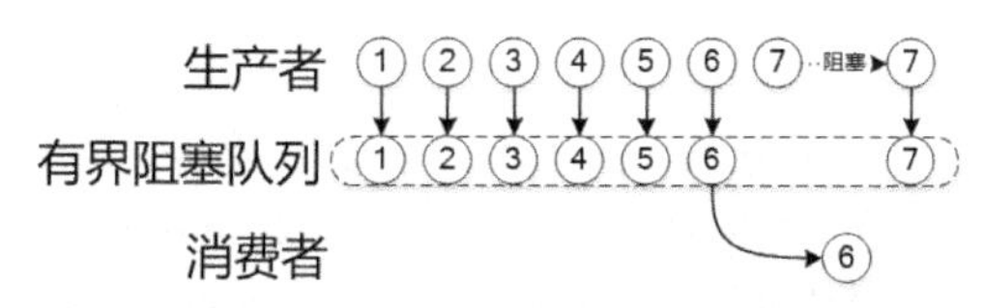

图 15-11 有界阻塞队列结构示意

在图 15-11 中，队列的容量同样是 6，所以当第 7 个元素到来时，如果队列已经满了，那么生产者就会一直等待队列空间的释放而产生阻塞行为。显然，这种阻塞行为是不可能实现异步操作的，所以结合 15.1 节中的讨论结果，无论从回弹性、弹性还是即时响应性出发，有界阻塞队列都不是我们想要的解决方案。

讲到这里，我们已经明确，“纯”推模式下的数据流量会有很多不可控制的因素，并不能直接应用，而是需要在推模式和拉模式之间考虑一定的平衡性，从而优雅地实现流量控制。这就需要引出响应式系统中非常重要的一个概念，即背压（Backpressure）机制。

什么是背压？简单来说就是一种下游能够向上游反馈流量请求的机制。通过前面的分析，我们知道如果消费者消费数据的速度赶不上生产者生产数据的速度时，它就会持续消耗系统的资源，直到这些资源被消耗殆尽。这个时候，就需要有一种机制使得消费者可以根据自身当前的处理能力通知生产者来调整生产数据的速度，这种机制就是背压。采用背压机制，消费者会根据自身的处理能力来请求数据，而生产者也会根据消费者的能力来生产数据，从而在两者之间达成一种动态的平衡，确保系统的即时响应性。

## 15.2.2　响应式流规范

关于流量控制我们已经讨论了很多，而针对流量控制的解决方案都包含在响应式流规范中。响应式流规范包含响应式编程的各个核心组件，让我们一起来看一下。

在 Java 的世界中，响应式流规范只定义了 4 个核心接口，即 Publisher<T>、Subscriber<T>、Subscription 和 Processor<T,R>。其中 Processor<T,R>本质上是 Publisher<T>和 Subscriber<T>的一种组合，这里不做具体展开。

- Publisher<T>。

Publisher 代表的是一种可以生产无限数据的发布者。该接口定义如下所示：

```
public interface Publisher<T> {
    public void subscribe(Subscriber<? super T> s);
}
```

可以看到，Publisher 根据收到的请求向当前订阅者 Subscriber 发送元素。

- Subscriber <T>。

对应地，Subscriber 代表的是一种可以从发布者订阅并接收元素的订阅者。Subscriber <T>接口定义如下所示：

```
public interface Subscriber<T> {
    public void onSubscribe(Subscription s);
    public void onNext(T t);
    public void onError(Throwable t);
    public void onComplete();
}
```

Subscriber 接口包含一组有用的方法，这组方法构成了数据流请求和处理的基本流程。其中，onSubscribe()方法从命名上看就是一个回调方法，当发布者的 subscribe()方法被调用时就会触发这个回调方法。而在该方法中有一个参数 Subscription，可以把这个 Subscription 看作一种用于订阅的上下文对象。Subscription 对象中包含这次回调中订阅者想要向发布者请求的数据个数。

当订阅关系已经建立时，发布者就可以调用订阅者的 onNext()方法向订阅者发送一个数据。这个过程是持续不断的，直到所发送的数据已经达到 Subscription 对象中所请求的数据个数。这时候 onComplete()方法就会被触发，代表这个数据流已经全部发送结束。而一旦在这个过程中出现了异常，就会触发 onError()方法，我们可以通过这个方法捕获到具体的异常信息并进行处理，而数据流也就自动终止了。

- Subscription。

Subscription 代表的就是一种订阅上下文对象，它在订阅者和发布者之间进行传输，从而在两者之间形成一种契约关系。Subscription 接口定义如下所示。

```
public interface Subscription {
    public void request(long n);
    public void cancel();
}
```

这里的 request()方法用于请求 n 个元素，订阅者可以通过不断调用该方法来向发布者请求数据。而 cancel()方法显然是用来取消这次订阅的。请注意，Subscription 对象是确保生产者和消费者针对数据处理速度达成一种动态平衡的基础，也是流量控制中实现背压机制的关键所在，我们可以通过图 15-12 来进一步理解整个数据请求和处理过程。

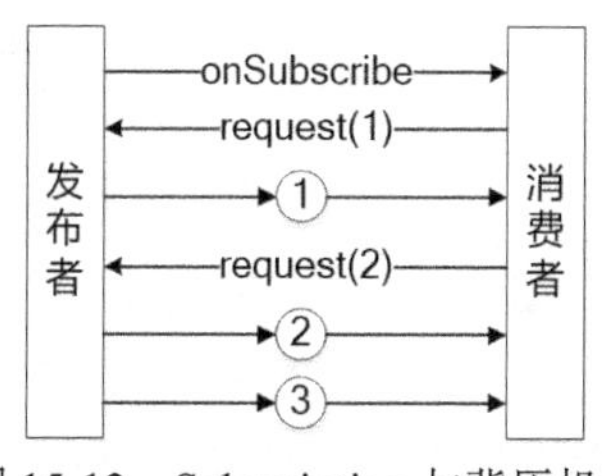

图 15-12 Subscription 与背压机制示意

Publisher、Subscriber 和 Subscription 接口是响应式编程的核心组件（Processor 不算核心组件），响应式流规范也只包含这些接口，因此是一个非常抽象且精简的接口规范。结合前面的讨论结果，我们可以明确，响应式流规范实际上提供了一种“推-拉”结合的混合数据流模型。当然，响应式流规范非常灵活，还可以提供独立的推模型和拉模型。如果为了实现“纯”推模型，我们可以考虑一次请求足够多的元素；而“纯”拉模型，相当于就是在每次调用 Subscriber 的 onNext()方法时只请求一个新元素。

## 15.3 Spring 5 与响应式编程

Spring 5 引入了很多核心功能，其中重要的就是全面拥抱了响应式编程的设计思想和实践。Spring 5 的响应式编程模型以 Project Reactor 库为基础，而后者则实现了响应式流规范。事实上，Spring Boot 从 2.x 版本开始也全面依赖 Spring 5。

针对响应式编程技术栈，有一点需要注意，即响应式编程并不是只针对系统中的某一部分组件，而是需要适用于调用链路上的所有组件。无论是 Web 层、服务层，还是处于下游的数据访问层，只要有一个环节不是响应式的，那么这个环节就会出现同步阻塞，从而导致背压机制无法生效。这就是所谓的全栈式响应式编程的设计理念。因此，Spring 5 中也针对响应式编程构建了全栈式的开发组件。对于常见的应用程序而言，Web 服务层和数据访问层构成了最基本的请求链路。而 Spring 5 也提供了针对 Web 服务开发的响应式 Web 框架 WebFlux，以及支持响应式数据访问的 Spring Data Reactive 框架。

## 15.3.1 Spring WebFlux

在 Spring Boot 的基础上，我们将引入全新的 Spring WebFlux 框架。WebFlux 框架名称中的 Flux 一词来源于 Project Reactor 中的 Flux 组件。WebFlux 功能非常强大，不仅包含对创建和访问响应式 HTTP 端点的支持，还可以用来实现服务器推送事件以及 WebSocket。此处无意对该框架的所有功能做全面介绍，对于应用程序而言，开发人员的主要工作还是基于 HTTP 的响应式服务的开发。

Spring WebFlux 提供了完整的支持响应式开发的服务端技术栈，Spring WebFlux 的整体架构如图 15-13 所示。

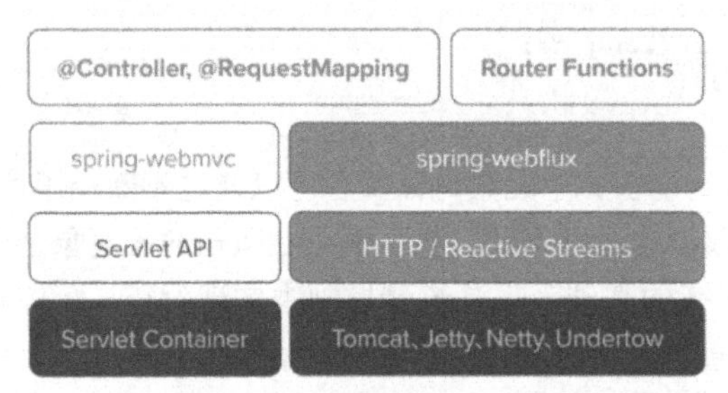


图 15-13 Spring WebFlux 的整体架构（来自 Spring 官网）

图 15-13 针对传统 spring-webmvc 技术栈和新型的 spring-webflux 技术栈做了对比。我们从上往下看，最上层提供的实际上是面向开发人员的开发模式，注意到左上部分两者存在一个交集，即 Spring WebFlux 既支持基于@Controller、@RequestMapping 等注解的传统开发模式，又支持基于 Router Functions 的函数式开发模式。我们会在第 17 章中分别介绍使用这两个模式来创建响应式 RESTful 服务。

关于框架背后的实现原理，传统的 Spring MVC 构建在 Java EE 的 Servlet 标准之上，该标准本身就是阻塞式和同步的。在最新版本的 Servlet 中虽然也添加了异步支持，但是在等待请求的过程中，Servlet 仍然在线程池中保持着线程。而 Spring WebFlux 则是构建在响应式流以及它的实现框架 Project Reactor 基础之上的一个开发框架，因此可以基于 HTTP 来构建异步非阻塞的 Web 服务。

最后，我们来看一下位于底部的容器支持。显然，Spring MVC 运行在传统的 Servlet 容器之上，而 Spring WebFlux 则需要支持异步的运行环境，比如 Netty、Undertow 以及 Servlet 3.1 之上的 Tomcat 和 Jetty，因为在 Servlet 3.1 中引入了异步 I/O 支持。

由于 WebFlux 提供了异常非阻塞的 I/O 特性，因此非常适合用来开发 I/O 密集型服务。而在使用 Spring MVC 就能满足的场景下就不需要更改为 WebFlux。通常，我们也不建议将 WebFlux 和 Spring MVC 混合使用，因为这种开发方式显然无法保证全栈式的响应式流。

## 15.3.2 Spring Data Reactive

本书第 3 章介绍过 Spring Data 是 Spring 家族中专门针对数据访问而开发的一个框架，针对各种数据存储媒介抽象了一批 Repository 接口以简化开发过程。而在 Spring Data 的基础上，Spring 5 也全面提供了一组响应式数据访问模型。

在介绍如何使用 Spring Boot 实现响应式数据访问模型之前，我们再来看一下 Spring Boot 2 架构，如图 15-14 所示。

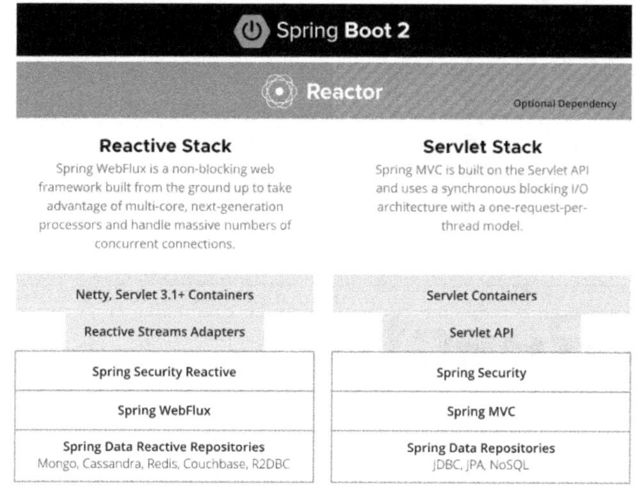


图 15-14 Spring Boot 2 架构（来自 Spring 官网）

可以看到，图 15-14 的底部明确把 Spring Data 划分为两大类型，一类是支持 JDBC、JPA 和部分 NoSQL 的传统 Spring Data Repositories，而另一类则是支持 Mongo、Cassandra、Redis、Couchbase 等的响应式 Spring Data Reactive Repositories。

## 15.4 本章小结

本章系统分析了响应式编程和响应式系统的概念和实现方法，并引出了响应式宣言。从技术演进的过程和趋势而言，响应式编程的出现有其必然性。另一方面，响应式编程也不是一种完全颠覆式的技术体系，而是在现有的异步调用、观察者模式、发布-订阅模式等的基础上发展起来的一种全新的编程模式，能够为系统带来即时响应性。

同时，本章进一步分析了数据流的概念的分类，以及推模式下的流量控制问题，从而引出了响应式系统中的背压机制。而流量控制的解决方案都包含在响应式流规范中，本章对这一规范中的核心组件做了详细的展开。响应式流规范是对响应式编程思想精髓的呈现，对于开发人员而言，理解这一规范有助于更好地掌握开发库的使用方法和基本原理。

本书的定位是通过 Spring 框架来介绍响应式编程技术，因此，本章最后也介绍了 Spring 5 所提供的响应式编程组件。

# 第 16 章

# Project Reactor

响应式流是一种规范，而该规范的核心价值就在于为业界提供了一种非阻塞式背压的异步流处理标准。各个供应商都可以基于该规范实现自己的响应式开发库，而这些开发库则可以做到互相兼容、相互交互。目前，业界主流的响应式开发库包括 RxJava、Akka、Vert.x 以及 Project Reactor。本章将重点介绍 Project Reactor（简称为 Reactor），它是 Spring 5 中默认集成的响应式开发库。

在响应式流规范中，存在代表发布者的 Publisher 接口，而 Reactor 提供了这一接口的两种实现，即 Flux 和 Mono，它们是利用 Reactor 框架进行响应式编程的基础组件。而一旦得到了一个数据流，就可以使用它来完成某个特定的需求。和其他主流的响应式编程框架类似，Reactor 框架的设计目标也是简化响应式流的使用方法。为此，Reactor 框架提供了大量操作符来操作 Flux 和 Mono 对象。本章将对 Reactor 框架所提供的编程组件以及常用的操作符展开讨论。

## 16.1 Project Reactor 简介

Reactor 框架可以单独使用。和集成其他第三方库类似，如果想要在代码中引入 Reactor，要做的事情就是在 Maven 的 pom 文件中添加如下依赖包：

```
<dependency>
    <groupId>io.projectreactor</groupId>
    <artifactId>reactor-core</artifactId>
</dependency>

<dependency>
    <groupId>io.projectreactor</groupId>
    <artifactId>reactor-test</artifactId>
    <scope>test</scope>
</dependency>
```

其中 reactor-core 包含 Reactor 的核心功能，而 reactor-test 则提供了支持测试的相关工具类。本节后续内容将从 Reactor 框架所提供的异步数据序列入手，引出该框架所提供的 Flux 和 Mono 这两个核心编程组件以及相关的操作符。最后，作为响应式流的核心机制，后文也对它所具备的背压机制进行讨论。

响应式流规范的基本组件是一个异步的数据序列，在 Reactor 框架中，可以把这个异步数据序列表示成图 16-1 所示的形式。

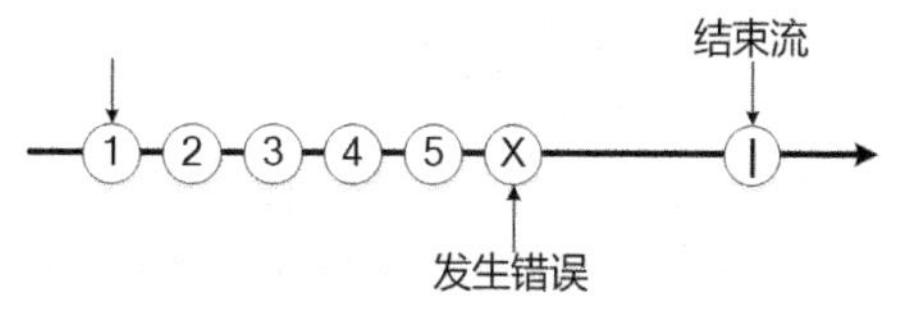

图 16-1 Reactor 框架异步序列模型

图 16-1 中的异步序列模型从语义上可以用如下形式表示：

```
onNext x 0..N [onError | onComplete]
```

显然，以上形式中包含 3 种消息通知，分别对应在异步数据序列执行过程中的 3 种不同数据处理场景，其中：

- onNext 表示正常的包含元素的消息通知；
- onComplete 表示序列结束的消息通知；
- onError 表示序列出错的消息通知。

当触发这 3 个消息通知时，异步序列的订阅者中对应的同名方法将被调用。正常情况下，onNext() 和 onComplete()方法都应该被调用，用来正常消费数据并结束序列。如果没有调用 onComplete()方法就会生成一个无界数据序列，在业务系统中，这通常是不合理的。而 onError()方法只有序列出现异常时才会被调用。

基于上述异步数据序列，Reactor 框架提供了两个核心组件来发布数据，分别是 Flux 和 Mono 组件。这两个组件可以说是应用程序开发过程中最基本的编程对象。

Flux 代表的是一个包含 0 到 *n* 个元素的异步序列。在详细介绍 Flux 的构建和使用方法之前，先通过一段简短的代码来演示如何使用 Flux，如下所示：

```
private Flux<Order> getAccounts() {
     List<Account> accountList = new ArrayList<>();

     Account account = new Account();
     account.setId(1L);
     account.setAccountCode("DemoCode");
     account.setAccountName("DemoName");
     accountList.add(account);

     return Flux.fromIterable(accountList);
}
```

上述代码通过 Flux.fromIterable()方法构建了 Flux<Account>对象并进行返回，Flux.fromIterable() 是构建 Flux 的一种常用方法。

再来看 Reactor 所提供的 Mono 组件。Mono 数据序列中只包含 0 个或 1 个元素。

与 Flux 组件类似，此处同样通过一个服务层的方法来演示 Mono 组件的用法，示例代码如下：

```
private Mono<Account> getAccountById(Long id) {
     Account account = new Account();
     account.setId(id);
     account.setAccountCode("DemoCode");
     account.setAccountName("DemoName");
     accountList.add(account);
```

```
        return Mono.just(account);
    }
```

可以看到，这里首先构建一个 Account 对象，然后通过 Mono.just()方法返回一个 Mono 对象。Mono.just()方法也是构建 Mono 的最常见用法之一。

显然，某种程度上可以把 Mono 看作 Flux 的一种特例，而两者之间也可以进行相互转换和融合。如果有两个 Mono 对象，那么把它们合并起来就能获取一个 Flux 对象。另外，把一个 Flux 转换成 Mono 对象也有很多办法，例如对一个 Flux 对象中所包含的元素进行计数操作就能得到一个 Mono 对象。而这里合并和计数是针对数据流的一种操作。Reactor 中提供了一大批非常实用的操作符来简化这些操作的开发过程。

最后，背压是所有响应式编程框架所必须要考虑的核心机制，Reactor 框架支持所有常见的背压传播模式，具体如下。

- 推模式：这种模式下，订阅者通过 subscription.request(Long.MAX_VALUE)方法请求无限数量的元素；
- 拉模式：这种模式下，订阅者通过 subscription.request(1)方法在收到前一个元素后只请求一个新的元素；
- 推-拉混合模式：这种模式下，当订阅者有实时控制需求时，发布者可以适应所提出的数据消费速度。

基于这些背压传播模式，在 Reactor 框架中，针对背压有以下 4 种处理策略：

- BUFFER，代表一种缓存策略，缓存消费者暂时还无法处理的数据并将其放到队列中，这时候使用的队列相当于一种无界队列；
- DROP，代表一种丢弃策略，当消费者无法接收新的数据时丢弃这个元素，这时候相当于使用有界丢弃队列；
- LATEST，类似于 DROP 策略，但让消费者只得到来自上游组件的最新数据；
- ERROR，代表一种错误处理策略，当消费者无法及时处理数据时发出一个错误信号。

Reactor 使用了一个枚举类型 OverflowStrategy 来定义这些背压处理策略，并提供了一组对应的 onBackpressureBuffer、onBackpressureDrop、onBackpressureLatest 和 onBackpressureError 操作符来设置背压，分别对应上述 4 种处理策略。

## 16.2　Flux 和 Mono

Flux 和 Mono 是开发人员利用 Reactor 框架进行响应式编程的基础组件。使用这些组件之前需要先执行创建和初始化操作。本节将介绍通过 Flux 和 Mono 创建响应式流的实现方法。

### 16.2.1　通过 Flux 对象创建响应式流

创建 Flux 的方式非常多，大体可以分成两大类，一类是基于各种工厂模式的静态创建方法，而另一类则采用编程的方式动态创建 Flux。相对而言，静态方法在使用上都比较简单，但不如动态方法来得灵活。

Reactor中静态创建Flux的常见方法包括just()、range()以及各种以from-为前缀的方法，前面我们已经演示了Flux.fromIterable()方法的使用方法。同时，因为Flux可以代表0个数据，所有也有一些专门用于创建空序列的工具方法。可以参考Reactor的官网获取这些创建方法的详细信息。

静态创建Flux的方法简单直接，一般用于生成那些事先已经定义好的数据序列。而如果数据序列事先无法确定，或者生成过程中包含复杂的业务逻辑，那么需要用到动态创建方法。动态创建Flux所采用的是以编程的方式创建数据序列，常用的就是generate()方法和create()方法。

- generate()方法。

generate()方法生成Flux序列依赖于Reactor所提供的SynchronousSink组件，定义如下：

```
public static <T> Flux<T> generate(Consumer<SynchronousSink<T>> generator)
```

SynchronousSink组件包括next()、complete()和error()这3个核心方法。从SynchronousSink组件的命名上就能知道它是一个同步的Sink组件，也就是说元素的生成过程是同步执行的。这里要注意的是next()方法最多只能被调用一次。使用generate()方法创建Flux的示例代码如下：

```
Flux.generate(sink -> {
     sink.next("jianxiang");
     sink.complete();
}).subscribe(System.out::println);
```

运行该段代码，会在系统控制台上得到"jianxiang"。这里调用了一次next()方法，并通过complete()方法结束了这个数据流。如果不调用complete()方法，那么会生成一个所有元素均为"jianxiang"的无界数据流。

这个示例非常简单，但已经具备了动态创建一个Flux序列的能力。如果想要在序列生成过程中引入状态，那么可以使用如下所示的generate()重载方法：

```
Flux.generate(() -> 1, (i, sink) -> {
     sink.next(i);
     if (i == 5) {
          sink.complete();
     }
     return ++i;
}).subscribe(System.out::println);
```

这里我们引入了一个代表中间状态的变量`i`，然后根据`i`的值来判断是否终止序列。显然，以上代码的执行效果是在控制台中输出1到5这5个数字。

- create()方法。

create()方法与generate()方法比较类似，但它使用的是一个FluxSink组件，定义如下：

```
public static <T> Flux<T> create(Consumer<? super FluxSink<T>> emitter)
```

FluxSink除了next()、complete()和error()这3个核心方法外，还定义了背压策略，并且可以在一次调用中产生多个元素。使用create()方法创建Flux的示例代码如下：

```
Flux.create(sink -> {
     for (int i = 0; i < 5; i++) {
          sink.next("jianxiang" + i);
     }
```

```
        sink.complete();
    }).subscribe(System.out::println);
```

运行该程序，系统控制台上会得到从“jianxiang0”到“jianxiang4”的这5个数据。通过create()方法创建Flux对象的方式非常灵活，在本书中会有多种场景用到这个方法。

### 16.2.2 通过Mono对象创建响应式流

对于Mono而言，可以认为它是Flux的一种特例，所以很多创建Flux的方法同样适用于Mono。针对静态创建Mono的场景，前面给出的just()、empty()、error()和never()等方法同样适用。除了这些方法之外，比较常用的还有justOrEmpty()等方法。

justOrEmpty()方法会先判断所传入的对象中是否包含值。只有在传入对象不为空时，Mono序列才生成对应的元素，该方法示例代码如下：

```
Mono.justOrEmpty(Optional.of("jianxiang"))
     .subscribe(System.out::println);
```

另一方面，如果要想动态创建Mono，我们同样也可以通过create()方法并使用MonoSink组件，示例代码如下：

```
Mono.create(sink ->
     sink.success("jianxiang")
).subscribe(System.out::println);
```

### 16.2.3 订阅响应式流

介绍完如何创建响应式流，接下来讨论如何订阅响应式流。想要订阅响应式流，就需要用到subscribe()方法。前面的示例已经演示了subscribe操作符的用法，可以通过subscribe()方法来添加相应的订阅逻辑。同时，在调用subscribe()方法时可以指定需要处理的消息通知类型。正如前面内容所展示的，Flux和Mono提供了一批非常有用的subscribe()重载方法，大大简化了订阅的开发过程。这些重载方法包括：

```
//订阅流的最简单方法，忽略所有消息通知
subscribe();

//对每个来自onNext通知的值调用dataConsumer，但不处理onError和onComplete通知
subscribe(Consumer<T> dataConsumer);

//在前一个重载方法的基础上添加对onError通知的处理
subscribe(Consumer<T> dataConsumer,Consumer<Throwable> errorConsumer);

//在前一个重载方法的基础上添加对onComplete通知的处理
subscribe(Consumer<T> dataConsumer,Consumer<Throwable> errorConsumer,
Runnable completeConsumer);

//这种重载方法允许通过请求足够数量的数据来控制订阅过程
subscribe(Consumer<T> dataConsumer,Consumer<Throwable> errorConsumer,
Runnable completeConsumer, Consumer<Subscription> subscriptionConsumer);

//订阅序列最通用的方式之一，可以为我们的Subscriber实现提供所需的任意行为
subscribe(Subscriber<T> subscriber);
```

通过上述 subscribe()重载方法，可以只处理响应式流中所包含的正常消息，也可以同时处理错误消息和完成消息。例如，下面这段代码示例展示了同时处理正常和错误消息的实现方法：

```
Mono.just("jianxiang")
    .concatWith(Mono.error(new IllegalStateException()))
    .subscribe(System.out::println, System.err::println);
```

以上代码的执行结果如下所示，得到了一个“jianxiang”，同时也获取了 IllegalStateException 这个异常。

```
jianxiang
java.lang.IllegalStateException
```

有时候如果不想直接抛出异常，而是希望采用一种容错策略来返回一个默认值，就可以采用如下方式：

```
Mono.just("jianxiang")
    .concatWith(Mono.error(new IllegalStateException()))
    .onErrorReturn("default")
    .subscribe(System.out::println);
```

上述代码在产生异常时使用了 onErrorReturn()方法返回一个默认值“default”。

另外一种容错策略是通过 switchOnError()方法切换到另外的流来产生元素，以下代码演示了这种策略，执行结果与上面的示例一致。

```
Mono.just("jianxiang")
    .concatWith(Mono.error(new IllegalStateException()))
    .switchOnError(Mono.just("default"))
    .subscribe(System.out::println);
```

可以充分利用 lambda 表达式来使用 subscribe()方法，例如：

```
Flux.just("jianxiang1", "jianxiang1", "jianxiang1")
     .subscribe(data -> System.out.println("onNext:" + data),
          err -> {},
      () -> System.out.println("onComplete")
);
```

这段代码的执行效果如下所示，可以看到其分别对 onNext 通知和 onComplete 通知进行了处理：

```
onNext:jianxiang1
onNext:jianxiang1
onNext:jianxiang1
onComplete
```

## 16.3 Project Reactor 常用操作符

操作符并不是响应式流规范的一部分，但为了改进响应式代码的可读性并降低开发成本，Reactor 库为开发人员提供了一组丰富的操作符。这些操作符为响应式流规范提供了最大的附加值。操作符的执行效果如图 16-2 所示。

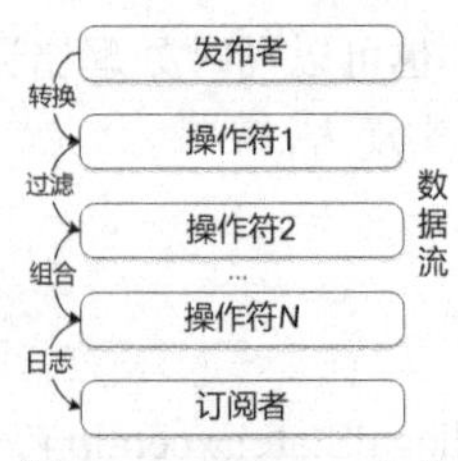

图16-2 Reactor中的操作符

Reactor把操作符分成转换、过滤、组合、条件、数学、日志、调试等几大类，对每一类都提供了一批有用的操作符。尤其是针对转换场景，操作符非常健全。本书无意对所有操作符都详细展开，而是重点介绍一些常用的操作符，更多操作符可以参考Reactor官网。

- map操作符。

map 操作符属于转换类操作符，相当于一种映射操作，它对流中的每个元素应用一个映射函数从而达到转换效果，示例如下：

```
Flux.just(1, 2).map(i -> "number-" + i).subscribe(System.out::println);
```

显然，这行代码的输入应该是这样：

```
number-1
number-2
```

- flatMap操作符。

flatMap操作符执行的也是一种映射操作，但与map不同，该操作符会把流中的每个元素映射成一个流而不是一个元素，然后把得到的所有流中的元素进行合并。如下代码展示了flatMap操作符的一种常见的应用方法：

```
Flux.just(1, 5)
    .flatMap(x -> Mono.just(x * x))
    .subscribe(System.out::println);
```

以上代码对1和5这两个元素实用了flatMap操作，操作的结果是返回它们的平方值并进行合并，执行效果如下。

```
1
25
```

事实上，flatMap可以对任何操作进行转换。例如，在系统开发过程中，经常会碰到对从数据库查询获取的数据项逐一进行处理的场景，这时候就可以充分利用 flatMap 操作符的特性执行相关操作。如下所示的代码演示了针对从数据库获取的User数据，使用该操作符逐一查询User所生成的订单信息的实现方法：

```
Flux<User> users = userRepository.getUsers();
users.flatMap(u -> getOrdersByUser(u));
```

flatMap操作符非常强大而实用，在响应式代码中经常可以看到flatMap的这种使用方法。

- filter操作符。

filter是一种过滤类操作符，含义与普通的过滤器类似，就是对流中包含的元素进行过滤，只留下满足指定过滤条件的元素，而过滤条件的指定一般是通过断言实现。例如，想要对1～10这10个元素进行过滤，只获取能被2取余的元素，可以使用如下的代码。

```
Flux.range(1, 10).filter(i -> i % 2 == 0)
    .subscribe(System.out::println);
```

这里的“i % 2 == 0”代表的就是一种断言。

- then/when 操作符。

then 是一个组合操作符，其含义是等上一个操作完成再做下一个操作，以下代码展示了该操作符的用法：

```
Flux.just(1, 2, 3)
    .then()
    .subscribe(System.out::println);
```

尽管生成了一个包含 1、2、3 这 3 个元素的 Flux 流，但 then 操作符在上游的元素执行完成之后才会触发新的数据流，也就是说会忽略所传入的元素，所以上述代码在控制台上实际并没有任何输出。

对应地，when 操作符的含义则是等到多个操作一起完成。如下代码很好地展示了 when 操作符的实际应用场景：

```
public Mono<Void> updateOrders(Flux<Order> orders) {
     return orders
          .flatMap(file -> {
               Mono<Void> saveOrderToDatabase = ...;

               Mono<Void> sendMessage = ...;

               return Mono.when(saveOrderToDatabase, sendMessage);
          });
}
```

上述代码假设要对订单列表进行批量更新，首先把订单数据持久化到数据库，然后发送一条通知类的消息。需要确保这两个操作都完成之后方法才能返回，所以用到了 when 操作符。

- zip 操作符。

zip 是一种常见的组合操作符，它的合并规则比较特别，是将当前流中的元素与另外一个流中的元素按照一对一的方式进行合并。

使用 zip 操作符在合并时可以不做任何处理，由此得到的是一个元素类型为 Tuple2 的流，示例代码如下：

```
Flux flux1 = Flux.just(1, 2);
Flux flux2 = Flux.just(3, 4);
Flux.zip(flux1, flux2).subscribe(System.out::println);
```

以上代码执行效果如下所示：

```
[1,3]
[2,4]
```

可以使用 zipWith 操作符实现同样的效果，示例代码如下：

```
Flux.just(1, 2)
.zipWith(Flux.just(3, 4))
.subscribe(System.out::println);
```

另一方面，也可以通过一个自定义一个 BiFunction 函数来对合并过程做精细化的处理，这时候所得到的流的元素类型即为该函数的返回值类似，示例代码如下：

```
Flux.just(1, 2).zipWith(Flux.just(3, 4), (s1, s2) ->
        String.format("%s+%s=%s", s1, s2, s1 + s2)
    )
    .subscribe(System.out::println);
```

以上代码执行效果如下所示，可以看到其对输出内容做了自定义的格式化操作：

```
1+3=4
2+4=6
```

- defaultIfEmpty 操作符。

defaultIfEmpty 是一种条件操作符，针对空数据流提供了一个简单而实用的处理方法。该操作符用来返回来自原始数据流的元素，如果原始数据流中没有元素则返回一个默认元素。

defaultIfEmpty 操作符在实际开发过程中应用广泛，通常用在对方法返回值的处理上。如下所示的就是在 Controller 层中对 Service 层返回结果的一种常见处理方法：

```
@GetMapping("/orders/{id}")
public Mono<ResponseEntity<Order>> findOrderById(@PathVariable String id) {
    return orderService.findOrderById(id)
        .map(ResponseEntity::ok)
        .defaultIfEmpty(ResponseEntity.status(404).body(null));
}
```

可以看到，这里使用 defaultIfEmpty 操作符实现默认返回值。在示例代码所展示的 HTTP 端点中，当找不到指定的数据时，通过 defaultIfEmpty()方法返回一个空对象以及 404 状态码。

- subscribe 操作符。

说起 subscribe 操作符，它提供了一组 subscribe()方法，16.2.3 小节介绍订阅响应式流时已经给出了这些方法的定义。而如果默认的 subscribe()方法没有提供所需的功能，可以实现自定义的 Subscriber。一般而言，总是可以直接实现响应式流规范所提供的 Subscriber 接口，并将其订阅到流。实现一个自定义的 Subscriber 并没有想象中的那么困难，这里给出一个简单的实现示例：

```
Subscriber<String> subscriber = new Subscriber<String>() {
    volatile Subscription subscription;

    public void onSubscribe(Subscription s) {
        subscription = s;
        System.out.println("initialization");
        subscription.request(1);
    }

    public void onNext(String s) {
        System.out.println("onNext:" + s);
        subscription.request(1);
    }

    public void onComplete() {
        System.out.println("onComplete");
    }

    public void onError(Throwable t) {
```

```
            System.out.println("onError:" + t.getMessage());
        }
    };
```

这个自定义 Subscriber 实现首先持有对订阅令牌 Subscription 的引用。由于订阅和数据处理可能发生在不同的线程中，因此使用 volatile 关键字来确保所有线程都具有对 Subscription 实例的正确引用。当订阅到达时，会通过 onSubscribe()回调方法通知 Subscriber。在这里，保存订阅令牌并初始化请求。

onNext()方法输出接收到的数据并请求下一个元素。在这种情况下执行 subscription.request(1)方法，也就是说使用简单的拉模型来管理背压。而剩下的 onComplete()和 onError()方法都只是输出了日志。

现在，通过 subscribe()方法来使用这个 Subscriber，如下所示：

```
Flux<String> flux = Flux.just("12", "23", "34");
flux.subscribe(subscriber);
```

上述代码应该产生以下控制台输出：

```
initialization
onNext:12
onNext:23
onNext:34
onComplete
```

上述构建的自定义 Subscriber 虽然能够正常运作，但因为过于偏底层，因此并不推荐使用。推荐的做法是扩展 Reactor 提供的 BaseSubscriber 类。在这种情况下，订阅者可能如下所示：

```
class MySubscriber<T> extends BaseSubscriber<T> {
    public void hookOnSubscribe(Subscription subscription) {
        System.out.println("initialization");
        request(1);
    }

    public void hookOnNext(T value) {
        System.out.println("onNext:" + value);
        request(1);
    }
}
```

可以看到这里使用了两个钩子方法 hookOnSubscribe(Subscription)和 hookOnNext(T)。和这两个方法类似，也可以重载诸如 hookOnError(Throwable)、hookOnCancel()、hookOnComplete()等方法。

- log 操作符。

Reactor 中专门提供了针对日志的工具操作符 log。log 操作符观察所有的数据并使用日志工具进行跟踪。可以通过如下代码演示 log 操作符的使用方法，在 Flux.just()方法后直接添加 log()方法。

```
Flux.just(1, 2).log().subscribe(System.out::println);
```

以上代码的执行结果如下所示（为了显示简洁，部分内容和格式做了调整）。通常，也可以在 log()方法中添加参数来指定日志分类的名称。

```
Info: | onSubscribe([Synchronous Fuseable] FluxArray.ArraySubscription)
```

```
Info: | request(unbounded)
Info: | onNext(1)
1
Info: | onNext(2)
2
Info: | onComplete()
```

## 16.4 本章小结

针对响应式流规范，业界存在一批优秀的实现框架，而 Spring 默认集成的 Project Reactor 框架就是其中的代表。Reactor 框架中最核心的就是代表异步数据序列的 Mono 和 Flux 组件。本章详细介绍了如何创建 Flux 和 Mono 对象，以及如何订阅响应式流的系统方法。想要创建响应式流，可以利用 Reactor 框架所提供的各种工厂方法来达到静态创建的效果，也可以使用更加灵活的编程式方式来实现动态创建。而针对订阅过程，Reactor 框架也提供了一组面向不同场景的 subscribe()方法。

另一方面，本章也介绍了 Reactor 框架所提供的各类操作符，使用操作符是开发响应式应用程序的主要工作。Reactor 框架中的操作符数量繁多，本章针对日常开发过程中常用的操作符做了具体展开并给出了示例代码。

# 第 17 章

# WebFlux 和 RSocket

前面两章对响应式编程的概念和开发框架做了介绍。本章将进入实际应用阶段，即围绕一个典型的多层架构，介绍从每一层出发构建响应式应用程序。首先关注的是 Web 服务层。在构建响应式 Web 服务上，Spring 5 中引入了全新的编程框架，这就是 Spring WebFlux。作为一款新型的 Web 服务开发框架，与传统的 WebMVC 相比具体有哪些优势呢？本章将分析 WebFlux 的核心原理以及详细介绍使用它来创建和消费响应式 Web 服务的实现方法。

另一方面，WebFlux 和 WebMVC 类似，都是基于 HTTP 实现请求-响应过程的交互方式。这种交互方式很简单，但无法应对所有的响应式应用场景。那么，有没有在网络协议层上提供的更加丰富的交互方式呢？答案是肯定的，这就是本章也会讨论的 RSocket 协议。

## 17.1 WebFlux 核心原理

正如我们已经了解到的，像 Reactor 这样的响应式库可以帮助开发人员构建一个异步的非阻塞流，并且为开发人员屏蔽底层的技术复杂度。而基于 Reactor 框架的 WebFlux 进一步降低了开发响应式 Web 服务的难度。

微服务架构的兴起为 WebFlux 的应用提供了一个很好的场景。在一个微服务系统中，存在数十乃至数百个独立的微服务，它们相互通信以完成复杂的业务流程。这个过程势必涉及大量的 I/O 操作。I/O 操作，尤其是阻塞式 I/O 操作会整体增加系统的延迟并降低吞吐量。如果能够在复杂的流程中集成非阻塞、异步通信机制，就可以高效处理跨服务之间的网络请求。针对这种场景，WebFlux 是一种非常有效的解决方案。

### 17.1.1 从 WebMVC 到 WebFlux

接下来讨论 WebMVC 与 WebFlux 之间的差别，而这些差别实际上体现在从 WebMVC 到 WebFlux 的演进过程中。先从传统的 Spring WebMVC 技术栈开始说起。

1. Spring WebMVC 技术栈

一般而言，Web 请求处理机制都会使用到管道-过滤器（Pipe-Filter）架构模式，而 Spring WebMVC 作为一种处理 Web 请求的典型实现方案，同样使用了 Servlet 中的过滤器链 FilterChain 来对请求进行拦截。当代表请求的 ServletRequest 对象通过过滤器链中所包含的一系列过滤器之后，最终就会到达作为前端控制器的 DispatcherServlet。

DispatcherServlet 是 WebMVC 的核心组件，扩展了 Servlet 对象，并负责搜索 HandlerMapping 实例并使用合适的 HandlerAdapter 对其进行适配。其中，HandlerMapping 的作用是根据当前请求找到对应的处理器 Handler，而 HandlerAdapter 根据给定的 HttpServletRequest 和 HttpServletResponse 对象真正调用给定的 Handler，核心方法如下所示：

```
public interface HandlerAdapter {

    //针对给定的请求/响应对象调用目标 Handler
    ModelAndView handle(HttpServletRequest request, HttpServletResponse response, Ob
ject handler) throws Exception;
}
```

作为总结，我们梳理了 Spring WebMVC 的整体架构，如图 17-1 所示。图 17-1 中还列举了日常开发过程中常用的 HandlerMapping 和 HandlerAdapter，即 RequestMappingHandlerMapping 和 RequestMapping HandlerAdapter 类。

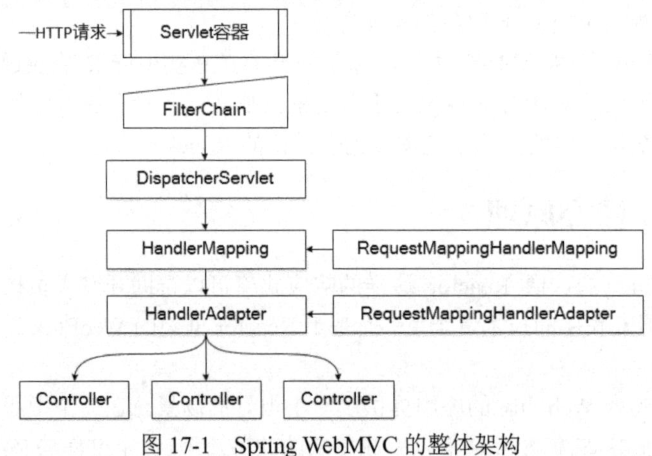


图 17-1　Spring WebMVC 的整体架构

一直以来，Spring WebMVC 是开发 Web 服务的主流框架。但要注意的是，尽管 Servlet 本身在新版本中提供了异步非阻塞的通信机制，但 Spring WebMVC 在实现上并不允许在整个请求生命周期中都采用非阻塞式的操作方式。因此，Spring 在尽量沿用原有的开发模式以及 API 设计上提供了支持异步非阻塞的 Spring WebFlux 框架。

2. Spring WebFlux 技术栈

介绍完 Spring WebMVC，我们来到 Spring WebFlux。事实上，前面介绍的 HandlerMapping、HandlerAdapter 等组件在 WebFlux 都有同名的响应式版本，这是 WebFlux 的一种设计理念，即在既有设计的基础上，提供新的实现版本，只对部分需要增强和弱化的地方做了调整。

先来看第一个需要调整的地方。显然，应该替换掉原有的 Servlet API 以便融入响应式流。因此，在 WebFlux 中，代表请求和响应的是全新的 ServerHttpRequest 和 ServerHttpResponse 对象。

同样，WebFlux 提供了一个过滤器链 WebFilterChain，定义如下：

```
public interface WebFilterChain {
    Mono<Void> filter(ServerWebExchange exchange);
}
```

这里的 ServerWebExchange 相当于一个上下文容器，保存了 ServerHttpRequest、ServerHttpResponse 以及一些框架运行时状态信息。

在 WebFlux 中，和 WebMVC 中 DispatcherServlet 相对应的组件是 DispatcherHandler。与 DispatcherServlet 类似，DispatcherHandler 同样使用了一套响应式版本的 HandlerMapping 和 HandlerAdapter 完成对请求的处理。请注意，这两个接口定义在 org.springframework.web.reactive 包中，而不是在原有的 org.springframework.web 包中。

在 WebFlux 中，同样实现了响应式版本的 RequestMappingHandlerMapping 和 RequestMappingHandler Adapter，因此仍然可以采用注解的方法来构建 Controller。另一方面，WebFlux 中还提供了 RouterFunctionMapping 和 HandlerFunctionAdapter 组合，专门用来提供基于函数式编程的开发模式。这样 Spring WebFlux 的整体架构如图 17-2 所示。

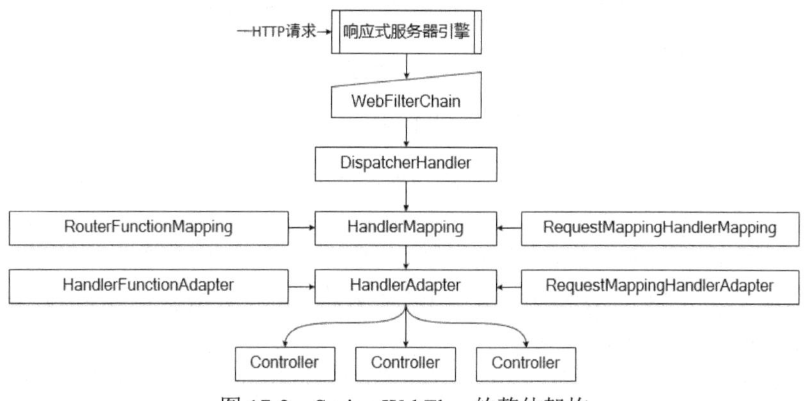


图 17-2 Spring WebFlux 的整体架构

请注意，在处理 HTTP 请求上，需要使用支持异步非阻塞的响应式服务器引擎，常见的包括 Netty、Undertow 以及支持 3.1 及以上版本的 Servlet 容器。

### 17.1.2 对比 WebFlux 和 WebMVC 的处理模型

现在我们已经明确了从 WebMVC 到 WebFlux 的演进过程，那么，新的 WebFlux 要比传统 WebMVC 好在哪里呢？我们从两者的处理模型上入手来分析这个问题。

1. WebFlux 和 WebMVC 中的处理模型

通过前面的讨论我们已经知道 Servlet 是阻塞式的，所以 WebMVC 建立在阻塞 I/O 之上，我们来分析这种模型下线程处理请求的过程。假设有一个工作线程会处理来自客户端的请求，所有请求构成一个请求队列，并由一个线程按顺序进行处理。针对一个请求，线程需要执行两部分工作，即首先接收请求，然后对其进行处理，如图 17-3 所示。

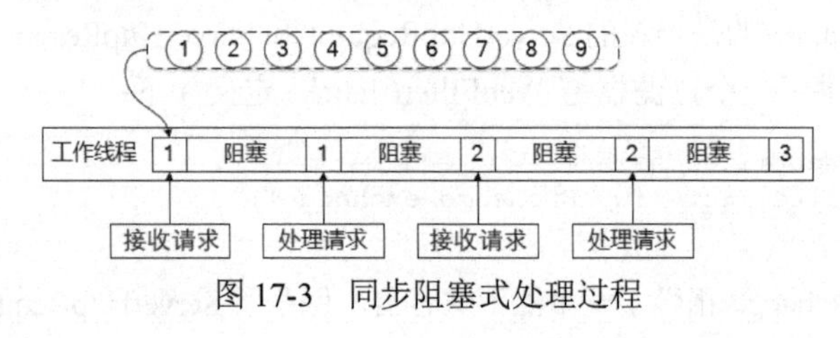


图 17-3　同步阻塞式处理过程

在前面的示例中，正如我们可能注意到的，工作线程的实际处理时间远小于花费在阻塞操作上的时间。这意味着工作线程会被 I/O 读取或写入数据这一操作所阻塞。从图 17-3 我们可以得出结论，线程效率低下。同时，因为所有请求是排队的，相当于是一个请求队列，所以接收请求和处理请求这两部分操作实际上是可以共享等待时间的。

相比之下，WebFlux 构建在非阻塞 API 之上，这意味着没有操作需要与 I/O 阻塞线程进行交互，接收和处理请求的效率很高，如图 17-4 所示。

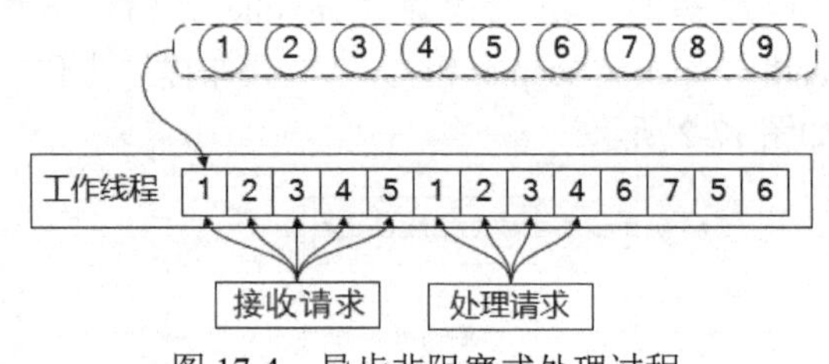


图 17-4　异步非阻塞式处理过程

将图 17-4 中所展示的异步非阻塞请求处理与前面的阻塞过程进行比较，我们会注意到，工作线程现在没有在读取请求数据时发生等待，而是高效接收新连接。然后，提供了非阻塞 I/O 机制的底层操作系统会通知请求数据是否已经接收完成，并且处理器可以在不阻塞的情况下进行处理。类似地，写入响应结果时同样不需要阻塞，操作系统会在准备好将一部分数据非阻塞地写入 I/O 时进行通知。这样就拥有了最佳的 CPU 利用率。

前面的示例展示了 WebFlux 可比 WebMVC 更有效地利用一个工作线程，因此可以在相同的时间内处理更多的请求。那么，如果是在多线程的场景下会发生什么呢？我们来看一下图 17-5。

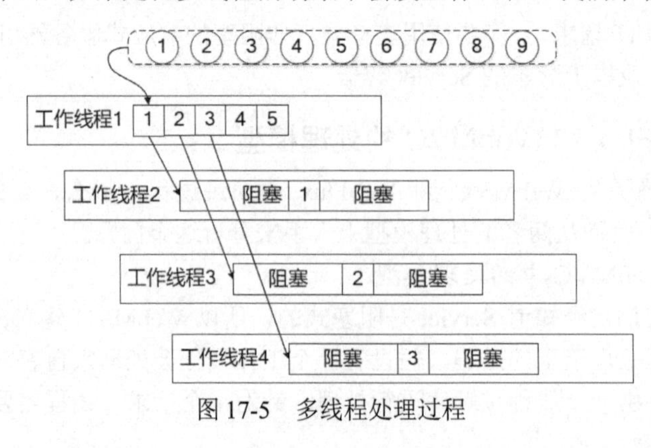


图 17-5　多线程处理过程

从图 17-5 中可以看出，多线程模型允许更快地处理排队请求，能够同时接收、处理和响应几乎相同数量的请求。当然，多线程技术有利有弊。当处理用户请求涉及太多的线程实例时，相互之间就需要协调资源，它们之间的不一致性会导致性能下降。

2. 处理模型对性能的影响

不同的处理模型对性能会有不同程度的影响。这里我们引用维护 Spring 框架的 Pivotal 公司软件开发主管 Biju Kunjummen 的测试结果来对这一问题进行解答。

在 Biju Kunjummen 的测试用例中，分别基于 WebMVC 所提供的阻塞式 RestTemplate 以及 WebFlux 所提供的非阻塞式 WebClient 工具类对远程 Web 服务发起请求。对于不同组的并发用户量（300、1000、1500、3000、5000），他分别发送了一个 delay 属性设置为 300 ms 的请求，每个用户重复该场景 30 次，请求之间的延迟为 1～2s。测试用例中使用了 Gatling 这款工具来执行压测。

从测试结果来看，在 300 并发用户的测试用例下，WebMVC 和 WebFlux 的表现比较接近，意味着在并发量不高的情况下，非阻塞式的请求处理过程并没有太多优势。而在 3000 并发用户下，情况就完全不一样了。使用 WebMVC 的平均响应时间是 2479 ms，而 WebFlux 则只有 305 ms。完整版的测试结果和数据，可以参考 Biju Kunjummen 的文章“Raw Performance Numbers-Spring Boot 2 WebFlux vs. Spring Boot 1”进行获取，详见异步社区。

## 17.2 使用 WebFlux 构建响应式 Web 服务

讲完原理，我们回到应用。想要使用 WebFlux 组件，需要在 pom 文件添加如下依赖：

```
<dependencies>
    <dependency>
        <groupId>org.springframework.boot</groupId>
        <artifactId>spring-boot-starter-webflux</artifactId>
    </dependency>

    <dependency>
        <groupId>org.springframework.boot</groupId>
        <artifactId>spring-boot-starter-test</artifactId>
        <scope>test</scope>
    </dependency>

    <dependency>
        <groupId>io.projectreactor</groupId>
        <artifactId>reactor-test</artifactId>
        <scope>test</scope>
    </dependency>
</dependencies>
```

这其中核心的就是 spring-boot-starter-webflux，它是构成响应式 Web 应用程序开发的基础；spring-boot-starter-test 是包含 JUnit、Spring Boot Test、Mockit 等常见测试工具类在内的测试组件库；而 reactor-test 则是用来测试 Reactor 框架的测试组件库。

请注意，基于 WebFlux 构建响应式服务的编程模型，开发人员有两种选择。第一种是使用基于 Java 注解的方式，这种编程模型与传统的 Spring MVC 一致。而第二种则是使用函数式编程模型。

### 17.2.1　WebFlux 注解式编程模型

本节先来介绍第一种实现方式，即 WebFlux 注解式编程模型。因为 WebFlux 使用的注解与 WebMVC 的完全一致，所以这部分内容比较简单，基本只是对 4.2 节所介绍内容的重构。

先来看第一个响应式 RESTful 服务，如下所示：

```java
@RestController
public class HelloController {

    @GetMapping("/")
    public Mono<String> hello() {
        return Mono.just("Hello World!");
    }
}
```

以上代码有一个地方值得注意，即 hello()方法的返回值从普通的 String 对象转化为了一个 Mono<String>对象。这点是完全可以预见的，使用 Spring WebFlux 与 Spring MVC 的不同之处在于前者使用的类型都是 Reactor 中提供的 Flux 和 Mono 对象，而不是普通的 POJO。

接下来将更进一步，构建带有一个 Service 层实现的响应式 RESTful 服务。而 Service 层中一般都会依赖具体的数据访问层来实现数据操作，但因为响应式数据访问是一个独立的话题，所以会在第 18 章中进行展开。这里还是尽量屏蔽响应式数据访问所带来的复杂性，数据层采用打桩（Stub）的方式来实现这个 Service 层组件。这里将针对常见的订单数据构建一个桩服务 StubOrderService，如下所示：

```java
@Service
public class StubOrderService {

     private final Map<String, Order> orders = new ConcurrentHashMap<>();

     public Flux<Order> getOrders() {
          return Flux.fromIterable(this.orders.values());
     }

     public Flux<Order> getOrdersByIds(final Flux<String> ids) {
          return ids.flatMap(id -> Mono.justOrEmpty(this.orders.get(id)));
     }

     public Mono<Order> getOrdersById(final String id) {
          return Mono.justOrEmpty(this.orders.get(id));
     }

     public Mono<Void> createOrUpdateOrder(final Mono<Order> productMono) {
          return productMono.doOnNext(product -> {
               orders.put(product.getId(), product);
          }).thenEmpty(Mono.empty());
     }

     public Mono<Order> deleteOrder(final String id) {
          return Mono.justOrEmpty(this.orders.remove(id));
     }
}
```

StubOrderService 用来对 Order 数据进行基本的 CRUD 操作。这里使用一个位于内存中的 ConcurrentHashMap 对象来保存所有的 Order 对象信息，从而提供一种桩代码实现方案。这里的 getOrdersByIds()方法具有代表性，它接收 Flux 类型的参数 ids。Flux 类型的参数代表有多个对象需要处理，这里使用了 Reactor 中的 flatMap 操作符来对传入的每个 ID 进行处理，这也是 flatMap 操作符的一种非常典型的用法。另外 createOrUpdateOrder()方法使用 ProductMono.doOnNext()方法将 Mono 对象转换为普通 POJO 对象并进行保存。doOnNext()方法相当于在响应式流每次发送 onNext 通知时为消息添加了定制化的处理。

有了桩服务 StubOrderService，就可以创建 StubOrderController 来构建具体的响应式 RESTful 服务，它使用 StubOrderService 来完成具体的端点。StubOrderController 中暴露的端点都很简单，只需把具体功能代理给 StubOrderService 中的对应方法，代码如下：

```
@RestController
@RequestMapping("/orders")
public class StubOrderController {

     @Autowired
     private StubOrderService orderService;

     @GetMapping("")
     public Flux<Order> getOrders() {
          return this.orderService.getOrders();
     }

     @GetMapping("/{id}")
     public Mono<Order> getOrderById(@PathVariable("id") final String id) {
          return this.orderService.getOrderById(id);
     }

     @PostMapping("")
      public Mono<Void> createOrder(@RequestBody final Mono<Order> order) {
          return this.orderService.createOrUpdateOrder(order);
     }

     @DeleteMapping("/{id}")
     public Mono<Order> delete(@PathVariable("id") final String id) {
          return this.orderService.deleteOrder(id);
     }
}
```

至此，使用注解式编程模型创建响应式 RESTful 服务的过程介绍完毕。WebFlux 支持使用与 Spring MVC 相同的注解，两者的主要区别在于底层核心通信方式是否阻塞。对于简单的场景来说，这两者之间并没有什么太大的差别。但对于复杂的应用来说，响应式编程和背压的优势就会体现出来，可以带来整体性能的提升。

### 17.2.2 WebFlux 函数式编程模型

在引入函数式编程模型之前，让我们先来回顾 Spring WebFlux 的系统架构，如图 17-6 所示。

在 Spring WebFlux 中，函数式编程模型的核心概念是 Router Functions，对标 Spring MVC 中的 @Controller、@RequestMapping 等标准注解。而 Router Functions 提供一套函数式风格的 API，其中最重

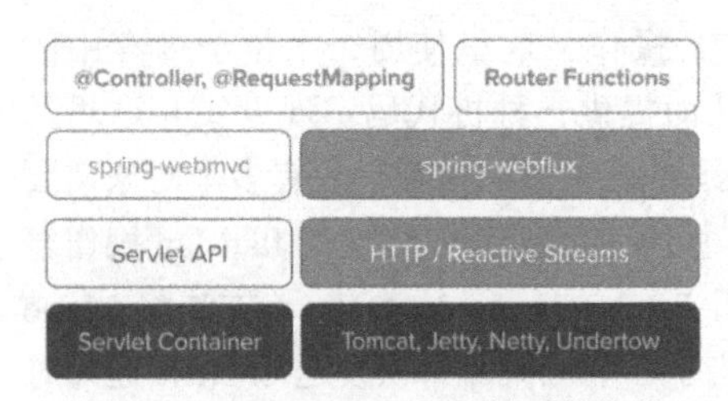


图 17-6 Spring WebFlux 的系统架构（来自 Spring 官网）

要的就是 Router 和 Handler 接口。可以简单把 Router 对应为 RequestMapping，把 Controller 对应为 Handler。

当发起一个远程调用时，传入的 HTTP 请求由 HandlerFunction 处理，HandlerFunction 本质上是一个接收 ServerRequest 并返回 Mono<ServerResponse> 的函数。ServerRequest 和 ServerResponse 是一对不可变接口，用来提供对底层 HTTP 消息的友好访问。在介绍具体的实现方法之前，先从这两个接口开始讲起。

1. ServerRequest

ServerRequest 代表请求对象，可以访问各种 HTTP 请求元素，包括请求方法、URI 和参数，以及通过单独的 ServerRequest.Headers 获取 HTTP 请求头信息。ServerRequest 通过一系列 bodyToMono() 和 bodyToFlux()方法提供对请求消息体进行访问的途径。例如，如果希望将请求消息体提取为 Mono<String>类型的对象，可以使用如下方法：

```
Mono<String> string = request.bodyToMono(String.class);
```

而如果希望将请求消息体提取为 Flux<Order>类型的对象，可以使用如下方法，其中 Order 是可以从请求消息体反序列化的实体类。

```
Flux<Order> order = request.bodyToFlux(Order.class);
```

上述的 bodyToMono()和 bodyToFlux()两个方法实际上是通用的 ServerRequest.body(BodyExtractor)工具方法的快捷方式，该方法如下所示：

```
<T> T body(BodyExtractor<T, ? super ServerHttpRequest> extractor);
```

BodyExtractor 是一种针对请求消息体的提取策略，允许编写自定义的提取逻辑。请注意 BodyExtractor 提取消息的对象是一个 ServerHttpRequest 类型的实例，而这个 ServerHttpRequest 是非阻塞的，与之对应的还有一个 ServerHttpResponse 对象。响应式 Web 操作使用的正是这组非阻塞的 ServerHttpRequest 和 ServerHttpResponse 对象，而不再是 Spring MVC 中的传统 HttpServletRequest 和 HttpServletResponse 对象。

2. ServerResponse

与 ServerRequest 对应，ServerResponse 提供对 HTTP 响应的访问入口。由于它是不可变的，可以使用构建器创建一个新的 ServerResponse。构建器允许设置响应状态、添加响应标题并提供响应的具体内容。例如，下面的示例演示了如何通过 ok()方法创建代表 200 状态码的响应，其中将响应体的类型设置为 JSON 格式，而响应的具体内容是一个 Mono<Order>对象。

```
Mono<Order> order = …;
ServerResponse.ok().contentType(MediaType.APPLICATION_JSON)
     .body(order);
```

通过 body()方法来加载响应内容是构建 ServerResponse 最常见的方法之一，这里将 Order 对象作为返回值。想要实现这一目标，也可以使用 BodyInserters 工具类所提供的构建方法，如常见的 fromObject()和 fromPublisher()方法等。以下示例代码通过 fromObject()方法直接返回一个 Hello World。

```
ServerResponse.ok().body(BodyInserters.fromObject("Hello World"));
```

上述方法的背后实际上是利用 BodyBuilder 接口中的一组 body()方法来构建一个 ServerResponse 对象，典型的 body()方法如下所示：

```
Mono<ServerResponse> body(BodyInserter<?, ? super ServerHttpResponse> inserter);
```

这里同样出现了非阻塞式的 ServerHttpResponse 对象，而这种 body()方法比较常见的用法是用来返回新增和更新操作的结果。

3. HandlerFunction

将 ServerRequest 和 ServerResponse 组合在一起就可以创建 HandlerFunction。HandlerFunction 也是一个接口，定义如下：

```
public interface HandlerFunction<T extends ServerResponse> {

    Mono<T> handle(ServerRequest request);
}
```

可以通过实现 HandlerFunction 接口中的 handle()方法来创建定制化的请求响应处理机制。例如，以下所示的 HelloWorldHandlerFunction 是一个简单的“Hello World”处理函数代码示例：

```
public class HelloWorldHandlerFunction implements
    HandlerFunction<ServerResponse> {

    @Override
    public Mono<ServerResponse> handle(ServerRequest request) {
        return ServerResponse.ok().body(
            BodyInserters.fromObject("Hello World"));
    }
};
```

可以看到，这里使用了前面介绍的 ServerResponse 所提供的 body()方法返回一个 String 类型的消息体。

通常，针对某个领域实体都存在 CRUD 等常见的操作，所以需要编写多个类似的处理函数，比较烦琐。这时候就推荐将多个处理函数分组到一个专门的 Handler 类中。

4. RouterFunction

现在已经可以通过 HandlerFunction 创建请求的处理逻辑，接下来需要把具体请求与这种处理逻辑关联起来，RouterFunction 可以帮助实现这一目标。RouterFunction 与传统 Spring MVC 中的 @RequestMapping 注解功能类似。

创建 RouterFunction 的常见做法是使用如下所示的 route()方法，该方法通过使用请求谓词和处理函数创建一个 ServerResponse 对象：

```
public static <T extends ServerResponse> RouterFunction<T> route(
    RequestPredicate predicate, HandlerFunction<T> handlerFunction) {

    return new DefaultRouterFunction<>(predicate, handlerFunction);
}
```

请注意，这里的 RequestPredicate 工具类提供了常用的谓词，能够实现包括基于路径、HTTP 请求、内容类型等条件的自动匹配。一个简单的 RouterFunction 示例如下，这里用它来实现对/hello-world 请求路径的自动路由，用到了前面创建的 HelloWorldHandlerFunction。

```
    RouterFunction<ServerResponse> helloWorldRoute =        RouterFunctions.route(Request
Predicates.path("/hello-world"),
         new HelloWorldHandlerFunction());
```

类似地，应该把 RouterFunction 和各种 HandlerFunction 按照需求结合起来一起使用，常见的做法也是根据领域对象来设计对应的 RouterFunction。

路由机制的优势在于它的组合型。两个路由功能可以组合成一个新的路由功能，并通过一定的评估方法路由到其中任何一个处理函数。如果第一个路由的谓词不匹配，则第二个谓词会被评估。请注意组合的路由功能会按照顺序进行评估，因此在通用功能之前放置一些特定功能是一项最佳实践。在 RouterFunction 中，同样提供了对应的组合方法来实现这一目标：

```
    default RouterFunction<T> and(RouterFunction<T> other) {
         return new RouterFunctions.SameComposedRouterFunction<>(this, other);
    }

    default RouterFunction<T> andRoute(RequestPredicate predicate, HandlerFunction<T>
handlerFunction) {
         return and(RouterFunctions.route(predicate, handlerFunction));
    }
```

可以通过调用上述两个方法中的任意一个来组合两个路由功能，其中后者相当于 RouterFunction.and()方法与 RouterFunctions.route()方法的集成。以下代码演示了 RouterFunction 的组合特性：

```
    RouterFunction<ServerResponse> personRoute =
         route(GET("/orders/{id}").and(accept(APPLICATION_JSON)), personHandler::getOrderById)
         .andRoute(GET("/orders").and(accept(APPLICATION_JSON)), personHandler::getOrders)
         .andRoute(POST("/orders").and(contentType(APPLICATION_JSON)), personHandler::createOrder);
```

RequestPredicate 工具类所提供的大多数谓词也具备组合特性。例如，RequestPredicates.GET(String)方法的实现如下所示：

```
    public static RequestPredicate GET(String pattern) {
         return method(HttpMethod.GET).and(path(pattern));
    }
```

该方法是 RequestPredicates.method(HttpMethod.GET)和 RequestPredicates.path(String)的组合。可以通过调用 RequestPredicate.and(RequestPredicate)方法或 RequestPredicate.or(RequestPredicate)方法来构建复杂的请求谓词。

## 17.3　使用 WebClient 消费响应式 Web 服务

Spring 中存在一个功能强大的工具类 RestTemplate，专门用来实现基于 HTTP 的远程请求和响应处理。RestTemplate 的主要问题在于不支持响应式流规范，也就无法提供非阻塞式的流式操作。Spring 5 全面引入响应式编程模型，同时也提供了 RestTemplate 的响应式版本，这就是 WebClient 工具类。本节将对 WebClient 进行详细讨论。

### 17.3.1 创建和配置 WebClient

WebClient 类位于 org.springframework.web.reactive.function.client 包中，要想在项目中集成 WebClient 类，只需要引入 WebFlux 依赖即可。

1. 创建 WebClient

创建 WebClient 有两种方法，一种是通过它所提供的 create()工厂方法，另一种则是使用 WebClient Builder 构造器工具类。

可以直接使用 create()工厂方法来创建 WebClient 的实例，示例代码如下：

```
WebClient webClient = WebClient.create();
```

如果创建 WebClient 的目的是针对某一个特定服务进行操作，那么可以使用该服务的地址作为 baseUrl 来初始化 WebClient，示例代码如下：

```
WebClient webClient =
     WebClient.create("https://localhost:8081/accounts");
```

WebClient 还附带了一个构造器类 Builder，使用方法也很简单，示例代码如下：

```
WebClient webClient = WebClient.builder().build();
```

2. 配置 WebClient

创建完 WebClient 实例之后，还可以在 WebClient.builder()方法中添加相关的配置项，来对 WebClient 的行为做一些控制，通常用来设置消息头信息等，示例代码如下：

```
WebClient webClient = WebClient.builder()
      .baseUrl("https://localhost:8081/accounts")
      .defaultHeader(HttpHeaders.CONTENT_TYPE, "application/json")
      .defaultHeader(HttpHeaders.USER_AGENT, "Reactive WebClient")
      .build();
```

上述代码展示了 defaultHeader()方法的使用方法，WebClient.builder()还包含 defaultCookie()、defaultRequest()等多个配置方法可供使用。

### 17.3.2 使用 WebClient 访问服务

在远程服务访问上，WebClient 有几种常见的使用方式，接下来对这些使用方式做详细介绍并给出相关示例。

1. 构造 URL

Web 请求中通过请求路径可以携带参数，在使用 WebClient 时也可以在它提供的 uri()方法中添加路径变量和参数值。如果要定义一个包含路径变量名为 id 的 URL，然后将 id 的值设置为 100，那么可以使用如下所示的示例代码：

```
webClient.get().uri("http://localhost:8081/accounts/{id}", 100);
```

当然，URL 中也可以使用多个路径变量以及多个参数值。如下所示的代码中就定义了一个 URL 并携带两个路径变量 param1 和 param2，实际访问时它们将被替换为 value1 和 value2。如果有很多的参数，只要按照需求对请求地址进行拼装即可。示例代码如下：

```
webClient.get().uri("http://localhost:8081/account/{param1}/{param2}", "value1", "value12");
```

同时，也可以事先把这些路径变量和参数值拼装成一个 Map 对象，然后赋值到 URL。如下所示的代码就定义了 Key 为 param1 和 param2 的 HashMap，实际访问时会从这个 HashMap 中获取参数值进行替换，从而得到最终的请求路径为 http://localhost:8081/accounts/value1/value2，如下所示：

```
Map<String, Object> uriVariables = new HashMap<>();
uriVariables.put("param1", "value1");
uriVariables.put("param2", "value2");
webClient.get().uri("http://localhost:8081/accounts/{param1}/{param2}", variables);
```

还可以通过使用 URIBuilder 来获取对请求信息的完全控制，示例代码如下：

```
public Flux<Account> getAccounts(String username, String token) {
    return webClient.get()
        .uri(uriBuilder -> uriBuilder.path("/accounts").build())
        .header("Authorization", "Basic " + Base64Utils.encodeToString((username +
":" + token).getBytes(UTF_8)))
        .retrieve()
        .bodyToFlux(Account.class);
}
```

这里为每次请求添加了包含授权信息的“Authorization”消息头，用来传递用户名和访问令牌。一旦准备好请求信息，就可以使用 WebClient 提供的一系列工具方法完成远程服务的访问，例如上面示例中的 retrieve()方法。

2. retrieve()*方法*

retrieve()方法是获取响应主体并对其进行解码的最简单的方法之一，如下所示：

```
WebClient webClient = WebClient.create("http://localhost:8081");

Mono<Account> result = webClient.get()
     .uri("/accounts/{id}", id)
     .accept(MediaType.APPLICATION_JSON)
     .retrieve()
     .bodyToMono(Account.class);
```

上述代码使用 JSON 作为序列化方式，也可以根据需要设置其他方式。

3. exchange()*方法*

如果希望对响应拥有更多的控制权，retrieve()方法就显得无能为力，这时候可以使用 exchange()方法来访问整个响应结果，该响应结果是一个 ClientResponse 对象，包含响应的状态码、Cookie 等信息，示例代码如下：

```
Mono<Account> result = webClient.get()
     .uri("/accounts/{id}", id)
     .accept(MediaType.APPLICATION_JSON)
     .exchange()
     .flatMap(response -> response.bodyToMono(Account.class));
```

以上代码演示了如何对结果执行 flatMap 操作符的实现方式，通过这一操作符调用 ClientResponse 的 bodyToMono()方法以获取目标 Account 对象。

4. 使用 RequestBody

如果有一个 Mono 或 Flux 类型的请求体，可以使用 WebClient 的 body()方法来进行编码，使用示例如下：

```
Mono<Account> accountMono = ... ;
Mono<Void> result = webClient.post()
    .uri("/accounts")
    .contentType(MediaType.APPLICATION_JSON)
    .body(accountMono, Account.class)
    .retrieve()
    .bodyToMono(Void.class);
```

如果请求对象是一个普通的 POJO 而不是 Flux/Mono，则可以使用 syncBody()方法这种快捷方式来传递请求，示例代码如下：

```
Account account = ... ;
Mono<Void> result = webClient.post()
    .uri("/accounts")
    .contentType(MediaType.APPLICATION_JSON)
    .syncBody(account)
    .retrieve()
    .bodyToMono(Void.class);
```

除了实现常规的 HTTP 请求之外，WebClient 还有一些高级用法，包括请求拦截和异常处理等。

5. 请求拦截

和传统 RestTemplate 类似，WebClient 也支持使用过滤器函数。在 WebClient 的构造器 Builder 中，build() 方法的目的是构建出一个 DefaultWebClient，而 DefaultWebClient 的构造函数中依赖于 ExchangeFunction 接口。将 ExchangeFunction 接口的定义中的 filter()方法传入并执行 ExchangeFilterFunction，如下所示：

```
public interface ExchangeFunction {
…
    default ExchangeFunction filter(ExchangeFilterFunction filter) {
        Assert.notNull(filter, "'filter' must not be null");
        return filter.apply(this);
    }
}
```

当我们看到 Filter 时，思路上就可以触类旁通了。在 Web 应用程序中，Filter 体现的就是一种拦截器作用，而多个 Filter 组合起来构成一种过滤器链。ExchangeFilterFunction 也是一个接口，其部分核心代码如下所示：

```
public interface ExchangeFilterFunction {

    Mono<ClientResponse> filter(ClientRequest request, ExchangeFunction next);

    default ExchangeFilterFunction andThen(ExchangeFilterFunction after) {
        Assert.notNull(after, "'after' must not be null");
        return (request, next) -> {
            ExchangeFunction nextExchange = exchangeRequest -> after.filter
(exchangeRequest, next);
            return filter(request, nextExchange);
```

```
        };
    }

    default ExchangeFunction apply(ExchangeFunction exchange) {
            Assert.notNull(exchange, "'exchange' must not be null");
            return request -> this.filter(request, exchange);
    }
    …
}
```

显然，ExchangeFilterFunction 通过 andThen()方法将自身添加到过滤器链并实现 filter()这个函数式方法。可以使用过滤器函数以任意方式拦截和修改请求，例如通过修改 ClientRequest 来调用 ExchangeFilterFucntion 过滤器链中的下一个过滤器，或者让 ClientRequest 直接返回以阻止过滤器链的进一步执行。作为示例，如下代码演示了如何使用过滤器添加基本认证功能：

```
WebClient client = WebClient.builder()
     .filter(basicAuthentication("username", "password"))
     .build();
```

这样，基于客户端过滤机制，不需要在每个请求中手动添加 Authorization 消息头，过滤器将拦截每个 WebClient 请求并自动添加该消息头。再来看一个例子，编写一个自定义的过滤器函数 logFilter()，代码如下所示：

```
private ExchangeFilterFunction logFilter() {
    return (clientRequest, next) -> {
        logger.info("Request: {} {}", clientRequest.method(), clientRequest.url());
        clientRequest.headers()
                .forEach((name, values) -> values.forEach(value -> logger.info("{}=
{}", name, value)));
        return next.exchange(clientRequest);
    };
}
```

显然，logFilter()方法的作用是对每个请求做详细的日志记录。同样可以通过 filter()方法把该过滤器添加到请求链路中，代码如下所示：

```
WebClient webClient = WebClient.builder()
     .filter(logFilter())
     .build();
```

6. 异常处理

当发起一个请求所得到的响应状态码为 4XX 或 5XX 时，WebClient 就会抛出一个 WebClientResponseException 异常，可以通过 onStatus()方法来自定义对异常的处理方式，示例代码如下：

```
public Flux<Account> listAccounts() {
    return webClient.get()
        .uri("/accounts)
        .retrieve()
        .onStatus(HttpStatus::is4xxClientError, clientResponse ->
            Mono.error(new MyCustomClientException())
        )
        .onStatus(HttpStatus::is5xxServerError, clientResponse ->
            Mono.error(new MyCustomServerException())
```

```
            )
        .bodyToFlux(Account.class);
}
```

这里构建了一个 MyCustomServerException 来返回自定义异常信息。需要注意的是，这种处理方式只适用于使用 retrieve()方法进行远程请求的场景，exchange()方法在获取 4XX 或 5XX 响应的情况下不会引发异常。因此，当使用 exchange()方法时，需要自行检查状态码并以合适的方式处理它们。

## 17.4 RSocket 高性能网络传输协议

WebFlux 和 WebMVC 类似，都是基于 HTTP 实现请求-响应式的交互过程。而本节要介绍的 RSocket 协议则是一种基于响应式流，并支持多种交互方式的高性能网络传输协议。

### 17.4.1 RSocket 协议

在引入 RSocket 协议之前，有必要先来讨论为什么需要这样一个协议的背景，让我们从传统的请求-响应模式的问题开始说起。

1. 请求-响应模式的问题

常用的 HTTP 的优势在于其广泛的适用性，有大量服务器和客户端实现的支持，但 HTTP 本身比较简单，只支持请求-响应模式。而这种模式对于很多应用场景来说是不合适的。典型的例子是消息推送，以 HTTP 为例，如果客户端需要获取最新的推送消息，就必须使用轮询。客户端不停地发送请求到服务器来检查更新，这无疑造成了大量的资源浪费。请求-响应模式的另外一个问题是，如果某个请求的响应时间过长，会阻塞其他请求的处理，正如 17.1 节中所分析的那样。

虽然服务器发送事件（Server-Sent Event，SSE）可以用来推送消息，不过 SSE 是一个简单的文本协议，仅提供有限的功能。此外，WebSocket 可以进行双向数据传输，但由于连接造成的服务之间的紧密耦合，WebSocket 的使用不符合响应式系统要求，因为协议不提供控制背压的可能性，而背压是响应式系统的重要组成部分。

事实上，响应式编程的实施目前主要有两个障碍，一个是关系型的数据访问，我们将在第 18 章中专门讨论这个话题，而另一个就是网络协议。幸运的是，响应式流规范背后的团队充分认识到了跨网络、异步、低延迟通信的必要性。在 2015 年中，RSocket 协议就在这样的背景下诞生了。

2. RSocket 协议与交互模式

RSocket 是一种新的第 7 层语言无关的应用网络协议，用来解决单一的请求-响应模式以及现有网络传输协议所存在的问题，提供 Java、JavaScript、C++和 Kotlin 等多种语言的实现版本。而 RSocket 采用的是自定义二进制协议，本身的定位就是高性能通信协议，性能上比 HTTP 高出许多。

RSocket 协议以异步消息的方式提供 4 种交互模式，除了请求-响应（Request-Response）模式之外，还包括请求-响应流（Request-Stream）、即发即弃（Fire-and-Forget）和通道（Channel）这 3 种新的交互模式，这些交互模式的特性如下所示。

- 请求-响应模式：这是最典型也最常见的模式，发送方在发送消息给接收方之后，等待与之对应的响应消息。
- 请求-响应流模式：发送方的每个请求消息，都对应于接收方的一个消息流作为响应。
- 即发即弃模式：发送方的请求消息没有与之对应的响应。
- 通道模式：在发送方和接收方之间建立一个双向传输的通道。

RSocket 专门设计用于与响应式风格配合应用，在使用 RSocket 协议时，背压和流量控制仍然有效。

在交互模式上，与 HTTP 的请求-响应这种单向的交互模式不同，RSocket 倡导的是对等通信，不再是对传统客户端-服务器交互模式的简单改进，而是在两端之间可以自由地相互发送和处理请求。RSocket 协议的交互方式可以参考图 17-7。

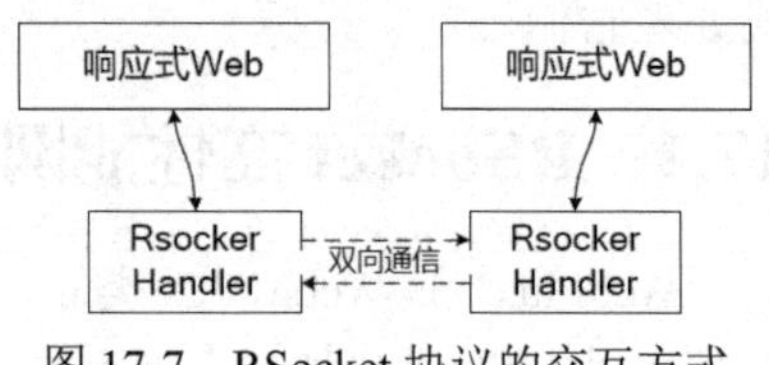


图 17-7　RSocket 协议的交互方式

## 17.4.2　使用 RSocket 实现远程交互

想要在应用程序中使用 RSocket 协议，需要引入如下依赖：

```
<dependency>
    <groupId>io.rsocket</groupId>
    <artifactId>rsocket-core</artifactId>
</dependency>
<dependency>
    <groupId>io.rsocket</groupId>
    <artifactId>rsocket-transport-netty</artifactId>
</dependency>
```

可以看到这里使用了 rsocket-transport-netty 包，该包的底层实现就是 Reactor Netty 组件，支持 TCP 和 WebSocket 协议。如果想使用 UDP，那么可以引入 rsocket-transport-aeron 包。

1. RSocket 接口

先来看一下 RSocket 协议中核心的接口，即 RSocket 接口的定义，如下所示：

```
import org.reactivestreams.Publisher;
import reactor.core.publisher.Flux;
import reactor.core.publisher.Mono;

public interface RSocket extends Availability, Closeable {

    //推送元信息，数据可以自定义
    Mono<Void> metadataPush(Payload payload);

    //请求-响应模式，发送一个请求并接收一个响应。该协议也比 HTTP 更具优势，因为它是异步且多路复用的
    Mono<Payload> requestResponse(Payload payload);

    //即发即弃模式，请求-响应模式的优化，在不需要响应时非常有用
    Mono<Void> fireAndForget(Payload payload);

    //请求-响应流模式，类似于返回集合的请求-响应模式，集合将以流的方式返回，而不是等到查询完成
    Flux<Payload> requestStream(Payload payload);

    //通道模式，允许任意交互模型的双向消息流
```

```
    Flux<Payload> requestChannel(Publisher<Payload> payloads);
}
```

显然，RSocket 接口通过 4 个独立的方法分别实现了它所提供的 4 种交互模式，其中 requestResponse()方法返回的是一个 Mono<Payload>对象，这里的 Payload 代表的就是一种消息对象，由元信息 metadata 和数据 data 这两部分组成，类似于常见的消息通信中的消息头和消息体的概念。

fireAndForget()方法返回的是一个 Mono<Void>流，符合即发即弃模式的语义。而 requestStream()方法作为请求-响应流模式的实现，与 requestResponse()方法的区别在于它的返回值是一个 Flux 流，而不是一个 Mono 对象。这几个方法的输入都是一个 Payload 消息对象，而不是一个响应式流对象。但 requestChannel()方法就不一样了，它的输入同样是一个代表响应式流的 Publisher 对象，意味着这种模式下的输入输出都是响应式流，也就是说可以进行客户端和服务器之间的双向交互。

在 rsocket-core 包中，针对 RSocket 接口提供了一个抽象的实现类 AbstractRSocket，该抽象类对上述方法做了简单的实现封装。在使用过程中，可以基于这个 AbstractRSocket 类来具体提供某一个交互模式的实现逻辑，而不需要完成实现 RSocket 接口中的所有方法。

2. 使用 RSocket 的交互模式

这里以常见的请求-响应交互模式为例，给出使用 RSocket 协议的使用方法。与使用 HTTP 类似，这个过程需要构建服务器和客户端，并通过客户端来发起请求。

先来看如何构建 RSocket 服务器，示例代码如下：

```
RSocketFactory.receive()
    .acceptor(((setup, sendingSocket) -> Mono.just(
         new AbstractRSocket() {
            @Override
            public Mono<Payload> requestResponse(Payload payload) {
               return Mono.just(DefaultPayload.create("Hello: " + payload.getDataUtf8
()));
            }
         }
    )))
   .transport(TcpServerTransport.create("localhost", 7000))
   .start()
   .subscribe();
```

这里的 RSocketFactory.receive()方法返回用来创建服务器的 ServerRSocketFactory 对象。ServerRSocketFactory 的 acceptor()方法的参数是 SocketAcceptor 接口。上述代码用到了前面介绍的 RSocket 抽象实现类 AbstractRSocket，重写了其中的 requestResponse()方法，在输入的参数前面添加一个 Hello:前缀并返回。接下来的 transport()方法指定 ServerTransport 接口的实现类 TcpServerTransport 作为 RSocket 底层的传输层实现，这里监听的是本地服务器上的 7000 端口。最后，通过 start()、subscribe()方法来触发整个启动过程。

构建完服务器，现在来构建客户端组件，如下所示：

```
RSocket socket = RSocketFactory.connect()
     .transport(TcpClientTransport.create("localhost", 7000))
     .start()
     .block();
```

RSocketFactory.connect()方法用来创建 RSocket 客户端，并返回 ClientRSocketFactory 对象。接下

来的 transport()方法指定传输层 ClientTransport 实现。和服务器组件 TcpServerTransport 对应，这里使用的是 TcpClientTransport 来连接本地服务器上的 7000 端口。最后调用 start()、block()方法等待客户端启动并返回 RSocket 对象。

现在就可以使用 RSocket 的 requestResponse()方法来发送请求并获取响应了，如下所示：

```
socket.requestResponse(DefaultPayload.create("World"))
      .map(Payload::getDataUtf8)
      .doOnNext(System.out::println)
      .doFinally(signalType -> socket.dispose())
      .then()
      .block();
```

可以看到，这里可以使用 DefaultPayload.create()方法来简单创建 Payload 对象，然后通过 RSocket 类的 dispose()方法销毁该对象。这样，整个调用过程就结束了。执行这次请求，会在控制台上获取"Hello: World"。

### 17.4.3 RSocket 与框架集成

通常，我们不会直接使用偏底层的 RSocket 开发库进行应用程序的开发，而是借助于特定的开发框架。在 Java 领域中，Spring Boot、Spring Cloud 以及 Dubbo 等主流开发框架都集成了 RSocket 协议。

1. 集成 RSocket 与 Spring 框架

想要在 Spring Boot 中使用 RSocket 协议，需要引入如下依赖：

```
<dependency>
    <groupId>org.springframework.boot</groupId>
    <artifactId>spring-boot-starter-rsocket</artifactId>
</dependency>
```

然后，同样先来构建一个请求-响应式交互方式的@Controller 注解，如下所示：

```
@Controller
public class HelloController {

  @MessageMapping("hello")
  public Mono<String> hello(String input) {
    return Mono.just("Hello: " + input);
  }
}
```

注意这里引入了一个新的注解@MessageMapping。和@RequestMapping 注解类似，Spring 提供的@MessageMapping 注解用来指定 WebSocket、RSocket 等协议中消息处理的目的地。然后输入了一个 String 类型的参数并返回一个 Mono 对象，符合请求-响应交互模式的定义。

为了访问这个 RSocket 端点，需要构建一个 RSocketRequester 对象，构建方式如下所示：

```
@Autowired
RSocketRequester.Builder builder;

RSocketRequester requester =
    builder.dataMimeType(MimeTypeUtils.TEXT_PLAIN)
           .connect(TcpClientTransport.create(7000)).block();
```

基于这个 RSocketRequester 对象，就可以通过它的 route()方法路由到前面通过@MessageMapping 注解构建的 hello 端点，如下所示：

```
Mono<String> response = requester.route("hello")
    .data("World")
    .retrieveMono(String.class);
```

再来看一个请求-响应流的示例，如下所示：

```
@MessageMapping("stream")
Flux<Message> stream(Message request) {
     return Flux
          .interval(Duration.ofSeconds(1))
          .map(index -> new Message(request.getParam, index));
}
```

这里根据输入的 Message 对象，返回一个 Flux 流，每秒发送一个添加了 Index 的新 Message 对象。

2. 集成 RSocket 与其他框架

针对其他开发框架，Dubbo 在 3.0.0-SNAPSHOT 版本里基于 RSocket 对响应式编程提供了支持，开发人员可以非常方便地使用 RSocket 的 API。而随着 Spring 框架的持续升级，5.2 版本中也把 RSocket 作为默认的通信协议。

## 17.5 本章小结

本章引入了 Web 服务层的响应式开发框架 Spring WebFlux。而在介绍具体的开发技术之前，有必要对这款新型的开发框架的功能特性进行全面的讲解。因此本章关注传统 WebMVC 和 WebFlux 之间的演进和对比过程，并分析了 WebFlux 所具备的处理模型及其在性能上的优势。

作为一款全新的开发框架，WebFlux 具有广泛的应用场景，同时也支持两种不同的开发模型。开发人员可以使用注解式编程模型和函数式编程模型开发响应式 RESTful 服务。同时，WebFlux 也提供了一个专门用来消费响应式 Web 服务的工具类，即 WebClient。

作为构建响应式 Web 服务的最后一环，本章还专门讨论了 RSocket 这款新的高性能网络通信协议。与 HTTP 相比，RSocket 提供了 4 种不同的交互模式来提供多样化的网络通信机制。同时，RSocket 也无缝集成了响应式流，可以通过 Spring Boot 框架来使用这款异步、非阻塞式通信协议。

# 第 18 章

# 响应式 Spring Data

无论是互联网应用还是传统软件，对于任何一个系统而言，数据的存储和访问都是不可缺少的。而数据访问层的构建可能会涉及多种不同形式的数据存储媒介，包括传统的关系数据库，也包括各种 NoSQL。从 Spring Boot 2 开始，针对具备响应式访问能力的数据存储媒介，Spring Data 也提供了响应式版本的 Repository 支持。本章将基于 MongoDB 和 Redis 这两款 NoSQL 数据库给出响应式数据访问的实现过程。

另外，在日常开发过程中被广泛应用的关系数据库，采用的却是非响应式的数据访问机制。本章也将基于 R2DBC 这个新型的开发框架，讨论关系数据库能否具备响应式数据访问特性这一核心问题。

## 18.1 Spring Data 和响应式编程

本节将先讨论响应式数据访问的模型，以及 Spring 框架中所提供的技术支持。

### 18.1.1 全栈式响应式编程

在讨论如何使用响应式数据访问组件之前，需要明确构建响应式数据访问组件的目的来自一个核心概念，即全栈式响应式编程。

所谓全栈式响应式编程，指的是响应式开发方式的有效性取决于整个请求链路的各个环节中是否都采用了响应式编程模型，如图 18-1 所示。

在图 18-1 中，如果某一个环节或步骤不是响应式的，就会出现同步阻塞，从而导致背压机制无法生效。如果某一层组件（例如数据访问层）无法采用响应式编程模型，那么响应式编程的概念对于整个请求链路的其他层而言就没有意义。在常见的 Web 服务架构中，典型的非响应式场景就是数据访问层中使用了关系数据库，因为传统的关系数据库都是采用的非响应式的数据访问机制。

这种全栈式响应式编程技术就需要数据访问层返回的是 Mono/Flux 流，而不是传统的实体对象。借助于 Spring 家族的 Spring Data 组件，我们可以实现这一目标。

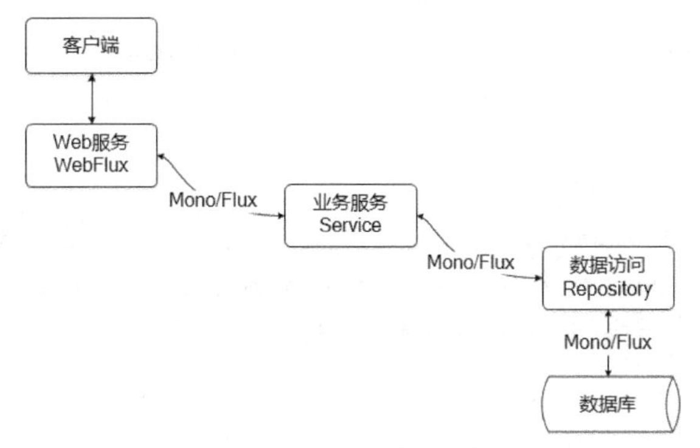


图 18-1 全栈式响应式编程

### 18.1.2 响应式数据访问模型

从 Spring Boot 2 开始，针对支持响应式访问的各种数据库，Spring Data 提供了响应式版本的 Repository。

1. Spring Data Reactive 抽象

理想情况下，我们希望使用与 WebClient 类似的方式操作数据库。实际上，Spring Data Commons 模块为 ReactiveCrudRepository 接口提供了这样的契约。

与 CrudRepository 接口类似，ReactiveCrudRepository 接口同样继承自 Repository 接口，提供了针对数据流的 CRUD 操作。ReactiveCrudRepository 接口定义如下所示：

```
public interface ReactiveCrudRepository<T, ID> extends
    Repository<T, ID> {

    <S extends T> Mono<S> save(S entity);
    <S extends T> Flux<S> saveAll(Iterable<S> entities);
    <S extends T> Flux<S> saveAll(Publisher<S> entityStream);
    Mono<T> findById(ID id);
    Mono<T> findById(Publisher<ID> id);
    Mono<Boolean> existsById(ID id);
    Mono<Boolean> existsById(Publisher<ID> id);
    Flux<T> findAll();
    Flux<T> findAllById(Iterable<ID> ids);
    Flux<T> findAllById(Publisher<ID> idStream);
    Mono<Long> count();
    Mono<Void> deleteById(ID id);
    Mono<Void> deleteById(Publisher<ID> id);
    Mono<Void> delete(T entity);
    Mono<Void> deleteAll(Iterable<? extends T> entities);
    Mono<Void> deleteAll(Publisher<? extends T> entityStream);
    Mono<Void> deleteAll();
}
```

可以看到，ReactiveCrudRepository 中所有方法的返回值都是 Mono/Flux，满足全栈式响应式编程模型的需求。

同时，ReactiveSortingRepository 接口进一步对 ReactiveCrudRepository 接口做了扩展，添加了排序功能，ReactiveSortingRepository 接口定义如下：

```
public interface ReactiveSortingRepository<T, ID> extends
    ReactiveCrudRepository<T, ID> {

    Flux<T> findAll(Sort sort);
}
```

位于 ReactiveSortingRepository 接口之上的就是各个与具体数据库操作相关的接口。以 18.2 节将要介绍的 ReactiveMongoRepository 接口为例，它在 ReactiveSortingRepository 接口基础上进一步添加了针对 MongoDB 的各种特有操作。ReactiveMongoRepository 接口定义如下：

```
public interface ReactiveMongoRepository<T, ID> extends
    ReactiveSortingRepository<T, ID>,      ReactiveQueryByExampleExecutor<T> {

    <S extends T> Mono<S> insert(S entity);
    <S extends T> Flux<S> insert(Iterable<S> entities);
    <S extends T> Flux<S> insert(Publisher<S> entities);
    <S extends T> Flux<S> findAll(Example<S> example);
    <S extends T> Flux<S> findAll(Example<S> example, Sort sort);
}
```

可以看到该接口同时扩展了 ReactiveSortingRepository 和 ReactiveQueryByExampleExecutor 接口，而 ReactiveQueryByExampleExecutor 接口提供了针对 QueryByExample（按示例查询）机制的响应式实现版本。

以上介绍的 Spring Data Reactive 中相关核心接口之间的继承关系如图 18-2 所示。

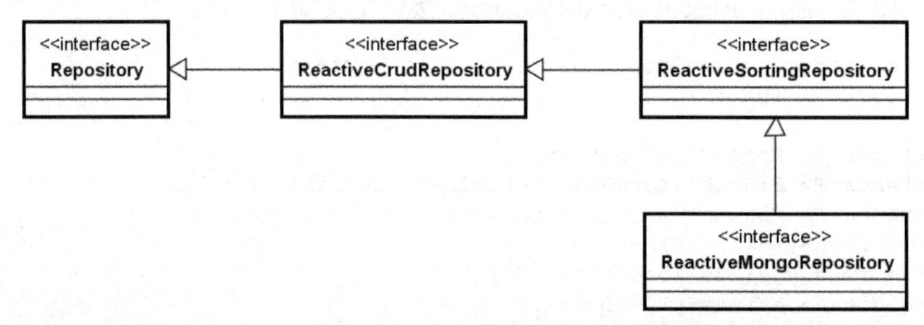


图 18-2 Spring Data Reactive 中核心接口之间的继承关系

2. 响应式数据存储库

目前，Spring Data Reactive Repository 支持包括 MongoDB、Cassandra、Redis、Couchbase 等多款主流的 NoSQL 数据库。Spring Data 项目有几个单独的模块，分别针对这些 NoSQL 数据库提供了响应式的数据访问支持。本章将分别讨论 MongoDB 和 Redis 这两款数据库。

同时，这里特别想强调的是正在孵化的模块，目前只包含一个组件，即 Spring Data R2DBC。R2DBC 代表响应式关系数据库连接，相当于响应式数据访问领域的 JDBC 规范。本章会对这一组件做具体展开。

3. 创建响应式数据访问层组件

基于 Spring Data Reactive 抽象，在 Spring Boot 中创建响应式数据访问层组件的常见方式一般有 3 种，分别是继承 ReactiveCrudRepository 接口、继承数据库专用的 Reactive Repository 接口以及自定义数据访问层接口。

- 继承 ReactiveCrudRepository 接口。

如果基本的 CRUD 操作就能满足需求，那么继承 ReactiveCrudRepository 接口来创建响应式数据访问层组件是最直接的方法，如下代码展示了这一使用方式：

```
public interface OrderReactiveRepository
     extends ReactiveCrudRepository<Order, Long> {

     Mono<Order> getOrderByOrderNumber(String orderNumber);
}
```

在上述代码中，假如领域实体是 Order，包含主键 ID、订单编号 OrderNumber 等属性，那么我们就可以定义一个 OrderReactiveRepository 接口，然后让该接口继承 ReactiveCrudRepository 接口。根据需要，可以完全使用 ReactiveCrudRepository 接口的内置方法，也可以使用方法名衍生查询机制来实现丰富的自定义查询，如示例代码中所示的 getOrderByOrderNumber()方法。

- 继承数据库专用的 Reactive Repository 接口。

如果需要使用针对某种数据库的特有操作，也可以继承数据库专用的 Reactive Repository 接口。在如下示例中，OrderReactiveRepository 接口就继承了 MongoDB 专用的 ReactiveMongoRepository 接口：

```
public interface OrderReactiveRepository
     extends ReactiveMongoRepository<Product, String> {

     Mono<Order> getOrderByOrderNumber(String orderNumber);
}
```

- 自定义数据访问层接口。

最后，也可以摈弃 Spring Data 的 Repository 接口，而采用完全自定义的数据访问层接口。如下代码定义了一个 OrderReactiveRepository 接口，可以看到该接口没有继承 Spring Data 中任一层次的 Repository 接口。

```
public interface OrderReactiveRepository{

     Mono<Boolean> saveOrder(Order order);
     Mono<Boolean> updateOrder(Order order);
     Mono<Boolean> deleteOrder(Long orderId);
     Mono<Product> findOrderById(Long orderId);
     Flux<Product> findAllOrders();
}
```

针对这种实现方式，需要构建 OrderReactiveRepository 接口的实现类，而在该实现类中一般会使用 Spring 提供的各种响应式数据库访问模板类完成相应的数据访问功能。例如，针对 MongoDB，就可以使用 ReactiveMongoTemplate 模板类。

## 18.2 响应式 MongoDB 集成

现在，我们已经知道 Spring Data 提供了多种响应式 Repository 来构建全栈式响应式编程模型，而 MongoDB 就是其中具有代表性的数据存储库。本节就将给出 Reactive MongoDB 的使用方式。

### 18.2.1　Spring Data MongoDB Reactive 技术栈

在介绍 Spring Data MongoDB Reactive 的使用方式之前，先来简要分析该组件的基本组成结构和所使用到的技术栈。

显然，ReactiveMongoRepository 是开发人员所需要面对的第一个核心组件，我们已经在 18.1 节中看到过它的定义。Spring Data MongoDB Reactive 模块只有一个针对 ReactiveMongoRepository 接口的实现类，即 SimpleReactiveMongoRepository 类。它为 ReactiveMongoRepository 接口的所有方法提供实现，并使用 ReactiveMongoOperations 接口处理较低级别的数据操作。例如在 SimpleReactiveMongoRepository 类中有一个 findAllById()方法，如下所示：

```
@Override
public Flux<T> findAllById(Publisher<ID> ids) {

     Assert.notNull(ids, "The given Publisher of Id's must not be null!");
     return Flux.from(ids).buffer().flatMap(this::findAllById);
}
```

可以看到这个方法使用 buffer 操作符收集所有 ids，然后使用 findAllById(Publisher <ID> ids)重载方法创建一个请求。该方法反过来就会触发 ReactiveMongoOperations 实例的 mongoOperations.find (query,...)方法。

ReactiveMongoOperations 接口的实现类就是 ReactiveMongoTemplate 类。在这个模板工具类中，基于 MongoDB 提供的 Java 驱动程序完成对数据库的访问。在 ReactiveMongoTemplate 类所引用的包结构中可以看到这些驱动程序的客户端组件：

```
import com.mongodb.client.model.UpdateOptions;
import com.mongodb.client.result.UpdateResult;
…

import com.mongodb.reactivestreams.client.MongoClient;
import com.mongodb.reactivestreams.client.MongoCollection;
…
```

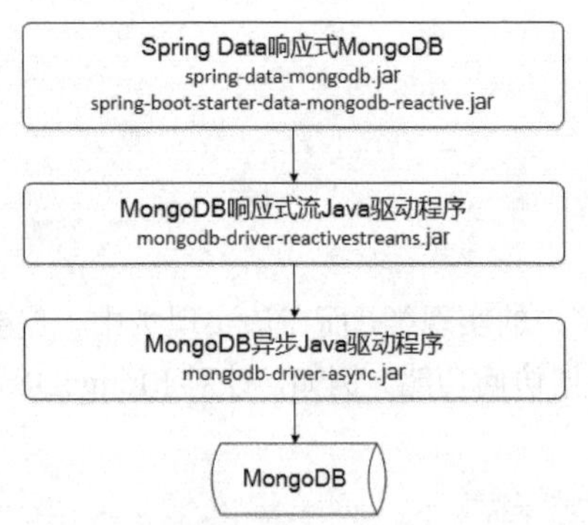


图 18-3　Spring Data MongoDB Reactive 技术栈

Spring Data 中的响应式 MongoDB 连接构建在 MongoDB 响应式流 Java 驱动程序（mongo-java-driver-reactivestreams.jar）之上。该驱动程序提供具有非阻塞背压的异步流处理机制。另一方面，MongoDB 响应式流 Java 驱动程序又构建在 MongoDB 异步 Java 驱动程序（mongo-java-driver-async.jar）之上。这个异步驱动程序是低级别的，并且具有基于回调的 API，因此它不像高级别的响应式流驱动程序那样易于使用。图 18-3 展示了 Spring Data MongoDB Reactive 技术栈。

### 18.2.2　应用 Reactive MongoDB

接下来将要介绍使用 Spring Data MongoDB Reactive 进行业务开发的具体过程，首先需要初始化运行环境。

### 1. 初始化 Reactive MongoDB 运行环境

在 pom 文件中添加 spring-boot-starter-data-mongodb-reactive 依赖，如下所示。

```
<dependency>
    <groupId>org.springframework.boot</groupId>
    <artifactId>spring-boot-starter-data-mongodb-reactive
    </artifactId>
</dependency>
```

然后可以通过 Maven 来查看组件依赖关系，可以看到 spring-boot-starter-data-mongodb-reactive 组件同时依赖于 spring-data-mongodb、mongodb-driver-reactivestreams 以及 reactor-core 等组件，这点与图 18-3 中所描述的技术栈完全一致。

为了继承 Reactive MongoDB，在 Spring Boot 应用程序中，可以在它的启动类上添加@EnableReactiveMongoRepositories 注解，包含该注解的 Spring Boot 启动类如下所示：

```
@SpringBootApplication
@EnableReactiveMongoRepositories
public class SpringReactiveMongodbApplication {

    public static void main(String[] args) {
        SpringApplication.run(SpringReactiveMongodbApplication.class, args);
    }
}
```

### 2. 创建 Reactive MongoDB Repository

接下来创建一个 Reactive Mongodb Repository。这里定义了一个领域实体 Account，并使用@Document 和@Id 等 MongoDB 相关的注解。Account 实体代码如下所示：

```
@Document
public class Account {
    @Id
    private String id;
    private String accountCode;
    private String accountName;
    //省略 getter/setter
}
```

可以通过 18.1 节中介绍的 3 种方式中的任意一种来创建 Reactive MongoDB Repository。这里定义了继承自 ReactiveMongoRepository 接口的 AccountReactiveMongoRepository 接口，同时该接口还继承了 ReactiveQueryByExampleExecutor 接口。AccountReactiveMongoRepository 接口定义的代码如下所示，可以看到其完全基于 ReactiveMongoRepository 接口和 ReactiveQueryByExampleExecutor 接口的默认方法来实现所需的业务功能。

```
@Repository
public interface AccountReactiveMongoRepository extends
    ReactiveMongoRepository<Account, String>,
    ReactiveQueryByExampleExecutor<Account> {
}
```

对于 MongoDB 等数据库而言，通常需要执行一些数据初始化操作。接下来将介绍如何通过 Spring Boot 提供的 CommandLineRunner 来实现这一常见场景的具体方法。

很多时候可能会希望在系统运行之前执行一些初始化操作，为了实现这样的需求，Spring Boot 提供了一个方案，即 CommandLineRunner 接口。当 Spring 的 ApplicationContext 初始化完成之后，应用程序中存在的所有 CommandLineRunner 都会被执行。CommandLineRunner 的接口定义如下所示：

```
public interface CommandLineRunner {
    void run(String... args) throws Exception;
}
```

Spring Boot 应用程序在启动后，会遍历 CommandLineRunner 接口的实例并运行它们的 run()方法。

另一方面，正如前面所介绍的，在 MongoDB 客户端组件中存在一个 MongoOperations 工具类。相对于 Repository 接口，MongoOperations 提供了更多方法，也更接近于 MongoDB 的原生态语言。基于 CommandLineRunner 和 MongoOperations，就可以对 MongoDB 进行数据初始化，示例代码如下：

```
public class InitDatabase {
    @Bean
    CommandLineRunner init(MongoOperations operations) {
        return args -> {
            operations.dropCollection(Account.class);

            operations.insert(new Account("A_" + UUID.randomUUID().toString(),
"account1", "jianxiang1"));
            operations.insert(new Account("A_" + UUID.randomUUID().toString(),
"account2", "jianxiang"));

            operations.findAll(Account.class).forEach(
                account -> {
                    System.out.println(account.getId()
                );}
            );
        };
    }
}
```

这个例子先通过 ReactiveMongoOperations 的 dropCollection()方法清除整个 Account 数据库中的数据，然后往该数据库中添加了两条记录，最后通过 findAll()方法执行查询操作获取新插入的两条数据并输出在控制台上。

3. 在 Service 层中调用 Reactive Repository

完成 AccountReactiveMongoRepository 并初始化数据之后，就可以创建 Service 层组件来调用 AccountReactiveMongoRepository。这里创建了 AccountService 类作为 Service 层组件，代码如下所示：

```
@Service
public class AccountService{
    private final AccountReactiveMongoRepository accountRepository;

    public AccountService(AccountReactiveMongoRepository accountRepository) {
        this.accountRepository = accountRepository;
    }

    public Mono<Account> save(Account account) {
```

```
            return accountRepository.save(account);
        }

        public Mono<Account> findOne(String id) {
            return accountRepository
                  .findById(id).log("findOneAccount");
        }

        public Flux<Account> findAll() {
            return accountRepository.findAll().log("findAllAccounts");
        }

        public Mono<Void> delete(String id) {
            return accountRepository
                  .deleteById(id).log("deleteOneAccount");
        }

        public Flux<Account> getAccountsByAccountName(String accountName) {
           Account account = new Account();
           account.setAccountName(accountName);

           ExampleMatcher matcher = ExampleMatcher.matching()
              .withIgnoreCase()
              .withMatcher(accountName, GenericPropertyMatcher.of(StringMatcher.STARTING))
              .withIncludeNullValues();

           Example<Account> example = Example.of(account, matcher);

           Flux<Account> accounts = accountRepository.findAll(example).log("getAccountsBy
AccountName");

           return accounts;
    }
    }
```

AccountService 类中的 save()、findOne()、findAll()和 delete()方法都来自 ReactiveMongoRepository 接口，而最后的 findByAccountName()方法则使用到了 ReactiveQueryByExampleExecutor 接口所提供的 QueryByExample 机制。本书已经在 3.3 中介绍过这种查询机制。

上述示例代码首先构建了一个 ExampleMatcher 用于初始化匹配规则，然后通过传入一个 Account 对象实例和 ExampleMatcher 实例构建了一个 Example 对象，最后通过 ReactiveQueryByExampleExecutor 接口中的 findAll()方法实现了 QueryByExample 机制。

同时，我们也应该注意到在 AccountService 的 findOne()、findAll()、delete()以及 findBy AccountName()这 4 个方法的最后都调用了 log()方法，该方法使用了 Reactor 框架中的日志工具类，16.3 节中有它的详细介绍。通过添加 log()方法，在执行这些数据操作时就会获取 Reactor 框架中对数据的详细操作日志信息。在这个示例中，启动服务并执行这 4 个方法，会在控制台中看到对应的日志。其中一部分日志展示了服务启动时通过 CommandLineRunner 插入初始化数据到数据库的过程，另一部分则分别针对各个添加了 log()方法的操作输出数据流的执行效果。在 Service 层通过 log()方法添加日志是一种常见的开发技巧，可以灵活应用。

## 18.3 响应式 Redis 集成

接下来继续介绍 Spring Data Redis Reactive 组件，使用该组件的步骤与使用 MongoDB 的类似，本节同样围绕这些步骤展开讨论。

### 18.3.1 Spring Data Redis Reactive 技术栈

可以通过导入 spring-boot-starter-data-redis-reactive 来启用 Spring Data Reactive Redis 模块。与 18.2 节中介绍的 MongoDB 不同，Redis 不提供响应式存储库，也就没有 ReactiveMongoRepository 这样的接口可以直接使用。因此，ReactiveRedisTemplate 类成为响应式 Redis 数据访问的核心抽象。与 ReactiveMongoTemplate 和 ReactiveMongoOperations 之间的关系类似，ReactiveRedisTemplate 模板类实现 ReactiveRedisOperations 接口定义的 API。

ReactiveRedisOperations 中定义了一批针对 Redis 各种数据结构的操作方法，分别对应 Redis 中 String、List、Set、ZSet 和 Hash 这 5 种常见的数据结构。同时，还需要关注一个用于序列化管理的上下文对象 RedisSerializationContext。ReactiveRedisTemplate 提供了所有必需的序列化/反序列化过程，所支持的序列化方式包括常见的 Jackson2JsonRedisSerializer、JdkSerializationRedisSerializer、StringRedisSerializer 等。

除了自动化的序列化管理，ReactiveRedisTemplate 的另一个核心功能是完成自动化的连接管理。应用程序想要访问 Redis，就需要获取 RedisConnection，而获取 RedisConnection 的手段是 RedisConnectionFactory 接口。通过把 RedisConnectionFactory 注入 ReactiveRedisTemplate 中，该 ReactiveRedisTemplate 就能获取 RedisConnection。

在 Redis 中，常见的 ConnectionFactory 有两种，一种是传统的 JedisConnectionFactory，而另一种就是 LettuceConnectionFactory。LettuceConnectionFactory 基于 Netty 创建连接实例，可以在多个线程间实现线程安全，满足多线程环境下的并发访问要求。更为重要的是，LettuceConnectionFactory 同时支持响应式的数据访问用法，它是 ReactiveRedisConnectionFactory 的一种实现类。Lettuce 也是目前 Redis 唯一的响应式 Java 连接器。Lettuce 4.x 使用 RxJava 作为底层实现。但是，该库的 5.x 分支切换到了 Project Reactor。

### 18.3.2 应用 Reactive Redis

接下来将要介绍使用 Spring Data Redis Reactive 进行业务开发的具体过程，首先介绍的是初始化运行环境。

1. 初始化 Reactive Redis 运行环境

首先在 pom 文件中添加 spring-boot-starter-data-redis-reactive 依赖，如下所示：

```
<dependency>
    <groupId>org.springframework.boot</groupId>
    <artifactId>spring-boot-starter-data-redis-reactive
    </artifactId>
</dependency>
```

然后通过 Maven 查看组件依赖关系，可以看到 spring-boot-starter-data-redis-reactive 组件同时依

赖于 spring-data-redis 和 luttuce-core 组件，而 luttuce-core 组件中使用了 Project Reactor 框架中的 reactor-core 组件，这点与前面介绍的技术栈也是一致的。

为了获取连接，需要初始化 LettuceConnectionFactory。LettuceConnectionFactory 类的最简单的使用方法如下所示：

```
@Bean
public ReactiveRedisConnectionFactory lettuceConnectionFactory() {
    return new LettuceConnectionFactory();
}

@Bean
public ReactiveRedisConnectionFactory lettuceConnectionFactory() {
    return new LettuceConnectionFactory("localhost", 6379);
}
```

当然，LettuceConnectionFactory 也提供了一系列配置项供我们在初始化时进行设置，示例代码如下，其中可以对连接的安全性、超时时间等参数进行有效设置。

```
@Bean
public ReactiveRedisConnectionFactory lettuceConnectionFactory() {
    RedisStandaloneConfiguration redisStandaloneConfiguration = new RedisStandalone
Configuration();
    redisStandaloneConfiguration.setDatabase(database);
    redisStandaloneConfiguration.setHostName(host);
    redisStandaloneConfiguration.setPort(port);
    redisStandaloneConfiguration
        .setPassword(RedisPassword.of(password));
    LettuceClientConfiguration.LettuceClientConfigurationBuilder
lettuceClientConfigurationBuilder = LettuceClientConfiguration
        .builder();
    LettuceConnectionFactory factory = new LettuceConnectionFactory(redisStandalone
Configuration, lettuceClientConfigurationBuilder.build());
    return factory;
}
```

有了 LettuceConnectionFactory，就可以使用它来进一步初始化 ReactiveRedisTemplate。ReactiveRedisTemplate 的创建方式如下所示。其与传统 RedisTemplate 创建方式的主要区别在于，ReactiveRedisTemplate 依赖于 ReactiveRedisConnectionFactory 来获取 ReactiveRedisConnection。

```
@Bean
ReactiveRedisTemplate<String, String> reactiveRedisTemplate(ReactiveRedisConnection
Factory factory) {
    return new ReactiveRedisTemplate<>(factory,
    RedisSerializationContext.string());
}

@Bean
ReactiveRedisTemplate<String, Account> redisOperations(ReactiveRedisConnectionFactory
factory) {
    Jackson2JsonRedisSerializer<Account> serializer = new
    Jackson2JsonRedisSerializer<>(Account.class);

RedisSerializationContext.RedisSerializationContextBuilder<String, Account> builder =
RedisSerializationContext
```

```
    .newSerializationContext(new StringRedisSerializer());

        RedisSerializationContext<String, Account> context =        builder.value(serializer).
build();

        return new ReactiveRedisTemplate<>(factory, context);
    }
```

以上代码使用了 Jackson2 作为数据存储的序列化方式，并对 Account 对象映射的规则做了初始化。

2. 创建 Reactive Redis Repository

因为没有直接可用的 Reactive Repository，所以在创建针对 Redis 的响应式 Repository 时，将使用自定义数据访问层接口。我们创建了如下所示的 AccountRedisRepository 接口：

```
public interface AccountRedisRepository {

    Mono<Boolean> saveAccount(Account account);
    Mono<Boolean> updateAccount(Account account);
    Mono<Boolean> deleteAccount(String accountId);
    Mono<Account> findAccountById(String accountId);
    Flux<Account> findAllAccounts();
}
```

然后创建 AccountRedisRepositoryImpl 类来实现 AccountRedisRepository 接口中定义的方法，这里就会用到前面初始化的 ReactiveRedisTemplate，代码如下所示：

```
Repository
public class AccountRedisRepositoryImpl implements        AccountRedisRepository{

    @Autowired
    private ReactiveRedisTemplate<String, Account>           reactiveRedisTemplate;

    private static final String HASH_NAME = "Account:";

    @Override
    public Mono<Boolean> saveAccount(Account account) {
        return reactiveRedisTemplate.opsForValue().set(HASH_NAME +
            account.getId(), account);
    }

    @Override
    public Mono<Boolean> updateAccount(Account account) {
        return reactiveRedisTemplate.opsForValue().set(HASH_NAME +
                account.getId(), account);
    }

    @Override
    public Mono<Boolean> deleteAccount(String accountId) {
        return reactiveRedisTemplate.opsForValue().delete(HASH_NAME +
                    accountId);
    }

    @Override
    public Mono<Account> findAccountById(String accountId) {
        return reactiveRedisTemplate.opsForValue().get(HASH_NAME +
```

```
                         accountId);
    }

    public Flux<Account> findAllAccounts() {
        return reactiveRedisTemplate.keys(HASH_NAME + "*")
            .flatMap((String key) -> {
                Mono<Account> mono =
                reactiveRedisTemplate.opsForValue().get(key);
                return mono;
            }
        );
    }
}
```

上述代码中的 reactiveRedisTemplate.opsForValue()方法将使用 ReactiveValueOperations 来实现对 Redis 中数据的具体操作。与传统的 RedisOperations 工具类类似，响应式 Redis 也提供了 ReactiveHashOperations、ReactiveListOperations、ReactiveSetOperations、ReactiveValueOperations 和 ReactiveZSetOperations 组件来分别用于处理不同的数据类型。同时，在最后的 findAllAccounts()方法中，可以看到通过 flatMap 操作符来根据 Redis 中的 Key 获取具体实体对象的处理方式，这种处理方式在响应式编程过程中应用非常广泛。

3. *在 Service 层中调用 Reactive Repository*

在 Service 层中调用 AccountRedisRepository 的过程比较简单，即创建对应的 AccountService 类，代码如下所示：

```
@Service
public class AccountService {
    private final AccountRedisRepository accountRepository;

    public AccountService(AccountRedisRepository accountRepository) {
        this.accountRepository = accountRepository;
    }

    public Mono<Boolean> save(Account account) {
        return accountRepository.saveAccount(account);
    }

    public Mono<Boolean> delete(String id) {
        return accountRepository.deleteAccount(id);
    }

    public Mono<Account> findAccountById(String id) {
        return accountRepository
            .findAccountById(id).log("findOneAccount");
    }

    public Flux<Account> findAllAccounts() {
        return accountRepository
            .findAllAccounts().log("findAllAccounts");
    }
}
```

可以看到，这些方法都只是对 AccountRedisRepository 中对应方法的简单调用。在每次调用中，也通过 log 操作符进行了日志的记录。

# 18.4　R2DBC

R2DBC 即响应式关系数据库连接，该规范允许驱动程序提供对关系数据库的完全响应式和非阻塞式集成。

## 18.4.1　响应式关系数据访问与 R2DBC

第 3 章中已经对 Spring 中的关系数据访问技术做了全面介绍。作为总结，可以用一张图来展示关系数据访问相关的技术组件，如图 18-4 所示。

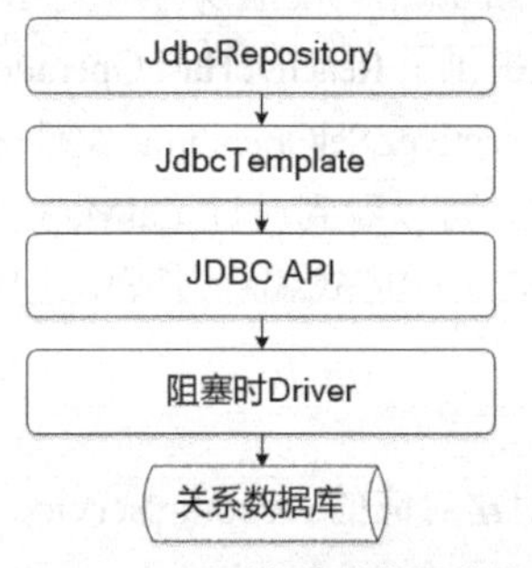


图 18-4　Spring 关系型数据库访问阻塞式技术体系

本质上，Spring 所提供的关系数据访问技术是阻塞式的。为了使这个过程具备响应性，我们就需要对其进行改造。

从技术体系而言，越偏向底层的技术越容易完成改造和集成。但不幸的是，没有简单的解决方案可以用来调整 JDBC 并使它具备响应式访问特性。

对应地，针对 JPA 这种高层开发框架，可以认为很难对其尝试开展异步或响应性的改造工作。一方面，这样的工作同样需要建立 JDBC 的异步或响应式组件；另一方面，JPA 中的实体关系映射、实体缓存或延迟加载等功能丰富和复杂，各个实现框架中的巨大代码库让响应式重构变得困难重重。

回到 Spring 家族，JdbcTemplate 以及 Spring Data JDBC 都需要用到 JDBC，因此同样不适用于响应式技术栈。但是，Spring Data 团队还是做了很多尝试工作，并最终开发了 R2DBC 规范，该规范提供了数据库响应式集成的驱动程序。

Spring Data 中同样采用了 R2DBC 规范，并开发了另一个独立模块 Spring Data R2DBC。图 18-5 展示了 JDBC 规范与 R2DBC 规范的对应关系，以及所涉及的技术栈。

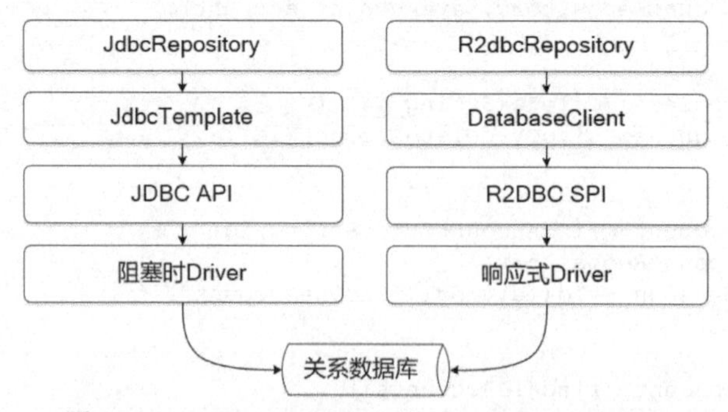


图 18-5　Spring Data JDBC 和 Spring Data R2DBC

## 18.4.2　应用 Spring Data R2DBC

接下来将重点讨论 R2DBC 规范以及 Spring Data R2DBC，看看如何让关系数据库能够具备响应式访问特性。

1. R2DBC 核心组件

R2DBC 是由 Spring Data 团队领导的一项探索完全响应式数据库 API 的尝试。R2DBC 的目标是定义具有背压支持的响应式数据库访问 API，该项目包含如下核心组件。

- R2DBC SPI。

该组件定义了实现驱动程序的简约 API。该 API 非常简洁，以便彻底减少驱动程序实现者必须遵守的约定。SPI 并不是面向业务开发人员的 API，不适用于在应用程序代码中直接使用。相反，它面向的是框架开发人员，用来设计并实现专用的客户端库。任何人都可以直接使用 R2DBC SPI 实现自己的客户端库。

- R2DBC 客户端。

该组件提供了一组人性化的 API 和帮助类，可将用户请求转换为 SPI 级别，也就是面向业务开发人员提供了对底层 SPI 的访问入口。

- R2DBC 驱动。

截至目前最新的版本为 1.2.2，为 PostgreSQL、H2、Microsoft SQL Server、MariaDB 以及 MySQL 提供了 R2DBC 驱动程序。

2. 引入 Spring Data R2DBC

想要在应用程序中引入 Spring Data R2DBC，需要在 Maven 的 pom 文件中添加如下依赖：

```
<!-- spring data r2dbc -->
<dependency>
    <groupId>org.springframework.boot</groupId>
    <artifactId>spring-boot-starter-data-r2dbc</artifactId>
</dependency>

<!-- r2dbc 连接池 -->
<dependency>
    <groupId>io.r2dbc</groupId>
    <artifactId>r2dbc-pool</artifactId>
</dependency>

<!--r2dbc mysql 库 -->
<dependency>
    <groupId>dev.miku</groupId>
    <artifactId>r2dbc-mysql</artifactId>
</dependency>
```

在 Spring Data Reactive 中存在一个 ReactiveCrudRepository 接口用于实现响应式数据访问。而在 Spring Data R2DBC 中也提供了一个专门的 R2dbcRepository，定义如下：

```
public interface R2dbcRepository<T, ID> extends ReactiveCrudRepository<T, ID> {
}
```

可以看到，R2dbcRepository 实际上只是直接继承 ReactiveCrudRepository 的现有方法。而在 Spring Data R2DBC 中提供了一个 SimpleR2dbcRepository 实现类，该实现类使用 R2DBC 实现 ReactiveCrudRepository 接口。值得注意的是，SimpleR2dbcRepository 类不使用默认的 R2DBC 客户端，而是定义了自己的客户端以使用 R2DBC SPI。

同时，在 Spring Data R2DBC 中也提供了一个@Query 注解，这个注解的功能与 Spring Data 中通用的@Query 注解类似，用于指定需要执行的 SQL 语句。我们可以基于方法名衍生查询机制定义各种数据访问操作。

3. 使用 Spring Data R2DBC 实现数据访问

在引入 Spring Data R2DBC 之后，我们来使用该组件完成一个示例应用程序的实现。先使用 MySQL 数据库来定义一张 ACCOUNT 表：

```
USE 'r2dbcs_account';

DROP TABLE IF EXISTS 'ACCOUNT';
CREATE TABLE 'ACCOUNT'(
  'ID' bigint(20) NOT NULL AUTO_INCREMENT,
  'ACCOUNT_CODE' varchar(100) NOT NULL,
  'ACCOUNT_NAME' varchar(100) NOT NULL,
  PRIMARY KEY ('ID')
) ENGINE=InnoDB DEFAULT CHARSET=utf8;

INSERT INTO 'account' VALUES ('1', 'account1', 'name1');
INSERT INTO 'account' VALUES ('2', 'account2', 'name2');
```

然后，基于该数据库表定义一个实体对象，请注意，这里使用了一个@Table 注解指定了目标表名，如下所示：

```
import org.springframework.data.annotation.Id;
import org.springframework.data.relational.core.mapping.Table;

@Table("account")
public class Account {
     @Id
     private Long id;
     private String accountCode;
     private String accountName;
     //省略 getter/setter
}
```

基于 Account 对象，可以设计 Repository，如下所示：

```
import org.springframework.data.r2dbc.repository.Query;
import org.springframework.data.r2dbc.repository.R2dbcRepository;

public interface ReactiveAccountRepository extends R2dbcRepository<Account, Long> {

     @Query("insert into ACCOUNT (ACCOUNT_CODE, ACCOUNT_NAME) values (:accountCode, 
:accountName)")
     Mono<Boolean> addAccount(String accountCode, String accountName);

     @Query("SELECT * FROM account WHERE id =:id")
     Mono<Account> getAccountById(Long id);
}
```

可以看到，ReactiveAccountRepository 扩展了 Spring Data R2DBC 所提供的 R2dbcRepository 接口，然后使用@Query 注解分别定义了查询和插入方法。

为了访问数据库，最后要做的一件事情就是指定访问数据库的地址，如下所示：

```
spring:
  r2dbc:
    url: r2dbcs:mysql://127.0.0.1:3306/r2dbcs_account
    username: root
    password: root
```

这里要注意的是 spring.r2dbc.url 配置项的格式，需要根据数据库类型来指定，示例中使用的是 MySQL 数据库。

最后，构建一个 AccountController 来对 ReactiveAccountRepository 进行验证。简单起见，这里直接在 Controller 中嵌入 Repository，如下所示：

```
@RestController
@RequestMapping(value = "accounts")
public class AccountController {

    @Autowired
    private ReactiveAccountRepository reactiveAccountRepository;

    @GetMapping(value = "/{accountId}")
    public Mono<Account> getAccountById(@PathVariable("accountId") Long accountId) {
        Mono<Account> account = reactiveAccountRepository.getAccountById(accountId);
        return account;
    }

    @PostMapping(value = "/")
    public Mono<Boolean> addAccount(@RequestBody Account account) {
        return reactiveAccountRepository.addAccount(account.getAccountCode(), account
.getAccountName());
    }
}
```

分别访问这两个 HTTP 端点，就能正确查询和插入数据库中的数据了。应该说，R2DBC 目前仍处于试验阶段，还不是很明确是否或何时能成为面向生产的软件。让我们一起期待吧！

## 18.5 本章小结

数据访问是一切应用系统的基础，也是全栈响应式访问链路中的最后一环。Spring 作为一款集成的开发框架，专门提供了 Spring Data 组件来对数据访问过程进行抽象。在新版的 Spring 中，也专门对 Spring Data 组件进行了升级，并整合了响应式访问模型。

MongoDB 和 Redis 是主流的 NoSQL 数据库，提供了实现响应式流的驱动程序，因此非常适合作为响应式系统中的持久化数据库。而 Spring 家族中的 Spring Data MongoDB Reactive 和 Spring Data Redis Reactive 组件则提供了以响应式流的方法访问这两款数据库的高效开发模式，本章结合案例对这些组件的使用方式进行了详细的讨论。

另一方面，JDBC 规范是 Java EE 领域中进行关系数据库访问的标准规范，在业界的应用非常广泛，但它却是阻塞式的。如何让关系数据库具备响应式数据访问特性是一大技术难题。本章同样对这个难题进行了充分的分析，并引出了 Spring Data 专门用于响应式关系数据访问的 Spring Data R2DBC 组件。

# 第 19 章 ReactiveSpringCSS：响应式 Spring 案例实战

案例分析是掌握一个框架应用方式的最好途径。在介绍完了响应式编程相关基本概念以及 Spring 框架所具备的核心功能之后，本章将引出本书的第 3 个完整的案例系统。该案例是第 7 章所实现的 SpringCSS 案例系统的响应式版本，命名为 ReactiveSpringCSS。本章将基于 SpringCSS 中原有的工单系统业务流程，采用响应式 WebFlux、响应式 Spring Data 以及响应式 Spring Cloud Stream 分别对原有系统中的 Web 服务、数据访问和消息通信模型进行重构。

## 19.1 ReactiveSpringCSS 案例设计

介绍完 Spring 5 中所提供的响应式编程技术栈之后，我们将引出案例系统 ReactiveSpringCSS，这是第 7 章中所介绍的 SpringCSS 案例的响应式版本。在 ReactiveSpringCSS 中，整合了构建一个响应式系统所需的多项技术组件。

针对 Web 层，本章将使用 Spring WebFlux 组件来分别为 ReactiveSpringCSS 中的 3 个服务 account-service、customer-service 和 order-service 构建响应式 RESTful 端点，并通过支持响应式请求的 WebClient 客户端组件来消费这些端点。

在 Service 层，除了完成 Web 层和数据访问层的衔接作用之外，核心逻辑在于完成事件处理和消息通信相关的业务场景。account-service 充当了消息的发布者，而 customer-service 则是它的消费者。为了实现消息通信机制，就需要引入 Spring Cloud 家族中的 Spring Cloud Stream 组件。同样，在 Spring 5 中，也针对 Spring Cloud Stream 做了响应式升级，并提供了对应的响应式编程组件 Spring Cloud Stream Reactive。

最后是 Repository 层，本章将引入 MongoDB 和 Redis 这两款支持响应式流的 NoSQL 数据库。其中 MongoDB 用于为各个服务存储业务数据，而 Redis 则主要用在 customer-service 中。可把从

account-service 中传入的消息数据缓存在 Redis 中以便提升数据访问的性能。针对这两款 NoSQL，本章将分别引入 Spring 5 中的 Spring Data MongoDB Reactive 和 Spring Data Redis Reactive 进行整合。

基于以上讨论，ReactiveSpringCSS 所采用的各项响应式编程技术及其应用方式如图 19-1 所示。

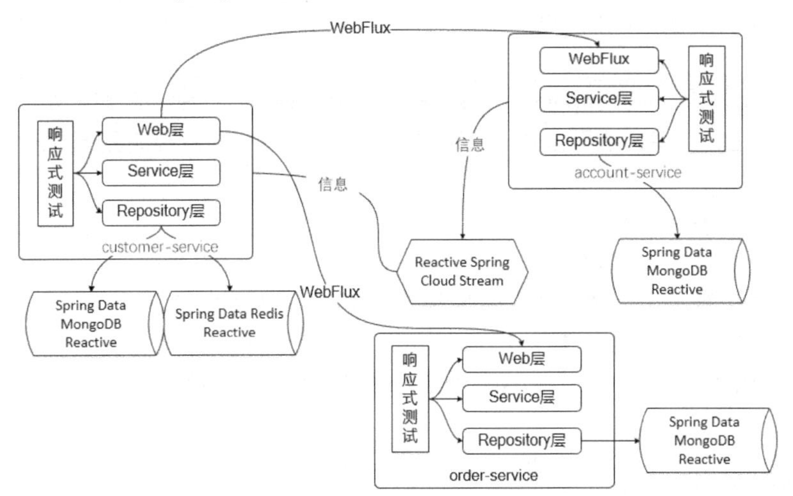


图 19-1　ReactiveSpringCSS 的响应式技术组件

本章将对图 19-1 中的各个技术组件做专题介绍。

## 19.2 实现案例技术组件

针对图 19-1 中的技术组件，本节将从 3 个维度对原有的 SpringCSS 进行重构，包括实现响应式 Web 服务、实现响应式数据访问以及重构响应式消息通信。

### 19.2.1 实现响应式 Web 服务

在了解了如何使用编程模型创建响应式 RESTful 服务之后，让我们来到 ReactiveSpringCSS 案例中，回顾系统中服务之间的交互场景。作为客服系统，核心业务流程是生成客服工单，而工单的生成通常需要使用用户账户信息和所关联的订单信息。该案例包含 3 个独立的 Web 服务，分别是用来管理订单的 order-service、管理用户账户的 account-service 以及核心的客服服务 customer-service，这 3 个服务之间的交互方式如图 19-2 所示。

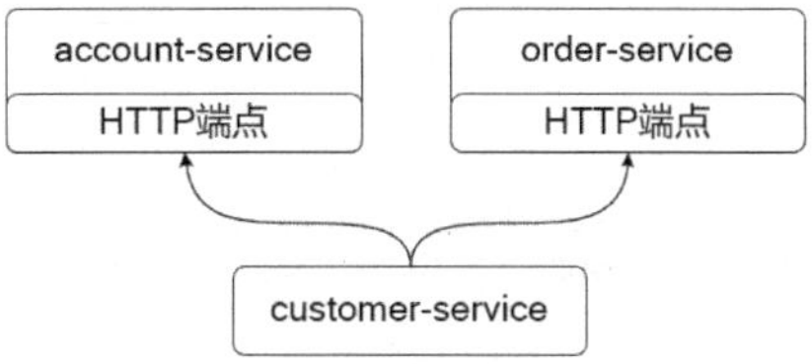

account-service
HTTP端点
order-service
HTTP端点
customer-service

图 19-2　ReactiveSpringCSS 案例中 3 个服务的交互方式

通过图 19-2，已经可以梳理工单生成的核心流程的伪代码，如下所示：

```
generateCustomerTicket {

    创建 CustomerTicket 对象

    从远程 account-service 中获取 Account 对象
```

```
        从远程 order-service 中获取 Order 对象

        设置 CustomerTicket 对象属性

        保存 CustomerTicket 对象并返回
}
```

这部分代码流程实际上与 SpringCSS 案例的是完全一致的，区别是我们需要在整个流程中通过响应式编程技术来进行实现。这里首先需要通过注解式和函数式这两种编程模型来实现响应式 Web 服务。

1. 注解式编程 Web 服务示例

在 customer-service 中，从远程 account-service 中获取 Account 对象和从远程 order-service 中获取 Order 对象这两个步骤都会涉及远程 Web 服务的访问。为此，需要分别在 account-service 和 order-service 服务中创建对应的 HTTP 端点。这里将先基于注解式编程模型给出 account-service 中 AccountController 的实现过程，完整的 AccountController 类如下所示：

```
@RestController
@RequestMapping(value = "accounts")
public class AccountController {

@Autowired
    private AccountService accountService;

    @GetMapping(value = "/{accountId}")
    public Mono<Account> getAccountById(@PathVariable("accountId") String accountId) {

        Mono<Account> account = accountService.getAccountById(accountId);
        return account;
    }

    @GetMapping(value = "accountname/{accountName}")
    public Mono<Account> getAccountByAccountName(@PathVariable("accountName") String
accountName) {

        Mono<Account> account = accountService.getAccountByAccountName(accountName);
        return account;
    }

    @PostMapping(value = "/")
    public Mono<Void> addAccount(@RequestBody Mono<Account> account) {

        return accountService.addAccount(account);
    }

    @PutMapping(value = "/")
    public Mono<Void> updateAccount(@RequestBody Mono<Account> account) {

        return accountService.updateAccount(account);
    }
}
```

可以看到，这里的几个 HTTP 端点都比较简单，基本都是基于 AccountService 完成的 CRUD 操作。需要注意的是，在 addAccount()和 updateAccount()这两个方法中，输入参数都是一个 Mono<Account>对象，而不是 Account 对象，意味着 AccountController 将以响应式流的方式处理来自客户端的请求。

2. 函数式编程 Web 服务示例

接下来继续给出 order-service 中 Web 服务的实现过程，这次采用的实现技术是函数式编程模型。基于函数式编程模型，在 order-service 中编写一个 OrderHandler 专门实现根据 OrderNumber 获取 Order 领域实体的处理函数，如下所示：

```
@Configuration
public class OrderHandler {

    @Autowired
    private OrderService orderService;

    public Mono<ServerResponse> getOrderByOrderNumber(ServerRequest request) {
        String orderNumber = request.pathVariable("orderNumber");

        return ServerResponse.ok().body(this.orderService.getOrderByOrderNumber
(orderNumber), Order.class);
    }
}
```

上述代码示例创建了一个 OrderHandler 类，然后注入 OrderService 并实现了一个 getOrderByOrderNumber()处理函数。

现在已经具备 OrderHandler，就可以创建对应的 OrderRouter，示例如下：

```
@Configuration
public class OrderRouter {

    @Bean
    public RouterFunction<ServerResponse> routeOrder(OrderHandler orderHandler) {

        return RouterFunctions.route(
            RequestPredicates.GET("/orders/{orderNumber}")
                    .and(RequestPredicates.accept(MediaType.APPLICATION_JSON)),
                    orderHandler::getOrderByOrderNumber);
    }
}
```

这个示例通过访问“/orders/{orderNumber}”端点会自动触发 OrderHandler 中的 getOrderByOrderNumber()方法并返回相应的 ServerResponse。

接下来，假设已经分别通过远程调用获取了目标 Account 对象和 Order 对象，那么 generateCustomerTicket()方法的执行流程就可以进行重构了。基于响应式编程的实现方法，可以得到如下所示的代码：

```
public Mono<CustomerTicket> generateCustomerTicket(String accountId, String orderNumber) {

    // 创建 CustomerTicket 对象
    CustomerTicket customerTicket = new CustomerTicket();
    customerTicket.setId("C_" + UUID.randomUUID().toString());
```

```
    // 从远程 account-service 获取 Account 对象
    Mono<AccountMapper> accountMapper = getRemoteAccountByAccountId(accountId);

    // 从远程 order-service 中获取 Order 对象
    Mono<OrderMapper> orderMapper = getRemoteOrderByOrderNumber(orderNumber);

    Mono<CustomerTicket> monoCustomerTicket =
            Mono.zip(accountMapper, orderMapper).flatMap(tuple -> {
        AccountMapper account = tuple.getT1();
        OrderMapper order = tuple.getT2();

        if(account == null || order == null) {
            return Mono.just(customerTicket);
        }

        // 设置 CustomerTicket 对象属性
        customerTicket.setAccountId(account.getId());
        customerTicket.setOrderNumber(order.getOrderNumber());
        customerTicket.setCreateTime(new Date());
        customerTicket.setDescription("TestCustomerTicket");

        return Mono.just(customerTicket);
    });

    // 保存 CustomerTicket 对象并返回
    return monoCustomerTicket.flatMap(customerTicketRepository::save);
}
```

注意到这里使用了 Reactor 框架中的 zip 操作符将 accountMapper 流中的元素与 orderMapper 流中的元素按照一对一的方式进行合并，合并之后得到一个 Tuple2 对象。然后分别从这个 Tuple2 对象中获取 AccountMapper 和 OrderMapper 对象，并将它们的属性填充到所生成的 CustomerTicket 对象中。最后通过 flatMap 操作符调用了 customerTicketRepository 的 save()方法完成了数据的持久化。这是 zip 和 flatMap 这两个操作符非常经典的一种应用场景，需要熟练掌握。

同时，这里的 getRemoteAccountById()和 getRemoteOrderByOrderNumber()方法都涉及非阻塞式的远程 Web 服务的调用。以 getRemoteAccountById()方法为例，其中使用了如下所示的 ReactiveAccountClient 工具类来执行远程调用：

```
@Component
public class ReactiveAccountClient {

    public Mono<AccountMapper> findAccountById(String accountId) {
      Mono<AccountMapper> accountonoFromCache = WebClient.create()
          .get()
          .uri("http://127.0.0.1:8082/accounts/{accountId}", accountId)
          .retrieve()
          .bodyToMono(AccountMapper.class)
          .log("getAccountFromRemote");
          return accountonoFromCache;
    }
}
```

可以看到这里直接使用 WebClient 类完成了对 account-service 的远程调用。GetRemoteOrderByOrderNumber()方法的实现过程也类似。

### 19.2.2 实现响应式数据访问

在 ReactiveSpringCSS 案例中，针对数据访问层的重构涉及两个维度。一方面，将使用 MongoDB 来替换 MySQL；另一方面，将使用响应式版本的 Redis。

1. 集成响应式 MongoDB

在介绍完如何使用 Spring Data MongoDB Reactive 构建基于 MongoDB 的数据访问组件之后，让我们来到 ReactiveSpringCSS 案例中。针对案例中的数据访问场景，本节所介绍的相关技术都可以直接进行应用。事实上，在 18.2 节中，我们已经介绍了如何构建 account-service 中的数据访问层，而其他两个服务中的数据访问层也类似，这里就不再展开了，你可以参考 GitHub 上的案例代码进行学习。

2. 集成响应式 Redis

在 ReactiveSpringCSS 中，Redis 的作用是实现缓存，这里就需要考虑它的具体应用场景。在整体架构上，customer-service 一般会与用户服务 account-service 进行交互，但因为用户账户信息的更新属于低频时间，所以这里设计的实现方式是 account-service 通过消息中间件的方式将用户账户变更信息主动推送给 customer－service。而在这个时候，customer－service 就可以把接收到的用户账户信息保存在 Redis 中，两者之间的交互过程如图 19-3 所示。

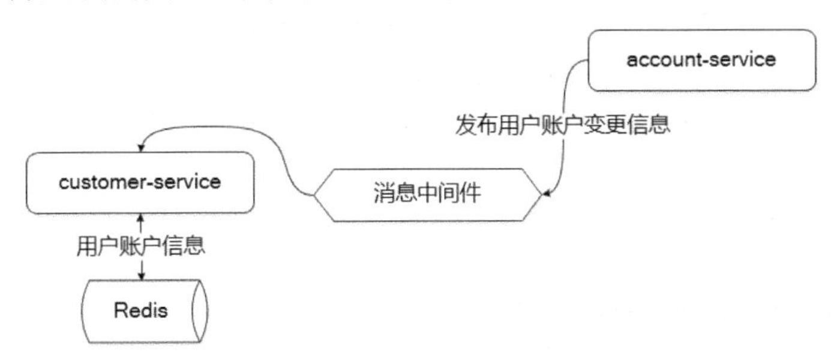


图 19-3　customer-service 服务与 account-service 服务交互

19.2.1 小节已经梳理了 customer-service 中用于生成客户工单的 generateCustomerTicket()方法的整体流程。现在，customer-service 已经可以从 Redis 缓存中获取变更之后的用户账户信息了。但如果用户信息没有变更，那么 Redis 中就不存在相关数据，还是需要访问远程服务。因此，整体流程需要做相应的调整，伪代码如下所示：

```
generateCustomerTicket {

    创建 CustomerTicket 对象

    if(Redis 中已存在目标 Account 对象) {
        从 Redis 中获取 Account 对象
    } else {
        从远程 account-service 中获取 Account 对象
    }

    从远程 order-service 中获取 Order 对象

    设置 CustomerTicket 对象属性
```

```
        保存 CustomerTicket 对象并返回
    }
```

让我们把上述流程的调整反映在案例代码上。针对上述流程来对 account-service 中的远程调用过程进行改造，即需要在进行远程调用之前，先访问 Redis。因此先在 ReactiveAccountClient 类中添加针对访问 Redis 的相关代码：

```
@Autowired
private AccountRedisRepository accountRedisRepository;

private Mono<AccountMapper> getAccountFromCache(String accountId) {

    return accountRedisRepository.findAccountById(accountId);
}
```

可以看到这里使用 ReactiveAccountClient 完成数据访问。然后基于这两个工具方法来重构 ReactiveAccountClient 中的 findAccountById()方法：

```
public Mono<AccountMapper> findAccountById(String accountId){

    //先从 Redis 中获取目标 Account 对象
    Mono<AccountMapper> accountonoFromCache = getAccountFromCache(accountId);

    //如果 Redis 中没有目标 Account 对象，则进行远程获取
    Mono<AccountMapper> accountMono = accountonoFromCache.switchIfEmpty(getAccountFromRemote
(accountId));

    return accountMono;
}
```

这里的 getAccountFromRemote()方法如下所示：

```
public Mono<AccountMapper> getAccountFromRemote(String accountId) {
    //远程获取 Account 对象
    Mono<AccountMapper> accountonoFromCache = WebClient.create()
            .get()
            .uri("http://127.0.0.1:8082/accounts/{accountId}", accountId)
            .retrieve()
            .bodyToMono(AccountMapper.class)
            .log("getAccountFromRemote");

    //将获取到的 Account 对象放入 Redis
    return accountonoFromCache.flatMap(this::putAccountIntoCache);
}
```

可以看到，这里先从 account-service 中远程获取 Account 对象，然后把获取到的对象通过 putAccountIntoCache()方法放入 Redis 中以便下次直接从缓存中进行获取。putAccountIntoCache()方法如下所示：

```
private Mono<AccountMapper> putAccountIntoCache(AccountMapper account) {

return accountRedisRepository.saveAccount(account).flatMap( saved -> {
```

```
            Mono<AccountMapper> savedAccount = accountRedisRepository.findAccountById
(account.getId());

            return savedAccount;
        });
    }
```

上述代码首先通过 accountRedisRepository 的 saveAccount()方法将对象保存到 Redis 中，然后通过 findAccountById()方法从 Redis 中获取所保存的数据进行返回。请注意 accountRedisRepository 的 saveAccount()方法的返回值是 Mono<Boolean>，而想要获取的目标对象类型是 Mono<AccountMapper>，所以这里使用了 flatMap 操作符完成两者之间的转换。这也是 flatMap 操作符非常常见的一种用法。

重构之后的 ReactiveAccountClient 的完整代码如下所示：

```
@Component
public class ReactiveAccountClient {

    @Autowired
    private AccountRedisRepository accountRedisRepository;

    private Mono<AccountMapper> getAccountFromCache(String accountId) {

        return accountRedisRepository.findAccountById(accountId);
    }

    private Mono<AccountMapper> putAccountIntoCache(AccountMapper account) {

       return accountRedisRepository.saveAccount(account).flatMap( saved -> {
          Mono<AccountMapper> savedAccount = accountRedisRepository.findAccountById
(account.getId());

          return savedAccount;
       });
    }

    public Mono<AccountMapper> findAccountById(String accountId){

       //先从 Redis 中获取目标 Account 对象
       Mono<AccountMapper> accountonoFromCache = getAccountFromCache(accountId);

       //如果 Redis 中没有目标 Account 对象，则进行远程获取
       Mono<AccountMapper> accountMono = accountonoFromCache.switchIfEmpty(getAccount
FromRemote(accountId));

        return accountMono;
    }

    public Mono<AccountMapper> getAccountFromRemote(String accountId) {
       //远程获取 Account 对象
       Mono<AccountMapper> accountonoFromCache = WebClient.create()
          .get()
          .uri("http://127.0.0.1:8082/accounts/{accountId}", accountId)
          .retrieve()
          .bodyToMono(AccountMapper.class)
```

```
                .log("getAccountFromRemote");

            //将获取到的 Account 对象放入 Redis
            return accountonoFromCache.flatMap(this::putAccountIntoCache);
        }
    }
```

现在，当访问 customer-service 中 CustomerTicketService 中的 generateCustomerTicket()方法时，就会从 Redis 中获取数据从而提高访问效率。

### 19.2.3 重构响应式消息通信

随着响应式编程技术在 Spring 框架中的全面引入，Spring Cloud 也专门提供了 Spring Cloud Stream 的响应式版本 Spring Cloud Stream Reactive。本小节将在 SpringCSS 案例的基础上，使用 Spring Cloud Stream Reactive 组件来对原有的基于普通消息中间件的消息通信机制进行全面升级。

1. 重构响应式消息发送

无论是消息发布者还是消息消费者，首先都需要引入 spring-cloud-stream 和 spring-cloud-stream-reactive 依赖，如下所示：

```
<dependency>
    <groupId>org.springframework.cloud</groupId>
    <artifactId>spring-cloud-stream</artifactId>
</dependency>

<dependency>
    <groupId>org.springframework.cloud</groupId>
    <artifactId>spring-cloud-stream-reactive</artifactId>
</dependency>
```

而在案例中我们将使用 RabbitMQ 作为消息中间件系统，所以也需要引入 spring-cloud-starter-stream-rabbit 依赖：

```
<dependency>
    <groupId>org.springframework.cloud</groupId>
    <artifactId>spring-cloud-starter-stream-rabbit</artifactId>
</dependency>
```

和 SpringCSS 案例类似，仍然使用 AccountChangedEvent 来表示事件。定义完事件的数据结构之后，接下来就需要通过 Source 接口来具体实现消息的发布，可把消息发布组件命名为 ReactiveAccountChangedSource。在构建这个组件的过程中，需要把相关知识点进行串联。16.2 节介绍了如何通过 create()方法和 FluxSink 对象来创建 Flux，FluxSink 对象能够通过 next()方法持续产生多个元素。FluxSink 使用示例如下：

```
Flux<Integer> flux = Flux.<Integer> create(fluxSink -> {
    while (true) {
        fluxSink.next(ThreadLocalRandom.current().nextInt());
    }
}, FluxSink.OverflowStrategy.BUFFER);
```

上述代码中指定了 FluxSink 的 OverflowStrategy 为 BUFFER，我们可以参考 15.2 节中的内容来回顾 Reactor 框架中的背压机制。

利用 FluxSink，就可以构建出一个用于持续生成 AccountChangedEvent 事件的 Flux 对象，示例代码如下：

```
private FluxSink<Message<AccountChangedEvent>> eventSink;

private Flux<Message<AccountChangedEvent>> flux = Flux.<Message<AccountChangedEvent>>
create(
        sink -> this.eventSink = sink
).publish().autoConnect();
```

上述代码首先基于 AccountChangedEvent 事件分别构建了 FluxSink 对象和 Flux 对象，并把两者关联起来。然后使用了 publish()和 autoConnect()方法确保一旦 FluxSink 产生数据，Flux 就准备随时进行发送。

接下来构建具体的 AccountChangedEvent 对象，然后通过 FluxSink 的 next()方法进行数据的发送，代码如下所示：

```
AccountChangedEvent originalevent =  new AccountChangedEvent(
        AccountChangedEvent.class.getTypeName(),
        operation,
        accountMessage);

Mono<AccountChangedEvent> monoEvent = Mono.just(originalevent);

monoEvent.map(event -> eventSink.next(MessageBuilder.withPayload(event).build())).then();
```

上述代码还是通过 Spring Messaging 模块所提供的 MessageBuilder 工具类把 AccountChangedEvent 转换为消息中间件所能发送的 Message 对象，这是因为整个消息通信机制需要一套统一而抽象的消息定义。在 Spring Cloud Stream 中，这套统一而抽象的消息定义来自 Spring Messaging。

一旦具备了一个能够持续生成消息的 Flux 对象，就可以通过引入一个新的注解@StreamEmitter 进行消息的发送，示例代码如下：

```
@StreamEmitter
public void emit(@Output(Source.OUTPUT) FluxSender output) {
        output.send(this.flux);
}
```

响应式 Spring Cloud Stream 支持通过@StreamEmitter 注解来实现响应式 Source 组件。通过@StreamEmitter 注解，可以把一个传统的 Source 组件转变成响应式组件。

@StreamEmitter 是一个方法级别的注解，通过该注解可以把方法转变成一个 Emitter。在使用@StreamEmitter 注解时只能将之与@Output 注解进行组合，因为它的作用就是生产消息。

@StreamEmitter 注解的使用方法非常多样，例如可以构建如下所示的 ReactiveSourceApplication 类。这段代码的作用是每秒发送一个“Hello World”字符串到一个 Reactor Flux 对象，而该 Flux 对象则会被发送到 Source 组件默认的“output”通道。

```
@SpringBootApplication
@EnableBinding(Source.class)
public class ReactiveSourceApplication {
```

```
    @StreamEmitter
    @Output(Source.OUTPUT)
    public Flux<String> emit() {
        return Flux.interval(Duration.ofSeconds(1)).map(l -> "Hello World");
    }
}
```

而如下代码演示了另一种使用@StreamEmitter 注解的方式。注意这里的 emit()方法不是直接返回一个 Flux 对象，而是使用 FluxSender 工具类发送 Flux 对象到 Source 组件。

```
@SpringBootApplication
@EnableBinding(Source.class)
public class ReactiveSourceApplication {

    @StreamEmitter
    @Output(Source.OUTPUT)
    public void emit(FluxSender output) {
        output.send(Flux.interval(Duration.ofSeconds(1)).map(l -> "Hello World"));
    }
}
```

案例中用到了 FluxSender 工具类完成消息的发送，当然也可以使用直接返回 Flux 的方法来达到同样的效果。

ReactiveAccountChangedSource 类的完整代码如下所示，通过对消息发送过程进行提取，对外暴露了 publishReactiveAccountUpdatedEvent()和 publishReactiveAccountDeletedEvent()两个方法供业务系统进行使用。

```
@Component
public class ReactiveAccountChangedSource {

    private static final Logger logger = LoggerFactory.getLogger(ReactiveAccount
ChangedSource.class);

    private FluxSink<Message<AccountChangedEvent>> eventSink;
    private Flux<Message<AccountChangedEvent>> flux;

    public ReactiveAccountChangedSource() {
        this.flux = Flux.<Message<AccountChangedEvent>>create(sink -> this.eventSink =
sink).publish().autoConnect();
    }

    private Mono<Void> publishAccountChangedEvent(String operation, Account account){
        logger.debug("Sending message for Account Id: {}", account.getId());

        AccountMessage accountMessage = new AccountMessage(account.getId(), account.
getAccountCode(), account.getAccountName());

        AccountChangedEvent originalevent =  new AccountChangedEvent(
                AccountChangedEvent.class.getTypeName(),
                operation,
                accountMessage);

        Mono<AccountChangedEvent> monoEvent = Mono.just(originalevent);

        return monoEvent.map(event -> eventSink.next(MessageBuilder.withPayload(event).
build())).then();
```

```
    }

    @StreamEmitter
    public void emit(@Output(Source.OUTPUT) FluxSender output) {
       output.send(this.flux);
    }

    public Mono<Void> publishAccountUpdatedEvent(Account account) {
        return publishAccountChangedEvent("UPDATE", account);
    }

    public Mono<Void> publishAccountDeletedEvent(Account account) {
        return publishAccountChangedEvent("DELETE", account);
    }
}
```

最后要做的事情就是在 account-service 中集成消息发布功能。AccountService 会在执行用户账户更新操作的同时调用 ReactiveAccountChangeSource 完成事件的生成和发送。重构后的 AccountService 类代码如下所示：

```
@Service
public class AccountService {

    @Autowired
    private ReactiveAccountRepository accountRepository;

    @Autowired
    private ReactiveAccountChangedSource accountChangedSource;

    public Mono<Account> getAccountById(String accountId) {

        return accountRepository.findById(accountId).log("getAccountById");
    }

    public Mono<Account> getAccountByAccountName(String accountName) {

        return accountRepository.findAccountByAccountName(accountName).log
("getAccountByAccountName");
    }

    public Mono<Void> addAccount(Mono<Account> account){

        Mono<Account> saveAccount = account.flatMap(accountRepository::save);

        return saveAccount.flatMap(accountChangedSource::publishAccountUpdatedEvent);
    }

    public Mono<Void> updateAccount(Mono<Account> account){

        Mono<Account> saveAccount = account.flatMap(accountRepository::save);

        return saveAccount.flatMap(accountChangedSource::publishAccountUpdatedEvent);
    }
    …
}
```

注意上述代码再次使用 flatMap 操作符完成了消息的发布。

2. 重构响应式消息消费

重构后的 ReactiveAccountChangedSink 负责处理具体的消息消费逻辑，代码如下所示：

```
import org.springframework.cloud.stream.annotation.EnableBinding;
import org.springframework.cloud.stream.annotation.StreamListener;
...

@EnableBinding(Input.class)
public class ReactiveAccountChangedSink {

     @Autowired
     AccountRedisRepository accountRedisRepository;

    @StreamListener("input")
    public void handleAccountChangedEvent(AccountChangedEvent accountChangedEvent) {

        AccountMessage accountMessage = accountChangedEvent.getAccountMessage();
        AccountMapper accountMapper = new AccountMapper(accountMessage.getId(),
accountMessage.getAccountCode(), accountMessage.getAccountName());

        if(accountChangedEvent.getOperation().equals("UPDATE")) {
            accountRedisRepository
                .updateAccount(accountMapper).subscribe();
        } else if(accountChangedEvent.getOperation().equals("DELETE")) {
            accountRedisRepository
                .deleteAccount(accountMapper.getId()).subscribe();
        } else {
             logger.error("The operations {} is undefined ", accountChangedEvent.
getOperation());        }
       }
}
```

这里使用了@StreamListener 注解，将该注解添加到某个方法上就可以使之接收处理流中的事件。在上面的例子中，@StreamListener 注解添加在了 handleAccountChangedEvent()方法上并指向了“input”通道，意味着所有流经“input”通道的消息都会交由这个 handleAccountChangedEvent()方法进行处理。而 handleAccountChangedEvent()方法调用了 AccountRedisRepository 类完成各种缓存相关的处理。

## 19.3 本章小结

本章基于 SpringCSS 案例，介绍了如何使用响应式编程技术对其进行重构和升级。重构过程涉及响应式 Web 服务、响应式数据访问以及响应式消息通信等多个维度。ReactiveSpringCSS 整个案例同样涉及单个服务的构建方式，也涉及多个服务之间的交互和集成。本章针对 Spring 5 中所提供的各项响应式编程技术组件给出了详细的示例代码，并提供了能够直接应用于日常开发的实战技巧。